Christine Strauß
Informatik-Sicherheitsmanagement

Informatik und Unternehmensführung

Herausgegeben von
Prof. Dr. Kurt Bauknecht, Universität Zürich
Dr. Hagen Hultzsch, Volkswagen AG Wolfsburg
Prof. Dr. Hubert Österle, Hochschule St. Gallen
Dr. Wilhelm Rall, McKinsey & Company, Stuttgart

Die Informatik ist die Basis unserer 'Informationsgesellschaft'.
In vielen Wirtschaftszweigen bildet sie mittlerweile eine strategische
Größe – sei es als externer Faktor, der zür strukturellen Veränderung
einer Branche beiträgt, oder sei es als aktives Instrument im
Wettbewerb. Das Management der Informatik wird somit zunehmend zur Führungsaufgabe. Deshalb wendet sich diese Reihe in
erster Linie an Führungskräfte der mittleren und oberen Leitungsebene aus Wirtschaft und Verwaltung, die im Rahmen ihrer Tätigkeit
zunehmend den Herausforderungen der Informatik begegnen
müssen. Die Beiträge sollen dem besseren Verständnis der
Informatik als wertvolle Ressource einer Organisation dienen.
Die Autoren wollen neuere Strömungen im Grenzbereich zwischen
«Informatik und Unternehmensführung» sowohl anhand praktischer
Fälle erläutern, wie auch mit Hilfe geeigneter theoretischer Modelle
kritisch analysieren. Der interdisziplinären Diskussion zwischen
Informatikern, Wirtschaftsfachleuten und Organisationsexperten,
zwischen Praktikern und Wissenschaftlern, zwischen Managern
aus Industrie, Dienstleistungsgewerbe und öffentlicher Verwaltung
soll dabei breiter Raum eingeräumt werden.

Informatik-Sicherheitsmanagement

Eine Herausforderung für die Unternehmensführung

Von Christine Strauß, Universität Zürich

B. G. Teubner Stuttgart 1991

Christine Strauß
Von 1983 bis 1987 Studium der Betriebsinformatik an der Universität Wien mit
Schwerpunkt Kommunikation. 1988 Zuerkennung eines Austauschstipendiums,
Doktorandenstudium an der Universität Zürich. Seit 1989 Assistentin am Institut
für Informatik der Universität Zürich mit Forschungsschwerpunkt Sicherheit in
der Informationstechnologie. 1991 Promotion an der Universität Zürich bei Prof.
Dr. Kurt Bauknecht.

Die Deutsche Bibliothek – CIP-Einheitsaufnahme

Strauß, Christine:
Informatik-Sicherheitsmanagement : eine Herausforderung für
die Unternehmensführung / von Christine Strauß. – Stuttgart :
Teubner, 1991
  (Informatik und Unternehmensführung)
  Zugl.: Zürich, Univ., Diss. 1991
  ISBN 978-3-519-02186-5   ISBN 978-3-322-94696-6 (eBook)
  DOI 10.1007/978-3-322-94696-6

Gesamtherstellung: Präzis-Druck GmbH, Karlsruhe
Einbandgestaltung: Peter Pfitz, Stuttgart

Vorwort

Durch die zunehmende Abhängigkeit der Unternehmungen von informationstechnischen Einrichtungen wächst die Bedeutung der Informationssicherheit und wird zu einer zentralen Fragestellung.

Die Sicherheitsproblematik der frühen technischen Informatik konzentrierte sich auf Funktionssicherheit und behandelte Probleme der Verfügbarkeit von Ressourcen und der Korrektheit von Programmen. In einer Phase der Umorientierung anfangs der 70er Jahre erkannte man, dass nicht so sehr die einzelnen Abläufe und Programme im Mittelpunkt stehen, sondern vielmehr den Daten eine zentrale Bedeutung zukommt. Der Sicherheitsbegriff wurde um Fragestellungen der Datenintegrität und der Konsistenz in Datenbanken erweitert. Durch die Verbreitung «Offener Systeme», welche eine Kommunikation unterschiedlichster Rechner und Dienstleistungsstellen ermöglichen, wird das Problem der Datengeheimhaltung zu einer aktuellen Problemstellung. Sichere Verschlüsselungsalgorithmen und kryptographische Verfahren sind Lösungsmethoden zu diesen neuen Sicherheitsfragen.

Die Kopplung dieses «erweiterten» Sicherheitsverständnisses bezüglich Informationstechnik (IT) mit ökonomischen Zielsetzungen war die Motivation zu dieser Arbeit. Die Integration von IT-Sicherheit in eine unternehmenweit gültige Sicherheitskonzeption verlangt als Konsequenz die Vorgabe einer adäquaten Sicherheitspolitik durch die Unternehmensführung. Die Inhalte dieser Sicherheitspolitik müssen mit den übrigen unternehmerischen Zielsetzungen, die in der Unternehmenspolitik festgehalten sind, konform gehen. Eine Sensibilisierung des Topmanagements für Sicherheitsfragen und in besonderem Masse für IT-Sicherheitsfragen ist daher eine zwingende Voraussetzung für eine erfolgreiche Sicherheitskonzeption.

Um den Managementaspekten bei der Erstellung von IT-Sicherheitskonzepten Rechnung zu tragen, bedarf es eines Kosten/Nutzen-Kalküls, das ein ökonomisch orientiertes Vorgehen bei der Lösung von Sicherheitsfragen im IT-Bereich ermöglicht. Ebenso bedarf es der Institutionalisierung betrieblicher Abläufe bei der Risikobewältigung.

Eine Methode zum Entwurf ausgewogener Sicherheitsdispositive muss anwendungsunabhängig und flexibel sein, denn Sicherheitsfragen betreffen unterschiedliche Unternehmensbereiche und verschiedene Branchen. Der vorliegende Beitrag adaptiert die Portfoliotechnik, die schon in anderen Bereichen erfolgreich angewendet wird, und operationalisiert diese für den IT-Sicherheitsbereich. Gleichzeitig wird durch einen konzeptionellen Ansatz die Voraussetzung für Anwendungen in anderen Bereichen geschaffen.

Der Beitrag richtet sich an die Geschäftsleitung und an Führungskräfte, die sich für eine systematische und wirtschaftliche Vorgehensweise zur Definition, Erreichung und Erhaltung eines adäquaten Sicherheitsniveaus entschieden haben. Es werden Hinweise und Anleitungen gegeben, welche Zusammenhänge und Grundsätze bei der Formulierung einer Sicherheitspolitik zu berücksichtigen sind. Anhand von Beispielen aus dem IT-Bereich werden die Resultate unterschiedlicher Strategien diskutiert.

Für Informatik-Manager, EDV-Spezialisten, Fachbereichsleiter und Betriebsorganisatoren sind die eher fachspezifischen Ausführungen und Beispiele gedacht, die den Vorgang der Risikoschätzung und die Massnahmenbewertung unter ökonomischen Gesichtspunkten deutlich machen.

Mein besonderer Dank gilt Herrn Prof. Dr. K. Bauknecht für die Betreuung und Unterstützung dieser Arbeit durch viele Anregungen und wertvolle Kritik. Bedanken möchte ich mich auch bei Herrn Dr. J. Mayer für seine bereitwillige Hilfe bei der Benützung von Optimierungsprogrammen und Herrn Dr. J. Hanker für wertvolle Hinweise und Diskussionen. Meinen Eltern danke ich für die moralische Unterstützung und ihren persönlichen Einsatz.

Zürich, im April 1991   Christine Strauß

Inhaltsverzeichnis

Abbildungsverzeichnis

Tabellenverzeichnis

1 Einleitung

1.1 Die Bedeutung der Sicherheit im IT-Bereich

Mit zunehmender Abhängigkeit von informationstechnischen Einrichtungen in wirtschaftlichen und administrativen Bereichen rücken Fragen der Gewährleistung von Informationssicherheit, des Datenschutzes, des kontrollierten Zugangs zu Informatikmitteln, sowie Fragen des Sicherheitsmanagements in den Mittelpunkt unternehmerischen Interesses. In den letzten Jahren brachte der stürmische technische Fortschritt auf dem Gebiet der Informationstechnik (IT) eine Steigerung der Verarbeitungsleistung mit sich, so dass Personal Computer heute eine Verarbeitungskapazität besitzen, wie sie vor 15 Jahren nur ein Rechenzentrum bieten konnte. Die kontinuierliche Steigerung von Verarbeitungsleistung und Speicherkapazität, die damit einhergehende Miniaturisierung sowie ein kontinuierlicher Preisverfall am Hardwaresektor haben die Voraussetzungen zur verteilten Datenverarbeitung und somit eine Alternative zur traditionellen zentralen Datenverarbeitung geschaffen.

Den Chancen der beschriebenen technologischen Möglichkeiten, wie z.B. verringerte Durchlaufzeiten, rasche Informationsgewinnung und Einbruch der Informationstechnik in Bereiche, die nicht automatisierbar waren, stehen jedoch auch Gefahren gegenüber. Neue Bedrohungen, wie z.B. Computeranomalien, kommen zu bestehenden Gefährdungen hinzu, deren Gefahrenpotential ebenfalls durch den vergrösserten Anwendungsbereich der Informationstechnologie wächst. Die historisch ältesten Sicherheitsvorkehrungen im IT-Bereich dienten der Erhöhung der Zuverlässigkeit und Robustheit von IT-Einrichtungen und sollten Leistungsausfälle aufgrund unbeabsichtigter Fehler oder Störungen (z.B. technische Mängel, Programmfehler) verhindern [vgl. KOP76, pp. 12]. Sicherheitsrisiken auf höherem Niveau, in denen auch der Anwender Berücksichtigung findet, kann jedoch nicht mehr nur mit technischen Methoden begegnet werden, sondern es müssen organisatorische, arbeitstechnische, bauliche, personelle, psychologische und juristische Massnahmen zu einem sinnvollen Ganzen abgestimmt werden.

Diese beispielhaft erwähnten sowie auch konventionelle Bedrohungen haben durch Vernetzung der Systeme in ihrer Bedeutung zugenommen. Denn als Folge der Vernetzung stieg sowohl die Anzahl der Zugangspunkte zu einem System wie auch die Zahl der Benutzer, wobei jeder Benutzer implizit eine Bedrohung für das System darstellt, sei es durch Bedienungsfehler oder durch absichtlichen Missbrauch von Ressourcen. Bei konventioneller Gefährdung von Unternehmenswerten musste ein Angreifer physische Hindernisse überwinden (z.B. Schlüssel nachmachen, Schloss aufbrechen) und physisch anwesend sein. Im Gegensatz dazu muss ein potentieller Eindringling wegen den ihm zur Verfügung stehenden Möglichkeiten nicht mehr physisch anwesend sein, sondern er braucht nur logische Barrieren zu durchbrechen, um an grosse Unternehmenswerte in Form von Informationen zu gelangen. Dazu kommt, dass die Ahndung konventioneller Delikte gesetzlich geregelt ist. Bei einem Verstoss muss der Betreffende mit Sanktionen rechnen, während die Gesetzgebung bezüglich Verstössen gegen die Sicherheit von Informationswerten noch nicht angepasst ist. Dadurch sind auch moralische und ethische Barrieren noch niedrig, der Abschreckungseffekt fehlt. Die Beweisführung bei Verstössen gegen die Sicherheit im IT-Bereich gestaltet sich oft schwierig bzw. ist in manchen Fällen gar nicht möglich. Ein Angreifer hat gute Chancen, unentdeckt zu bleiben. Jemand, der unrechtmässig auf Informationen, die mit informationstechnischen Methoden bearbeitet und verwaltet werden, zugreifen will, braucht in vielen Fällen kein oder nur geringes Risiko einzugehen, um sich Vorteile zu verschaffen.

Die in verschiedenen Ländern erlassenen Datenschutzgesetze decken nur einen Teil der Sicherheitsproblematik im IT-Bereich ab. Die Datenschutzgesetze sind in erster Linie zum Schutz des Einzelnen vor Datensammlungen, die ein lückenloses Bild seiner Persönlichkeit ermöglichen und somit einen Eingriff in die Privatsphäre des Individuums bedeuten, geschaffen worden. Auch Strafgesetzesnovellen, die Delikte ahnden[1], welche durch neue Technologien erst möglich wurden, zeigen nur wenig Wirkung, solange nicht Urteile ergangen sind, die auf diesen Gesetzen beruhen. Unternehmerische Initiative muss also die Mängel der Rechtsprechung ausgleichen.

Hauptsächliche Gründe für die wachsende Bedeutung der Sicherheit beim Umgang mit Informatikmitteln sind (Abb. 1-1):

a)   Zunahme des Datenwerts durch

-    grösseren Datenumfang, da Bereiche automatisiert werden, die früher nicht automatisierbar waren

-    enge Bindung der Unternehmung an die Informationstechnologie

b)   Zunahme potentieller Angreifer wegen

-    gestiegener Benutzerzahlen durch Telekommunikation, Vernetzung und Preisverfall am Hardwaresektor

-    zugänglichen Know-how und Hardware

---

[1]   Z.B. das zweite Gesetz zur Bekämpfung der Wirtschaftskriminalität der Bundesrepublik Deutschland, hier besonders der § 202a, der ein Sich Verschaffen von Daten unter Strafe stellt.

-    gestiegener Verbindungsmöglichkeiten

-    Dezentralisierung

-    Telekommunikation

c)   Zunahme der Delikte wegen

-    verzögerter Anpassung der Rechtsprechung

-    niedriger ethischer Barrieren

-    mangelnder Kontrollmöglichkeiten

-    mangelhafter Abgrenzung von Kompetenzbereichen

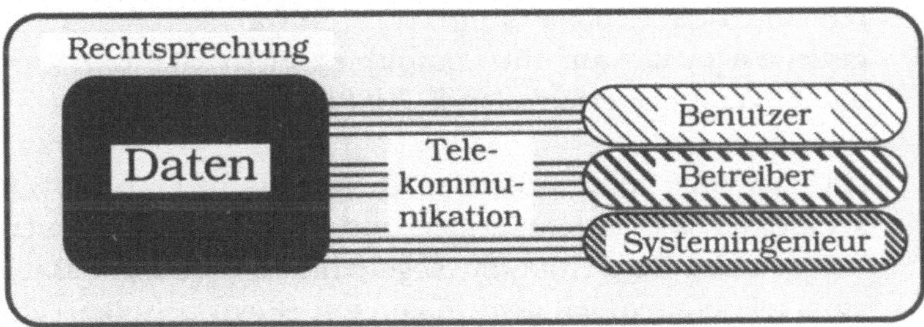

Abb. 1-1:   Zunehmende Bedeutung der Sicherheit

1.2   Übliches Vorgehen bei der Risikobewältigung und damit verbundene Konsequenzen

Einige Beispiele sollen deutlich machen, welche Konsequenzen die eben beschriebene Entwicklung haben kann. Anschliessend wird das in der Praxis häufig übliche Vorgehen zur Sicherung betrieblicher Vermögenswerte kurz erörtert.

1.2.1   Beispiele aus der Praxis

Fall 1:   „Deutsche Hacker drangen ab 1986 weltweit in fremde Datenverarbeitungssysteme (DV-Systeme) ein, u.a. bei der NASA. Nachdem es ihnen dort gelungen war, die Privilegien eines Systemmanagers zu erlangen, implementierten sie ein Programm, das es ihnen ermöglichte, Usernamen und Passwörter auszuspähen, sowie bei einem späteren «Log-in» ein universelles Passwort (Magic-Passwort) zu benutzen und so die vorhandenen Sicherheitsvorkehrungen zu umgehen. Weiterhin wurden auf den Rechnern vorhandene Programme bzw. Daten verändert oder gelöscht.

Nach Aussage eines Hackers hat dieser 1986 etwa 5.000 bis 6.000 DV-Systeme angegriffen. In etwa 500 Fällen sei es ihm gelungen, erfolgreich in die Systeme einzudringen. In etwa 100 Fällen habe er Systemprivilegien erhalten" [RAH89].

Fall 2:   Im August 1986 wurden unbefugte Aktivitäten eines «Benutzers» auf Rechnern des Lawrence Berkeley Laboratory eruiert. Im Zuge dieser Aktivitäten wurden die Rechner als Ausgangspunkt benutzt, um gezielt in andere Rechner einzudringen, wobei das Interesse des «Benutzers» besonders Rechnern aus dem militärischen Bereich galt. Statt die Aktivitäten der Eindringlings zu unterbinden, versuchte man die jeweiligen Aktionen zu beobachten und an den Ursprung zurückzuverfolgen um diesen «Benutzer» zu identifizieren. In einem Beobachtungszeitraum von zehn Monaten wurden gezielte Attacken auf 450 Computer registriert, davon waren mehr als 30 Versuche erfolgreich [STO88].

Fall 3:   „Ein bei einer internationalen Grossbank in Frankfurt/Main beschäftigter DV-Systemberater und technischer Betreuer für die Kunden der Bank, die am sogenannten Electronic-Banking-System teilnehmen, hat gemeinsam mit einem weiteren Täter betrügerisch einen Betrag von 2,8 Millionen US-Dollar erlangt. Das Electronic-Banking-System räumt den Kunden der Bank die Möglichkeit ein, mittels DV unmittelbar Zugriff auf eigene bei der Bank eingerichtete Konten zu nehmen und Überweisungen zu veranlassen. Nachdem sich der Täter in den Besitz der entsprechenden Software und Passwörter gebracht hatte, veranlasste er von seinem Arbeitsplatz bei der Bank aus den Transfer des Geldes auf mehrere, von seinem Mittäter in Hongkong eingerichtete Konten" [RAH89].

Fall 4:   „Ein bei einer Bank in München als Prokurist und nebenberuflicher Programmierer beschäftigter Angestellter versah ein von ihm für die Bank entwickeltes Programm mit einer illegalen Löschfunktion, weil sein Arbeitgeber sich weigerte, ihm bei seinem Ausscheiden eine Abfindung in Höhe von 10.000.- DM zu zahlen. Durch die Löschfunktion wurden Kundendienstprogramme auf Rechnern der Bank gelöscht" [RAH89].

Fall 5:   Im November 1988 wurde in das INTERNET, einem weltumspannenden Computernetz, ein sogenanntes «.Wurmprogramm» eingebracht. Insgesamt wurden ca. 6.000 Rechner lahmgelegt. Die auf Ressourcenverbrauch ausgerichteten Sabotageprogramme verursachten Kosten durch erhöhten Rechenzeit- und Speicherplatzverbrauch, sowie Massnahmen zur Entfernung des Programms in der Höhe von etwa 20 Millionen US-Dollar [HOF89, RAH89, SPA88].

Fall 6:   „In einem anderen Fall hatte ein Programmierer in das Personalbuchhaltungssystem eine Programmschleife eingebaut, die die Namen der gesamten Personalkunden, Buchungen sowie Programmunterlagen zerstören sollte, wenn der Befehl zum Löschen seines Namens auf der Personalliste eingegeben würde. Er hatte so einen Racheakt bei einer eventuellen Entlassung bereits programmiert" [ZIM84, p. 72].

Fall 7:   Im Dezember 1989 wurden ca. 20.000 Disketten in erpresserischer Absicht an PC-Benutzer versandt. Die Art der Verpackung und die beiliegenden Instruktionen liessen bei vielen Anwendern keine Zweifel aufkommen, dass die vorliegende Diskette Informationen über die Immunschwäche AIDS enthalte. Nach einer bestimmten Anzahl von Systemstarts wird das gesamte Hauptverzeichnis der Festplatte (FAT - file allocation table) verschlüsselt. Als Folge davon kann der Rechner nicht mehr auf die Dateien zugreifen. Im Kleingedruckten wird dem Benutzer versprochen, dass ihm nach Bezahlung einer «Lizenzgebühr» an die PC Cyborg Corporation in Panama Abhilfe geleistet werden würde: für US$ 189.- werde eine auf 365 Anwendungen begrenzte Lizenz vergeben, für US$ 378.- gäbe es „a lease for the life-time of your hard disk" [GLI90, p.73].

Fall 8:   „In einem Unternehmen der Elektroindustrie wurde das Programm zur Verwaltung einer umfangreichen Artikelstammdatei (250.000 Stammsätze) mit einem zusätzlichen Algorithmus versehen, welcher die Zuordnung der Artikelcodes zu den Artikelstämmen veränderte. Der Protokollauf für diese Transaktion wurde unterdrückt, sodass der Vorgang auch später nicht mehr nachvollziehbar war. Die Produktion der nach Dimensionen, elektrotechnischer Auslegungen und äusserer Gestaltung stark differenzierten Geräte und die Zulieferung von Fertigteilen erfolgte auf Basis dieses Programms.

Über einen Zeitraum von 5 Wochen wurden 75.000 Geräte produziert, von denen etwa 60% nicht verwertet werden konnten. 40% wurden in einem aufwendigen Umrüstprozess nachgebessert. Der unmittelbar wirksame Schaden betrug 135 Millionen DM. Der langfristige Imageschaden war jedoch weit höher" [SUR89].

Fall 9:   In den Computerräumlichkeiten einer Unternehmung war eine

Halonanlage seit einigen Monaten installiert, jedoch wurde diese Anlage wegen der hohen Kosten einer neuerlichen Füllung der Halonbehälter niemals getestet. Der Operator stellte einen ausgelösten Feueralarm händisch ab, da man weder Rauch noch Feuer sehen oder riechen konnte. Um nicht teures Halon zu vergeuden und das Personal nicht unnötig toxischen Gasen auszusetzen, wurde auch die Halonanlage händisch ausser Betrieb gesetzt. Innerhalb kürzester Zeit breitete sich ein Feuer im gesamten Gebäude aus. Der Brand war in einem Abstellraum ausgebrochen, in dem sich keine Branddetektoren befanden. Der Feueralarm wurde erst durch Hitzesensoren in den Wänden ausgelöst, der Anstieg der Raumtemperatur wurde vom Personal nicht wahrgenommen, denn die Klimaanlage wirkte ausgleichend. Da keine Brandzonen eingerichtet waren, konnte sich das Feuer rasch ausbreiten [vgl. WOO87, pp. 117].

1.2.2   Usancen bei der Risikobewältigung

Die angeführten Beispiele sollen die Mannigfaltigkeit der Bedrohungen und die damit verbundenen Konsequenzen aufzeigen. Vorfälle dieser und ähnlicher Art sind möglich, da keine oder nur unzureichende Sicherheitsmassnahmen getroffen wurden.

In vielen Unternehmen beschränkt sich Sicherheitspolitik auf Massnahmen, die anlässlich eines Schadensereignisses getroffen werden. Dieses Vorgehen resultiert in einem «Patchwork» von Sicherheitsmassnahmen, die teilweise redundant und teilweise lückenhaft sind. Integrale Sicherheitsmassnahmen scheinen einigen sicherheitsempfindlichen Branchen vorbehalten zu sein (Banken, öffentliche Verwaltungen, Militär), und auch hier sind Pannen nicht auszuschliessen, da eine gültige, zielführende Methodik oft fehlt. In vielen Betrieben mangelt es am nötigen Sicherheitsbewusstsein, oder es herrscht Unklarheit über eine adäquate und zielführende Vorgehensweise zur Risikobewältigung. Es ist daher nur ein zögernder Einbezug der Sicherheitspolitik in die Unternehmenspolitik festzustellen, vielmehr ist eine schrittweise Ausweitung der Sicherheitsarbeit in den Unternehmensbereichen «Versicherungsabteilung» und «Sicherheitsbeauftragter» festzustellen.

Fast immer handelt es sich bei Entscheidungen über Sicherheitsmassnahmen um Einzelmassnahmen zur Lösung eines konkreten, genau umschriebenen Sicherheitsproblems. Die punktuelle Realisierung von Sicherheitsmassnahmen kann zu «Überschutz» an manchen Stellen führen. Andernorts entstehen Sicherheitslücken durch fehlende oder umgehbare Massnahmen; diese bringen den Benutzer in die gefährliche Situation einer vermeintlichen

Sicherheit, die letztlich nicht gegeben ist, und machen Investitionen an anderen Orten hinfällig (Abb. 1-2). Wünschenswert sind ausgewogene, aufeinander abgestimmte Sicherheitsmassnahmen, die wie ringförmige Wände einen schützenswerten Gegenstand umgeben. Ein Angreifer muss nicht nur einen, sondern mehrere Schutzwälle überwinden, um an den «Wertgegenstand» zu gelangen.

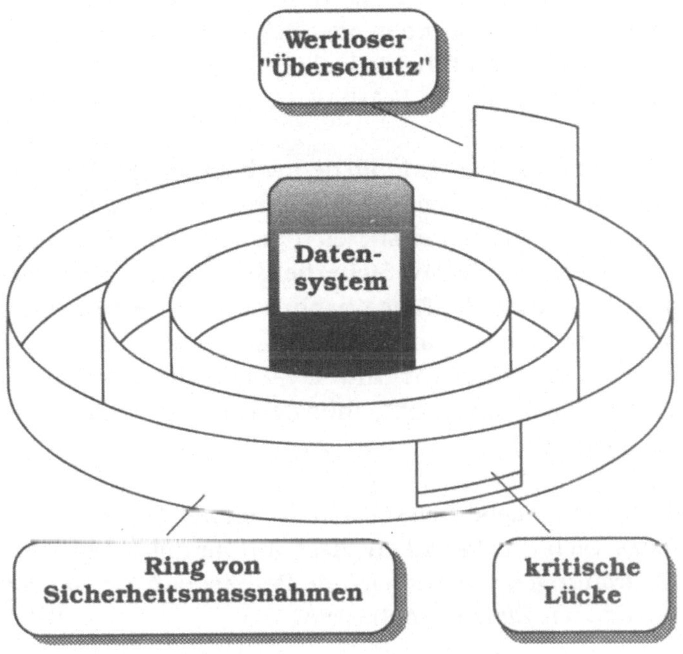

Abb. 1-2:   Negative Effekte nicht abgestimmter Sicherheitsmassnahmen [aus BAZ89, p. 236]

Probleme im Umgang mit Sicherheit und Risiko ergeben sich aus bereichsspezifischen Sichtweisen und der Schwierigkeit, allgemeingültige, bereichsunabhängige Vorgehensweisen in Sicherheitsfragen zu entwerfen, sowie den Unternehmensfaktor «Sicherheit» zu messen. Ähnlich wie «Image», «Bonität» oder «Qualität» schwierig zu bewerten sind, ist auch «Sicherheit» nur schwer quantifizierbar. Mangelnde Möglichkeiten der Objektivierbarkeit, Kontrolle und Legitimation von sicherheitsbezogenen Entscheidungen, sowie die Nichterkennung von Investitionschancen sind die Folge. Jede Massnahme, die zur Sicherung von Unternehmenswerten beiträgt, ist letztlich eine Investition, die zur Produktivität eines Unternehmens beitragen kann und daher auch einen entsprechenden Nutzenwert aufweist.

Bei einer Erhebung[1] unter Sicherheitsbeauftragten und MIS-Managern der
«Fortune 500»-Unternehmen wurde festgestellt, dass die Hälfte der Firmen
weniger als 0.5% des MIS-Jahresbudgets für Computersicherheit vorsehen
(der Median des MIS-Jahresbudgets der befragten Firmen liegt bei etwa 20
Mio US$). Ein Drittel der Firmen investiert zwischen 0.5% und 1.0%, die
restlichen Unternehmungen mehr als 1.0%. Etwas mehr als die Hälfte der
befragten Firmen führt Listen der unternehmensrelevanten Bedrohungen
und bewertet erkannte Bedrohungen mit Erwartungswert, erwartete
Schadenshäufigkeit, Ausfallstunden oder Schadenshöhe. Fast die Hälfte der
untersuchten Unternehmen führt jedoch keinerlei Risikoabschätzung und
keine Risikoidentifikation durch [FAR89].

Eine Umfrage[2] einer Fachzeitschrift im deutschsprachigen Raum ergab ähnliche Resultate: im Durchschnitt wurden 5% des DV-Jahresbudgets für
Aufwendungen in den Sicherheitsbereich getätigt. Bei 70% der befragten
Unternehmen existiert keine DV-Sicherheitsstrategie, die unternehmensweite Gültigkeit hat. Auch die Frage nach Bestehen „eines funktions- und
bereichsübergreifenden Abstimm-/Sicherungs- und Kontrollsystems, das
die Zusammenarbeit aller für die DV-Sicherheit Verantwortlichen
institutionalisiert und koordiniert", musste von fast 75% der Teilnehmer
verneint werden [KES88].

Die Aufwendungen für Sicherheitsmassnahmen im IT-Bereich als Indikator
für vorhandenes Sicherheitsdenken lässt auf geringes Bewusstsein über
bestehende Bedrohungen und mangelnde Bereitschaft zur Auseinandersetzung mit vorhandenen Risiken schliessen.

1.3   Ursachen «schlechter Lösungen»

1.3.1   Mangelndes Problembewusstsein auf der Führungsebene

Die mangelnde Bereitschaft der Unternehmen Investitionen im Bereich
Sicherheit zu tätigen und Entscheidungsgrundlagen zur Realisierung eines
ausgewogenen Sicherheitskonzeptes festzulegen, resultiert aus einem mangelnden Sicherheitsbewusstsein auf der Führungsebene. Dies wiederum ist
auf unzureichende Methoden zur Erfassung und Darstellung ganzheitlicher
Gefährdungsbilder zurückzuführen. Es mangelt an operationalisierten Vorgehensweisen zur Quantifizierung von Risiko, sowie an Möglichkeiten der
Objektivierbarkeit, Kontrolle und Legitimation von sicherheitsbezogenen
Entscheidungen. Um eine unternehmensweite Abstimmung sicherheitsbe-

---

[1] 86 Firmen beteiligten sich an dieser Erhebung.

[2] 166 Beteiligungen

zogener Entscheidungen zu erreichen, bedarf es eines handhabbaren Instrumentariums zur Festlegung von Kriterien als Vorgabe zur Entscheidungsfindung, das einerseits flexibel genug ist, um anwendungsunabhängig zu sein, andererseits aber präzise genug ist, um die Entscheidungen tatsächlich zu beeinflussen.

Hoffmann beschreibt die wichtigsten Schwachstellen der Sicherheitspolitik in den Unternehmen der deutschen Wirtschaft [HOF85, pp. 2]:

-   Es fehlt die vollständige Erfassung und Bewertung der Risiken in Risikoinventaren.

-   Die Gelder für den Versicherungsschutz und für die übrigen Massnahmen der betrieblichen Sicherheitspolitik werden nur teilweise wirtschaftlich eingesetzt.

-   Die Massnahmen der betrieblichen Sicherheitspolitik gewährleisten häufig nicht die Existenzsicherung im Schadensfall.

-   Die Sicherheitspolitik wird von der Geschäftsleitung nicht als Teil der Unternehmenspolitik verstanden.

Die Auffassung von Sicherheit als Aufgabe des Topmanagements ist unabdingbar. Auch die Delegation dieser Aufgabe enthebt die Unternehmensführung nicht der Verantwortung und Haftung. Vielmehr bedeutet mangelhafte Delegation selbst wieder ein nicht zu vernachlässigendes Risiko.

1.3.2   Probleme bei der Funktionstrennung

Ein weiterer Grund für die versagte Anerkennung des Sicherheitsmanagements als wesentliches Gestaltungsmoment einer Unternehmung ist die Schwierigkeit der **Funktionstrennung**. Sicherheitsfragen betreffen **alle** betrieblichen Bereiche, jedoch in völlig unterschiedlicher Form. Entscheidungsträger im Sicherheitsbereich sind über alle Hierarchiestufen und Funktionsbereiche des Unternehmens verstreut. Eine Koordination der Entscheidungen setzt Kommunikation der betreffenden Abteilungen und besonders ihrer Verantwortlichen voraus; diese wird durch die scheinbar völlig unterschiedliche Problemstellung oft gar nicht in Erwägung gezogen. Wo diese Absprachen dennoch stattfinden, gibt es Schwierigkeiten bei der gemeinsamen Begriffsbestimmung und der Kompetenzvergabe. Durch die Bedeutung der Sicherheit in so vielen Unternehmensbereichen fungieren mitunter Personen als Entscheidungsträger, die gar nicht in der Lage sind, den Unternehmenszielen entsprechend zu entscheiden.

1.3.3   Probleme bei der Informationsbeschaffung

Ein weiteres Dilemma wird in [CAS88, p. 169] beschrieben, das an dieser Stelle zwar auf unternehmerische Risiken Bezug nimmt, die in Verbindung mit der Realisierung von IT-Projekten entstehen. Die getroffenen Aussagen haben jedoch auch einen breiteren Bedeutungsumfang. „Often the fiascoes occur when senior managers believe a project has low implementation risk and IT managers know it has high implementation risk. In such cases IT managers may not admit their assessment because they fear that the senior executives will not tolerate this kind of uncertainty in data processing and will cancel a project of potential benefit to the organization." Risikovorstellungen bei Organisationsmitgliedern auf der Führungsebene bleiben unter Umständen unkorrigiert, besonders dann, wenn das Prestige desjenigen, der die richtigen Information geben könnte, unter den möglichen Konsequenzen leiden würde.

1.3.4   Probleme bei der Finanzierung

Der Hinweis eines Sicherheitsverantwortlichen auf vorhandene betriebliche Risiken kann auf Führungsebene zu dem Schluss führen, dass bisher Investitionen zur Herstellung und Erhaltung der betrieblichen Sicherheit nicht den unternehmerischen Gesamtzielsetzungen entsprechend getätigt wurden. Seitens der Fachabteilungen besteht unter anderem auch aus diesem Grund begrenztes Interesse, die Finanzierung bestimmter Vorhaben vorzuveranschlagen. Sie ziehen es vor, im Rahmen eines vorgegebenen Budgets disponieren zu können.

Schwierigkeiten ergeben sich auch bei der Kostenabgrenzung: Aufwendungen zur Erlangung und Erhaltung von Sicherheit werden den unterschiedlichsten Kostenstellen und Kostenarten hinzugerechnet. So werden zum Beispiel die entstehenden Mehrkosten zum Einbau von Brandschutztüren bei einem Neubau nicht separat ausgewiesen, ebenso sind Kosten zur Auslagerung von Datenträgern z.B. unter den Positionen «Lagerkosten» und «Transportkosten» aufgeteilt. Auch dieser Umstand erschwert eine Gegenüberstellung getätigter Aufwendungen im Sicherheitsbereich und der dadurch erwirkten «Erträge» in Form eines Nutzenzuwachs.

Zusammenfassend können vier Ursachen für unzureichende Vorgehensweisen im Sicherheitsbereich genannt werden:

1.   mangelndes Sicherheitsbewusstsein auf Führungsebene

2.   schwierige Quantifizierung des Nutzens durch getätigte Investitionen zur Erlangung bzw. zur Erhaltung eines Sicherheitsniveaus

3. Probleme bei der Kompetenzvergabe für Sicherheitsfragen

4. schwierige Kostenabgrenzung

5. Informationen zur Erkennung der wahren Risikolage werden aus Angst vor Prestigeverlusten nicht weitergegeben

Ein wichtiger Schluss aus diesen Ausführungen und gleichzeitig **Motivation** für diese Arbeit ist die Erkenntnis, dass eine lediglich **bereichsspezifische Vorgehensweise in Sicherheitsfragen nicht zielführend** sein kann. Es gibt keine besonders günstige Vorgehensweise, um Risiken speziell im IT-Bereich zu begegnen. Vielmehr muss eine Methode gewählt werden, die eine gleichartige Vorgehensweise gegen völlig verschiedene Bedrohungen in allen unternehmerischen Bereichen ermöglicht.

1.4   Ziel der Arbeit

Im Rahmen der vorliegenden Arbeit wird eine Methode entwickelt, welche die Realisierung integraler Sicherheitskonzepte unter Berücksichtigung betrieblicher Anforderungen ermöglicht.

Ausgehend von der Feststellung, dass ein lückenloses Sicherheitsdispositiv auf einer bereichsunabhängigen, unternehmensweit standardisierten Vorgehensweise beruht, wird ein Konzept zur Erlangung eines wünschenswerten Sicherheitsniveaus vorgestellt. Dieses Konzept ermöglicht eine Abstimmung und Harmonisierung von Sicherheitsmassnahmen, so dass getätigte Investitionen im Sicherheitsbereich nicht durch Sicherheitslücken oder «Überschutz» an anderen Stellen hinfällig oder abgewertet werden. Zu diesem Zweck ist es notwendig, verschiedene Verfahren zur Risikoschätzung vorzustellen. Das entwickelte Konzept selbst ist jedoch unabhängig vom gewählten Risikoschätzverfahren.

Die beschriebenen Szenarien der gezeigten Beispiele beziehen sich zwar auf den IT-Bereich, die erarbeitete Methode ist jedoch auf einer breiten, alle Sicherheitsbereiche umfassenden Basis anwendbar. Die Beispiele wurden deshalb aus dem IT-Bereich gewählt, weil hier zusätzliche, typische Bedrohungen wirksam sind: ausser den physischen Bedrohungen (Diebstahl, Zerstörung, Beschädigung etc) sind auch logische Gefährdungen zu berücksichtigen (z.B. Informationsabfluss ohne physischen Verlust, unbefugte und möglicherweise unentdeckte Datenänderung).

In der Arbeit werden Grundsätze erörtert, die bei der Formulierung einer Sicherheitspolitik zu berücksichtigen sind, und es werden verschiedene grundlegende Strategien zur Steuerung und Koordination von Sicherheitsmassnahmen diskutiert.

Zentraler Beitrag ist die Präsentation einer Methode zur Entscheidungs-findung bei der Auswahl adäquater Sicherheitsmassnahmen zur Erreichung eines gewünschten Sicherheitszustands. Zu diesem Zweck wird eine bewähr-te Methode aus der Finanztheorie adaptiert und operationalisiert, die Portfoliotechnik. Der in den 50er Jahren von Markowitz entworfenen Metho-de liegt ein mathematisches Modell zugrunde, das für die vorliegende Problematik einige Lösungsansätze bietet. Die Idee, dass in einem zweckmässigen Portfolio verschiedene Titel vertreten sein sollen, wurde später von Boston Consulting und McKinsey für den Bereich der strategi-schen Planung wieder aufgegriffen: eine geeignete Produktpalette und erfolg-reiche Wettbewerbsstrategien sichern eine gute Marktposition. Kennzeich-nend für diesen Ansatz ist die Portfoliotabelle oder Portfoliomatrix, ein graphisches Hilfsmittel. Aus den genannten Anwendungsgebieten werden Elemente übernommen und zwar in zweifacher Hinsicht:

- Die Verwendung von Portfolios im Sinne von Markowitz führt durch Diversifikation zu einer Risikostreuung und somit gesamtheitlich zu einer Risikoreduktion. Diversifikation bedeutet in diesem Zusammen-hang Bildung von Massnahmenbündeln, sogenannter «Portfolios», in denen verschiedene Sicherheitsmassnahmen vertreten sind.

- Portfoliotabellen dienen der Veranschaulichung von Risikosituationen und unterstützen die Auswahl passender Strategien zur Risikore-duktion. Ferner dienen sie zur Visualisierung der Interdependenzen qualitativer Merkmale von Sicherheitsmassnahmen, aber auch zur Risikoklassifikation und Darstellung der Effektivität und Effizienz von Sicherheitsmassnahmen. Sie bewirken Komplexitätsreduktion und fungieren als Werkzeug zur Anwendung einer qualitativen Methode zur Risikobewältigung.

Nach den theoretischen Ausführungen wird versucht, durch konkrete Bei-spiele den Bezug zur betrieblichen Praxis herzustellen und so die einzelnen Schritte deutlich zu machen. Dabei wird im ersten Beispiel ein rein quanti-tativer Lösungsansatz gezeigt, während das zweite Beispiel eine ausschliesslich qualitativ orientierte Lösung darstellt.

1.5   Abgrenzung

In der vorliegenden Arbeit wird weder der Versuch unternommen eine vollständige Checkliste zur Risikoidentifika..on, noch einen vollständigen Massnahmenkatalog zu erstellen. Dies ist begründet durch den raschen

Fortschritt besonders im IT-Bereich, wo Checklisten bei ihrem Erscheinen meist schon wieder unvollständig sind und ständiger Aktualisierung bedürfen. Es werden jedoch Hinweise gegeben, wo aktuelle Informationen beschafft werden können. Es wird nicht der Frage nachgegangen, wieviel Sicherheit bestimmte Anwendungen bedürfen oder welches Sicherheitsniveau in konkreten Fällen zu wählen ist.

Auch wird kein neues Bewertungsverfahren für Kosten-Nutzen-Erwägungen gezeigt, sondern die Anwendung bestehender Verfahren vorausgesetzt (Interner Zinsfuss, Kapitalwertmethode u.a.m.) ohne die Güte dieser Investitionsrechnungsverfahren zu hinterfragen. Vielmehr werden in den gezeigten Beispielen aus Gründen der besseren Verständlichkeit und der Unterstreichung des eigentlichen Verfahrens hinsichtlich der Investitionsrechnung simplifizierende Annahmen getroffen. Diese werden jedoch an den betreffenden Stellen explizit genannt.

Ebenso wird die Problematik der Quantifizierung qualitativer Merkmale ausgeklammert. Die Beispiele am Schluss der Arbeit zeigen zwei idealtypische Anwendungen; Probleme aus der Praxis werden in den meisten Fällen durch eine Mischung aus quantifizierbaren und nicht-quantifizierbaren Grössen charakterisiert sein.

1.6   Gliederung der Arbeit

Der Arbeit liegt folgender Aufbau zugrunde (Abb. 1-3). Nach einer kurzen Einführung werden im zweiten Kapitel theoretische Grundkenntnisse, die zum Verständnis der Arbeit notwendig sind, vermittelt. Begriffe, die thematisch für die vorliegende Arbeit von Bedeutung sind, werden erklärt. Dazu zählen Termini wie «Sicherheit», «Risiko», «Risk Management», «Sicherheitspolitik» und «Portfolio». Der Erörterung verschiedener Begriffsauffassungen aus der Literatur folgt eine Begriffsdefinition für diese Arbeit, wobei entweder Vorhandenes übernommen oder eine Neuformulierung vorgenommen und begründet wird. Das zweite Kapitel beinhaltet aber auch Grundlagen aus Statistik und Finanztheorie, wie zum Beispiel Schätzverfahren und Portfoliotheorie.

Im dritten Kapitel werden bestehende Verfahren, Standards und Ansätze, welche die Risikobewältigung im IT-Bereich unterstützen, aufgezeigt und kritisch beleuchtet.

Das vierte Kapitel beschreibt die Methode zur wirtschaftlich sinnvollen Bewältigung sogenannter «Bedingungsrisiken». Ausgehend von den zu berücksichtigenden Grundsätzen bei der Formulierung einer Sicherheitspolitik und der Aufbereitung der dazu notwendigen Informationen wird schrittweise der Prozess zur Entscheidungsfindung und die damit verbundenen Aktivitäten beschrieben. Bei der Beurteilung «optimaler» Massnahmen sind nicht nur quantitative Einflussgrössen zu berücksichtigen, sondern auch qualitative. Die Zusammenhänge qualitativer Merkmale von Sicherheitsmassnahmen werden unter Verwendung von Portfoliotabellen gezeigt.

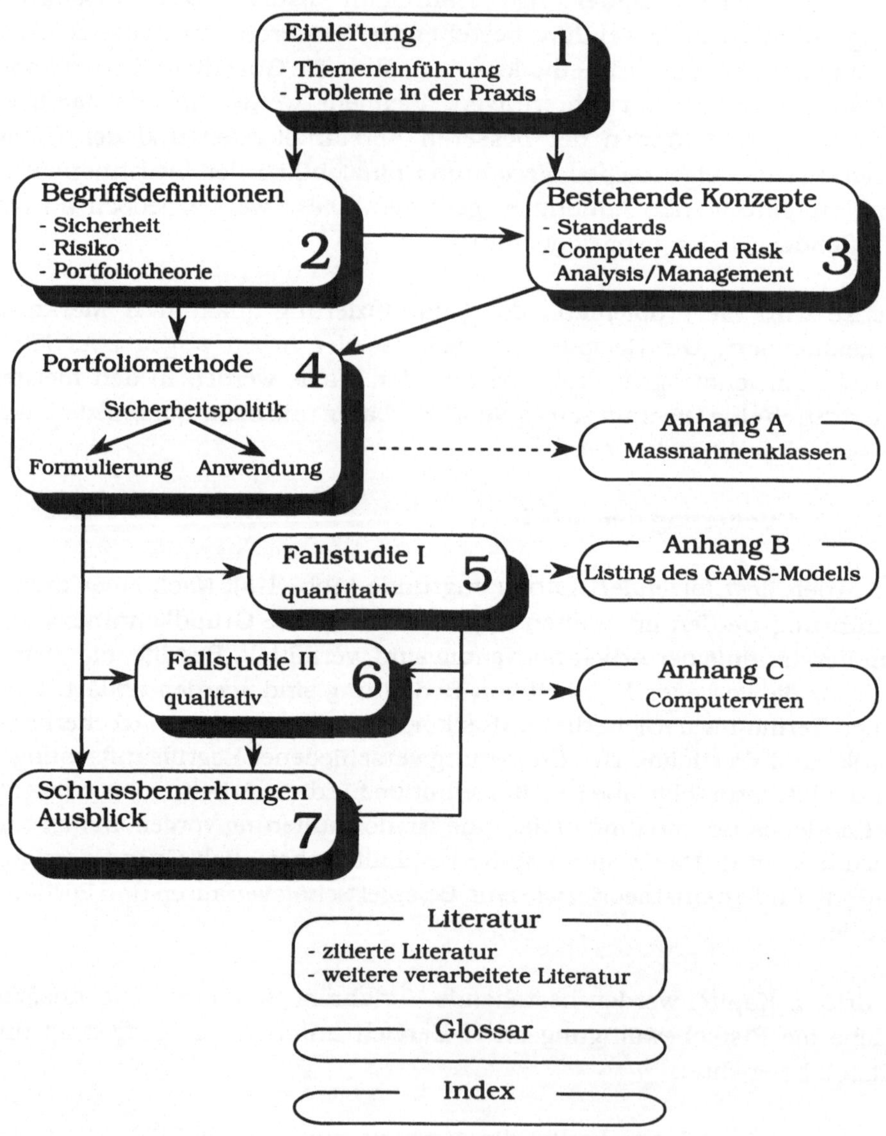

Abb. 1-3:   Aufbau der Arbeit

Das fünfte Kapitel zeigt die Anwendung der Methode anhand eines praktischen Beispiels. Es wird gezeigt, wie das Risiko «Hacking» in einer bestimmten
Rechnerumgebung bewertet wird und wie Massnahmenalternativen gegeneinander abgewogen werden. Dieses Beispiel zeigt stufenweise, wie die in
Kapitel 4 beschriebene Methode Anwendung findet und bestimmte Portfolios
sich entsprechend einer vorgegebenen Sicherheitspolitik als optimal er-
weisen. Als Konsequenz wird auch beispielhaft ein interaktiver Ansatz
gezeigt, der Methoden aus dem Operations Research verwendet. Mit Hilfe der
Modellierungssprache GAMS wird ein Optimierungsmodell entworfen, das
stufenweise verändert wird, letztlich in drei Varianten zur Verfügung steht
und somit drei Möglichkeiten einer Sicherheitspolitik unterstützt.

Das im sechsten Kapitel ausführlich dargestellte Beispiel nimmt auf die
Problematik beim Auftreten von Computerviren Bezug. Portfoliotabellen
werden als Hilfsmittel benutzt, um die indentifizierten Teilrisiken zueinander
in Relation zu bringen und einen qualitativ orientierten Lösungsweg aufzu-
zeigen. Die Portfoliotabellen erlauben es dem Entscheidungsträger, Prioritäten zu erkennen und Schwerpunkte zu setzen.

Das Schlusskapitel fasst die Merkmale der gezeigten Methode zur Risikobewältigung und Erstellung eines integralen Sicherheitsdispositivs zusammen und skizziert mögliche und wünschenswerte Weiterentwicklungen des
gezeigten konzeptionellen Ansatzes.

Im Anhang A finden sich Beispiele zu der im vierten Kapitel erklärten
Klassifikation von Sicherheitsmassnahmen. Ferner ist im Anhang B das
Listing zu dem im fünften Kapitel verwendeten Optimierungsmodell zu
finden. Anhang C beinhaltet eine detaillierte Erklärung zum Thema
«Computerviren» und ist als Ergänzung zum sechsten Kapitel zu betrachten.
Literaturangaben, das Glossar und ein Index vervollständigen den Beitrag.

2 Grundbegriffe

Da besonders bei der erstmaligen Auseinandersetzung mit einer Methode das Begriffsverständnis der Anwender aus der Umgangssprache sehr individuell und unscharf sein kann, ist es notwendig, zu Beginn grundlegende Begriffe zu präzisieren. Bei der vorliegenden Arbeit kommt noch hinzu, dass Techniken aus verschiedenen Disziplinen zur Anwendung gelangen und daher die dort verwendeten Termini - abhängig vom theoretischen und disziplinären Kontext - unterschiedlich definiert sind. Daher sollen im folgenden verschiedene Sichtweisen der im Zusammenhang mit dieser Arbeit grundlegenden Begriffe genannt und kritisch hinterfragt werden, um für diese Arbeit gültige Definitionen zu erarbeiten. Darüber hinaus wird ein kurzer Überblick über theoretische Grundlagen gegeben.

2.1 Entscheidungstheoretische Grundlagen

2.1.1 Die Entscheidung als Auswahlprozess

Der Realisierung von «passenden»[1] Sicherheitsmassnahmen geht eine Entscheidung für eine bestimmte Massnahme aus einer Menge von Alternativen voraus. Die Entscheidung ist das Ergebnis eines Auswahlprozesses. Die Ausgangssituation des Entscheidungsträgers wird «Entscheidungssituation» genannt und ist von der Menge der Entscheidungsalternativen, der Menge der Entscheidungsparameter, sowie von der Zielvorstellung des Entscheidungsträgers geprägt. Die Verbindung zwischen der Entscheidungssituation und der Entscheidung ist ein informationsverwertender Prozess, der Entscheidungsprozess. Er ist zusammengesetzt aus dem Prozess der Entscheidungsvorbereitung (Erkennen und Formulieren der Entscheidungssituation) und dem Prozess des Auswählens der optimalen Entscheidungsalternative [DIE69][2].

Das Risikobild der frühen Betriebswirtschaftslehre war vom «Unternehmermodell» geprägt, das auf der Sicherheitsprämisse[3], der Gewinnmaximie-

---

[1] Das Attribut meint hier «passend» sowohl im Sinne von «im Einklang stehend zu anderen Massnahmen» als auch im Sinne von «angemessen für eine bestimmte Applikation».

[2] Die Definitionen Diederichs stehen hier stellvertretend. Aus Gründen der Vollständigkeit sei vermerkt, dass es einige Definitionen für Entscheidung gibt, die auch andere Formen der kognitiven «Informationsverarbeitung» berücksichtigen, die nicht unbedingt eine Auswahl aus mehreren Alternativen beinhalten [vgl. IMB83, p. 34]. Diese Auffassung stellt jedoch eher die Ausnahme dar und ist in Zusammenhang mit der vorliegenden Arbeit nicht von Bedeutung.

[3] Diese setzt voraus, der Unternehmer verfüge über vollkommene Voraussicht.

rungshypothese[1] und der Prämisse einer vollkommenen Unternehmenseinheit[2] beruhte. Verändert wurde dieser unrealistische Risikobegriff durch den Einbezug nutzen- und spieltheoretischer Abhandlungen. Die Auffassung der unauflösbaren Einheit der Tätigkeiten des Unternehmers wurde durch einen sehr engen Entscheidungsbegriff abgelöst, der die Entscheidung als punktuellen Akt des Wählens zwischen mindestens zwei gedachten Handlungsalternativen definiert. Diese Risikoauffassung betrachtete die Unsicherheit des Entscheidungsträgers über zukünftige Umweltzustände als zentrale Problematik. Aber auch die Gewinnhypothese wird durch die Einführung des Nutzenkonzepts abgelöst[3].

---

[1] Die Gewinnmaximierungshypothese unterstellt, dass das einzige Ziel des Unternehmers die Maximierung des Gewinns sei.

[2] Diese Prämisse unterstellt, der Unternehmer sei die einzige willensbildende Person im Unternehmen.

[3] Das „Petersburger Paradoxon" zeigt, dass die Maximierung des Gewinnerwartungswertes keine generell gültige Entscheidungsregel darstellt.

Bei diesem Gedankenexperiment hat ein Spieler die Möglichkeit, eine Münze, die auf einer Seite „Zahl" auf der anderen „Wappen" aufweist, solange zu werfen, bis erstmals „Zahl" erscheint. Ist dies schon beim ersten Wurf der Fall, erhält der Spieler 2 Geldeinheiten (GE) ausbezahlt. Erscheint beim ersten Wurf „Wappen" und erst beim zweiten Wurf „Zahl" bekommt er 2^2 GE. Der Spieler erhält einen Gewinn von 2^n, falls beim n-ten Wurf zum ersten Mal die Zahl erscheint (Eine Folge von unabhängigen Wiederholungen eines Experiments mit zwei Ereignisausgängen nennt man ein Bernoulli-Schema).

Frage: Wieviel Einsatz sollte man bereit sein zu zahlen, um an diesem Spiel teilzunehmen?

Wäre der Erwartungswert des Gewinns das Entscheidungskriterium (im Beispiel ist der Erwartungswert unendlich, wie im folgenden gezeigt wird), müsste man bereit sein, jeden Spieleinsatz zu leisten.

Wurf	Ereignis	Gewinn	Wahrscheinlichkeit
1.	Z	2	0.5
2.	WZ	4	0.5^2
3.	WWZ	8	0.5^3
4.	WWWZ	16	0.5^4
.	.	.	.
.	.	.	.
n	(n-1)malWZ	2^n	0.5^n

$$\text{Der Erwartungswert des Gewinns } E(G) = \sum_{n=1}^{\infty} 2^n \cdot 0.5^n = \infty$$

Ein Entscheidungsträger, der sich ausschliesslich am Gewinnerwartungswert orientiert, wäre bereit, sein gesamtes Vermögen einzusetzen, um an diesem Spiel teilnehmen zu können. Tatsächlich richtet sich ein Entscheidungsträger jedoch nach dem Erwartungswert des **Nutzens** des Gewinns [vgl. LAU82, pp. 156], sowie dem zur Verfügung stehenden Kapital und der Anzahl der erlaubten Spiele. Es kann gezeigt werden, dass unter Berücksichtigung einer entsprechenden **Nutzenfunktion** des Entscheidungsträgers (vgl. Kap. 2.1.4) die Teilnahme an diesem Spiel und der Einsatz eines bestimmten Betrags nicht nachteilig ist.

Die Interpretation der Entscheidung als Problemlösungsprozess, bei dem der Wahlakt aus einer Menge von Entscheidungsalternativen nur eine abschliessende Teilphase darstellt, die Berücksichtigung kognitiver Grenzen des Entscheidungsträgers und Abkehr von der Vorstellung des Unternehmens als organisatorische Entscheidungseinheit, charakterisiert die moderne Entscheidungstheorie [IMB83].

2.1.2   Delegation von Entscheidungen

Die Entscheidung zur Realisierung bestimmter Sicherheitsmassnahmen wird von der Unternehmensleitung im allgemeinen an unternehmenshierarchisch mittlere Stufen, wie z.B. Stäbe oder Fachabteilungen, delegiert.

Bei **Delegation** werden Entscheidungskompetenzen auf eine oder mehrere andere Personen übertragen, die dann aus der Menge der jeweiligen «Massnahmen-Kandidaten» eine Alternative auswählen und diese realisieren oder deren Realisierung selbst wieder veranlassen. Die Person, an die delegiert wird (Entscheidungsträger), ist dabei jedoch an eine Zielvorgabe gebunden und verfügt sinnvollerweise nur über einen begrenzten Entscheidungsspielraum. Der Entscheidungsträger hat dann die Aufgabe,

a)   nach Handlungsalternativen im Rahmen des Entscheidungsspielraums zu suchen,

b)   Informationen über die massgeblichen Umweltzustände einzuholen, um sich ein Wahrscheinlichkeitsurteil über diese Umweltzustände zu bilden, und

c)   den relevanten Alternativen und Umweltzuständen nach Massgabe des vorgegebenen Ziels die jeweiligen Ergebnisse zuzuordnen, um dann eine Handlungsalternative auszuwählen.

Diese Delegation der Entscheidung eröffnet der delegierenden Person (Instanz) die Möglichkeit, die Fachinformationen des Entscheidungsträgers zu nutzen, ohne dass sie selbst diese Informationen aufnehmen und verarbeiten müsste. Die Zielvorgabe muss allerdings den Anforderungen «Kompatibilität» und «Operationalität» genügen. **Kompatibilität** bedeutet, dass die Zielvorgabe den Zielvorstellungen der Instanz entspricht und diese ausreichend abbildet. **Operational** ist eine Zielvorgabe dann, wenn überprüft werden kann, bis zu welchem Grad diese Zielvorstellungen erreicht wurden. Inoperationale Zielsetzungen können zu folgenden negativen Konsequenzen führen:

a)   Der Entscheidungsträger ist gezwungen, das unklar formulierte Ziel im Sinne der Instanz zu präzisieren und interpretieren. Eine adäquate Präzisierung kann die Fähigkeiten des Entscheidungsträgers übersteigen.

b)   Der Entscheidungsträger bekommt die Möglichkeit, sich an persönlichen Zielen zu orientieren, die von den Zielvorstellungen der Instanz abweichen können.

c)   Ein fehlender Massstab für die Messung der Güte der vom Entscheidungsträger getroffenen Entscheidungen bedingt eine erschwerte Selbstkontrolle und führt zu Verunsicherung beim Entscheidungsträger, die in weiterer Folge demotivierend wirken kann [vgl. LAU88, pp. 185].

Um Ziele, die diesen beiden Bedingungen der Kompatibilität und Operationalität genügen, vorgeben zu können, ist vor allem ein gemeinsames Begriffsverständnis Voraussetzung. Dieses Begriffsverständnis, das für Entscheidungen im Sicherheitsbereich nötig ist, soll in diesem Kapitel vermittelt werden. Der im Rahmen dieser Arbeit entwickelte konzeptionelle Ansatz bedingt Kompatibilität und Operationalität bei der Zielsetzung (vgl. Kap. 4).

2.1.3   Einflussfaktoren im Entscheidungsprozess

Das Entscheidungsverhalten innerhalb eines Entscheidungsspielraums soll hauptsächlich durch die vorgegebenen Zielsetzungen der Instanz geprägt sein. Darüber hinaus kommt der persönlichen **Nutzenfunktion** und **Risikohaltung** des Entscheidungsträgers Bedeutung zu, ferner den zur Verfügung stehenden **Informationen** und der den Informationen vom Entscheidungsträger zugeordneten **Gewichtung**, sowie der Art der **Problemstellung**. Zusätzlich zu diesen genannten Faktoren spielen aber auch **psychologische Momente** eine nicht zu unterschätzende Rolle.

So konnte Slovic in einigen psychologischen Testreihen feststellen, dass der Entscheidungsträger dazu neigt, seltene Schadensereignisse als wesentlich häufiger zu erachten, dafür häufige Ereignisse in ihrer Frequenz zu unterschätzen[1]. Neben diesem psychologischen Phänomen erscheint auch interes-

---

1   So zeigt z.B. eine öffentliche Umfrage in den USA nach den vermuteten Häufigkeiten verschiedener Todesarten, dass gute Schätzungen nur von jenen Ereignissen vorliegen, die relativ häufig sind und über die in den Medien berichtet wird (Verkehrsunfall, Mord) [vgl. SLO80, zitiert in JAB88] (siehe Tabelle in Fussnote der Folgeseite).

sant, dass Entscheidungsträger ein risikoaverses Verhalten zeigen, sobald bei der Betrachtung der möglichen zukünftigen Umweltzustände auch der völlige Bankrott der Unternehmung einbezogen wird [vgl. SLO67, zitiert in HER84, p. 10].

Ferner wird durch die **Formulierung** der Fragestellung der Auswahlprozess nachhaltig beeinflusst[1].

Todesursache	Häufigkeit real	Häufigkeit geschätzt	geschätzt/real
Pocken	0	57	-
Lebensmittelvergiftung	2	183	91
Feuer	6	160	27
Pockenimpfung	8	23	2.9
Vergiftung durch Biss/Stich	48	350	7.3
Tornado	90	564	6.3
Mord/Totschlag	18.860	5.582	0.3
Selbstmord	24.600	4.679	0.19
Diabetes	38.950	1.476	0.038
Verkehrsunfall	55.350	41.161	0.74
Magenkrebs	95.120	3.283	0.035
Unfälle aller Art	112.750	88.879	0.79
Herzinfarkt	738.000	23.599	0.032
alle Krankheiten	1,740.450	88.838	0.051

[1] Frage A1 „Als Theaterbesucher (Eintritt US$10.-) stellen Sie fest, dass Sie eine 10-$-Note verloren haben. Kaufen Sie trotzdem eine Karte?"

Frage A2: „Sie haben eine Eintrittskarte zu US$10.- im voraus gekauft und stellen beim Betreten des Theaters fest, dass Sie diese verloren haben. Kaufen Sie eine neue Karte?"

Beide Situationen sind völlig äquivalent, dennoch beantworteten 88% der Befragten die erste Frage positiv, nur 46% die zweite.

Frage B1: „Nach Programm A können 200 Menschen gerettet werden. Mit Programm B besteht eine Chance von 1/3, alle 600 Menschen zu heilen, jedoch eine solche von 2/3, dass niemand gerettet wird."

Frage B2: „Nach Programm C werden 400 Menschen sterben. Mit Programm D besteht dagegen eine Chance von 1/3, dass niemand stirbt, aber eine solche von 2/3, dass 600 Menschen sterben werden."

Bei der Fragestellung B1 entschieden sich 72% der befragten Ärzte für das Programm A (nur 28% zogen das Programm B vor). In der Formulierung B2 entschieden nur 22% für Programm C, das dem Programm A aus der Fragestellung B1 entspricht, und 78% für Programm D, das dem Programm B aus B1 entspricht. Bei der Formulierung von B1 wurde bewusst der Erfolg betont, bei der Fragestellung von B2 wurden hingegen die Verluste betont und eine negative Formulierung gewählt. In ungewissen Situationen wird bei erfolgversprechender Formulierung eher risikoavers entschieden, bei betont negativer Fragestellung entscheidet man hingegen eher risikofreudig [FRI86, p. 448].

2.1.4   Idealtypische Risikohaltungen

Die Entscheidung für eine Handlungsalternative wird von der Risikohaltung des Entscheidungsträgers beeinflusst[1]. Es werden drei idealtypische Risikohaltungen unterschieden: Risikoscheu, Risikofreude und Risikoneutralität. Wenn sich der Entscheidungsträger nur an einer Zielgrösse Z orientiert (z.B. Gewinn, Einkommen, Umsatz), dann kann seine Nutzenfunktion durch einen Graphen dargestellt werden (Abb. 2-1). Für den Vergleich der zur Auswahl stehenden Alternativen sind nur solche Grössen als Konsequenzen für den Entscheidungsträger relevant, deren Ausprägungen für die «Zufriedenheit» des Entscheidungsträgers von Bedeutung sind. Falls sich dieser an mehr als einer Zielgrösse orientiert, dann können die Ergebnisse als Vektoren der Zielgrössenausprägungen dargestellt werden.

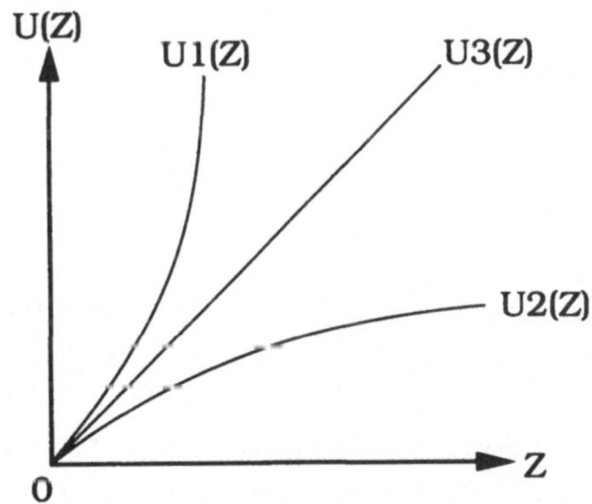

Z .... Zielgrösse
U .... Nutzen
U1(Z) ... Nutzenfunktion eines risikofreudigen Entscheidungsträgers
U2(Z) ... Nutzenfunktion eines risikoscheuen Entscheidungsträgers
U3(Z) ... Nutzenfunktion eines risikoneutralen Entscheidungsträgers

Abb. 2-1:   Verlauf idealtypischer Nutzenfunktionen

Ein linearer Verlauf der Nutzenfunktion (U3(Z)) bedeutet, dass einem Zuwachs der Zielgrösse um eine Einheit, unabhängig vom Niveau der Zielgrösse, ein konstanter Nutzenzuwachs zugeordnet ist[2]. Bei Vorliegen von Risiko-

---

[1] Dieser Einfluss der Risikohaltung kann durch entsprechende Vorgaben der Instanz und Gestaltung des Handlungsspielraumes reguliert und manipuliert werden.

[2] Ein Entscheidungsträger setzt zum Beispiel eine 50 : 50 -Chance sFr. 1.000.- zu gewinnen oder nichts zu gewinnen einer sicheren Einzahlung von sFr. 500.- gleich.

freude (U1(Z)) wird ein Zuwachs der Zielgrösse um eine Einheit ein umso grösserer Nutzenzuwachs zugeordnet, je höher das Niveau der Zielgrösse ist[1]. Risikoaversion oder -scheu (U2(Z)) bedeutet, dass einem Ergebniszuwachs um eine Einheit ein umso kleinerer Nutzenzuwachs zugeordnet wird, je höher das Niveau der Zielgrösse ist[2] [HAX85, DIE69, p. 69].

Ein Entscheidungträger hat in verschiedenen Bereichen möglicher Ergebnisse von Handlungsalternativen verschiedene Einstellungen zum Risiko. Da die Ermittlung einer Nutzenfunktion bei einer grossen Anzahl möglicher Ergebnisse einen hohen Aufwand bedeuten kann, ist eine vereinfachende Methode anzuwenden. Der Graph einer Nutzenfunktion lässt sich vereinfacht ermitteln, indem nur für einige Ergebniswerte der jeweilige Nutzenwert explizit angegeben wird und dann die jeweiligen Punkte miteinander verbunden werden.

2.2   Der Sicherheitsbegriff allgemein

„Sicherheit ist ein Zustand, der

- vorliegt, wenn bestimmte Gefahren, die einem definierten Bezugssytem drohen, beseitigt sind,

- für dieses System durch umfassende, auf das System abgestimmte Massnahmen der Sicherung erreicht wird" (Meißner in [BEE89]).

Besonders im deutschen Sprachgebrauch ist der Begriff «Sicherheit» sehr unscharf. Im Englischen liegt durch die Unterscheidung von «Safety» und «Security» eine engere Abgrenzung vor. Dennoch ist der Bedeutungsumfang des Begriffs «Security» immer noch beachtlich: „1. the quality or state of being secure: as a: freedom from danger: safety...b: archaic: carefree or cocky overconfidence...c: freedom from fear, anxiety or care...d(1): freedom from uncertainty or doubt: confidence, assurance (2): sureness of technique...e: basis for confidence: guaranty...f: firmness" [WEB76, pp. 2053]. Während «Safety» beschrieben wird als „the condition of being safe: freedom from exposure to danger: exemption from hurt, injury, or loss...a means of protection: safeguard...a locking or interrupting device on a military

---

[1]   Im genannten Beispiel würde das bedeuten, dass ein risikofreudiger Entscheidungsträger die 50 : 50-Chance auf einen Gewinn von 0 oder sFr. 1.000.- höher als die sichere Einzahlung von sFr. 500.- bewertet.

[2]   Die als gleichwertig angesehene sichere Einzahlung (Sicherheitsäquivalent) ist kleiner als der Erwartungswert wahrscheinlichkeitsverteilter Ergebnisse. Im genannten Beispiel würde ein risikoscheuer Entscheidungsträger die sichere Einzahlung von sFr. 500.- der Variante mit der 50 : 50-Chance vorziehen.

apparatus... that prevents it from being fired accidentally...a device...applied to equipment to reduce hazard from component failure or personal contact...the quality or state of not presenting risks...knowledge of or skill in methods of avoiding accident or disease...", und andererseits „...to protect against failure, breakage, or other accident: as a: to secure...against loosening by vibration b: to engage the safety of (a weapon)" [WEB76, p. 1998].

Bei Haller [HAL75, pp. 10] ist Sicherheit ein begriffliches Konstrukt, das drei Dimensionen beinhaltet: «äussere Sicherheit», «innere Sicherheit» und «Sicherheit für andere». Zur äusseren Sicherheit zählt der Schutz der Marktposition, der Finanzlage oder des Betriebsvermögens, innere Sicherheit bedeutet ein «Gefühl» z.B. des Schutzes vor unerwarteten Marktentwicklungen oder bedrohlichen Situationen. «Sicherheit für andere» meint z.B. Schutz der Mitarbeiter vor Arbeitsplatzverlust oder Schutz der Umwelt.

2.3   Der Sicherheitsbegriff im IT-Bereich

Der Sicherheitsbegriff im Informatikbereich hat verschiedene Inhalte und soll im folgenden abgegrenzt werden.

Eine gute Begriffsabgrenzung gibt Görgen [GÖR85]: DV-Sicherheit setzt sich aus Datensicherheit und Funktionssicherheit zusammen, wobei Datensicherheit auf Datengeheimhaltung und Erhaltung der Datenintegrität beruht, während Funktionssicherheit das Ergebnis von Verfügbarkeit und Korrektheit ist (Abb. 2-2).

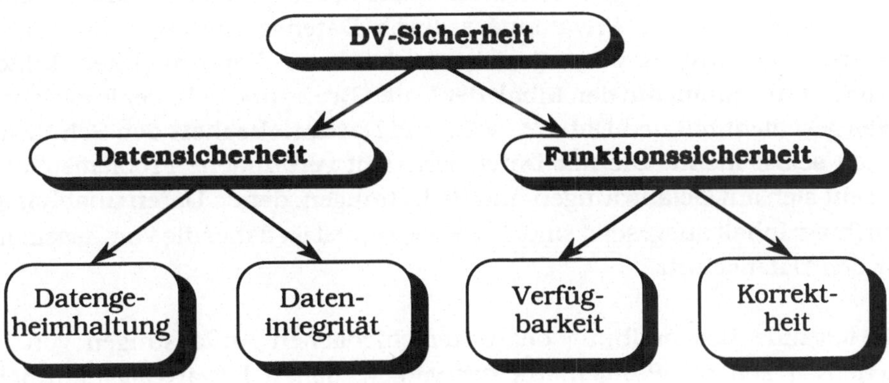

Abb. 2-2:   Datensicherheit [GÖR85]

Datensicherheit ist das Ziel bzw. Ergebnis des Einsatzes geeigneter und ausreichender Massnahmen der Datensicherung. „In den Bereich der Datensicherheit gehören somit alle Massnahmen technischer und organisatorischer Art, um Daten vor Verfälschung, Zerstörung und unzulässiger Bekanntgabe zu schützen" [BAZ89, p. 227; vgl. HOR87, p. 524].

IT-Sicherheit, im Sinne des englischen Ausdrucks «**Security**», bedeutet Schutz vor den drei Grundbedrohungen der Informationssicherheit

-    unbefugter Informationsgewinn (Verlust der Vertraulichkeit)

-    unbefugte Modifikation von Information (Verlust der Integrität)

-    unbefugte Beeinträchtigung der Funktionalität (Verlust der Verfügbarkeit)

Damit ist die Auffassung verbunden, dass die Einschränkung dieser Bedrohungen ein bestimmtes Mass an Sicherheit zur Folge hat [GAS88, p. 4; LEE89; ZSI89, p. 5]. IT-Sicherheit, im Sinne des englischen Ausdrucks «**Safety**», hingegen bedeutet, dass ein System nur prognostizierbare Ergebnisse liefert, unabhängig von den Eingabedaten und den implementierten Funktionen. Es ist notwendig und hinreichend, dass z.B. ein Programm in endlicher Zeit terminiert, keine unvorhersehbaren Ergebnisse liefert, nicht vorzeitig terminiert, den Rechner nicht blockiert und kein Ergebnis liefert, welches die Sicherheit des aufrufenden Programms gefährdet [LEE89][1].

2.3.1   Datenschutz - Datensicherheit

Der Begriff «Datenschutz» wird mitunter fälschlicherweise mit dem Begriff «Datensicherheit» gleichgesetzt. **Datenschutz** bedeutet Schutz des Betroffenen vor Verletzung seiner Privatsphäre durch Datensammlungen bis hin zu Datenauswertungen zum Zwecke lückenloser Persönlichkeitsbilder. Datenschutz nimmt auf den Inhalt der Daten Bezug und geht der Frage nach: „Was geschieht mit den Daten?", während **Datensicherheit** den Schutz der Daten selbst meint. Die mit Datensicherheit verbundene Problemstellung bezieht sich auf Gefährdungen und Bedrohungen, denen Daten unabhängig von ihrem Inhalt ausgesetzt sind. Datensicherheit ist daher die Voraussetzung für den Datenschutz.

Die folgende Beschreibung der unterschiedlichen Auffassungen von IT-Sicherheit soll die Problematik der verschiedenen Erwartungshaltungen bezüglich Sicherheit aufzeigen.

---

[1]   „Providing a system is safe does not mean it is secure - safety applies only to the abstract model. To prove security, it is also necessary to show the system correctly implements the model; that is, security requires both safety and correctness. Thus, safety relates to only part of the verification effort..." [DEN82].

2.3.2   Datensicherheit aus Benutzersicht

Die Benutzer «Offener Systeme» haben hohe Anforderungen an das System: Sie möchten **einfach** mit dem System arbeiten können, beanspruchen entsprechenden Komfort und gleichzeitig korrekte Lösungen komplexer Aufgabenstellungen. Sie wollen mit geringen Übertragungs- und Antwortzeiten eine Fülle von Funktionen benutzen. Sie verlangen Zuverlässigkeit vom System. Ausserdem sollen die erworbenen Informationen von Unbefugten nicht in Erfahrung gebracht werden können.

2.3.3   Datensicherheit aus der Sicht des Systembetreibers

Der Systembetreiber hat eine gänzlich andere Sichtweise. Er ist dafür verantwortlich, dass das System fehlerfrei und zuverlässig arbeitet. Zur Betreibung des Systems und Gewährleistung der geforderten Sicherheit bedarf es zuverlässiger und robuster Methoden zur eindeutigen Zuordnung anteiligen Ressourcenverbrauchs zu einem bestimmten Benutzer. Das impliziert «starke», im Sinne von unumgehbare oder nur mit sehr hohem Aufwand umgehbare, Identifikations- und Authentifikationsmechanismen.

2.3.4   Datensicherheit aus der Sicht des Systemingenieurs

Die dritte Sichtweise von Datensicherheit ist die des Systemingenieurs. Bei der Erstellung von IT-Systemen muss berücksichtigt werden, dass sich die Ansprüche des Benutzers ändern und das System erweitert werden muss. Zur einfachen Erbringung dieser Leistungen sind bestimmte Standards zu berücksichtigen [BAU90, p. 6].

2.3.5   Definition «Sicherheit»

Bedeutungen des Begriffs «Sicherheit», die für eine Definition in Zusammenhang mit der vorliegenden Arbeit interessieren, sind

1.   Zustand der Sicherheit als Ergebnis von Sicherungsaktionen

2.   Sicherheit im Sinne von «Gewissheit» oder «Garantie» (z.B. in Zusammenhang mit der «Stärke» von kryptographischen Algorithmen)

3.   Sicherheit als Zustand der Gefahrlosigkeit, des Nicht-Bedrohtseins eines Systems

4.   Sicherheit im Sinne von Zuverlässigkeit und Robustheit

Sicherheit ist das Resultat einer sinnvollen Kombination verschiedener Massnahmen. Es müssen organisatorische, technische und bauliche Möglichkeiten sorgfältig aufeinander abgestimmt werden. Eine Streuung der Massnahmen verhindert, dass im Falle des Versagens einer einzelnen Vorkehrung die bedrohten Werte zur Gänze exponiert sind, indem andere Massnahmen noch Schutz – wenn auch in eingeschränktem Masse – bieten.

Definition: Sicherheit ist das Ergebnis von Sicherungsprozessen, das als Kontinuum aufzufassen ist und graduelle Unterschiede aufweist. Gänzliche Sicherheit ist ein hypothetischer Idealzustand [STR88, p. 37]. Die Sicherheit eines definierten Systems wächst mit abnehmendem Bedrohungspotential.

2.4   Der Risikobegriff

2.4.1   Definition

Der Ausdruck «Risiko» hat in verschiedenen Zusammenhängen sehr unterschiedliche Definitionen erfahren. Imboden versucht eine Klassifikation der Bedeutungsumfänge des Risikobegriffs in den Wirtschaftswissenschaften [IMB83, p. 41]. Er unterscheidet drei Fassungen:

- extensive Fassungen, die das Risiko als Gefahr eines Misserfolges der Leistung definieren und zwar durch

  - Spezifikation des Misserfolges (z.B. Kapitalverlust, Arbeitsverlust, Vermögensverlust, entgangener Gewinn) oder

  - Spezifikation der Gefahr (z.B. unbeeinflussbare, unversicherbare, unversicherte, bewusst übernommene Gefahren)

- entscheidbezogene Fassungen, die das Risiko als Gefahr einer Fehlentscheidung interpretieren und zwar durch

  - Spezifikation der Ursachen (z.B. Distanz zwischen Plan- und faktischen Daten, Möglichkeit eines ungünstigen Falles etc.) oder

  - Spezifikation des Fehlers (allgemein durch die Unsicherheit von Werten, zielbezogene Einbussen oder durch Referenzwerte wie z. B. Konsolidierungswert der optimalen Alternative oder der Zielerwartung)

- informationsorientierte Fassungen, die Risiko als unsichere Informationsstruktur verstehen, z. B. als messbare Unsicherheit oder eine

Wahrscheinlichkeitsverteilung. Informationsorientierte Fassungen postulieren die Verwertung aller vorhandenen Informationen.

Da Imboden selbst ein „entscheidbezogenes Risikohandhabungsverfahren" entwickelt, definiert er auch den Risikobegriff dementsprechend, nämlich „als Gefahr einer Fehlentscheidung ...., welche durch die Unsicherheit bezüglich der Entscheidungsprämissen begründet wird und sich gegebenenfalls als Zieleinbusse des Aktors manifestiert." [IMB83, p. 51]

Bei der Definition von Risiko für die vorliegende Arbeit wird versucht, Elemente der informationsorientierten Fassungen zu berücksichtigen, den Schwerpunkt aber in einer entscheidungsbezogenen Sichtweise zu setzen.

Definition: Risiko ist die negative Abweichung von einem erwarteten Zustand bezogen auf ein Objekt in einem Zielsystem (z.B. Unternehmung) durch ein Ereignis mit verschieden wahrscheinlichen Ausprägungen.

2.4.2   Risikoarten

Eine verbreitete Klassifikation von Risiken sieht die Einteilung in «reine» und «spekulative» Risiken vor. «Reine» Risiken werden dabei als Gefährdungen der Aktiven, des Arbeitspotentials oder der Finanzkraft der Unternehmung, die auf das Wirksamwerden von zufälligen und wahrscheinlichen Ereignissen zurückzuführen sind, definiert. Reine Risiken[1] schliessen nur negative, für die Unternehmung nachteilige Folgen ein, im Gegensatz zu «spekulativen» Risiken[2], die gleichzeitig eine Gewinnchance beinhalten[3]. Die Problematik bei einer derartigen Definition liegt darin, dass jedes Risiko, sobald es als solches erkannt wurde, zu einem spekulativen Risiko wird und auch ein Verzicht auf Sicherungsmassnahmen als gewinnorientierte, nämlich kostensparende Massnahme anzusehen ist [HAL86, p.21].

---

[1] Zu den reinen Risiken zählen z.B. Brand, Haftpflicht, Maschinenbruch, Informationsabfluss etc.

[2] „'Speculative' risks involve the possibility of both gain *and* loss for a business. The rewards for taking such speculative risks are the profits which eventually accrue. Such speculative risks include marketing, production, and financial risks faced by firms in the market environment, and consequent potential political and technological risks and changes in the wider economic environment" [HER84, p. 9]. Zu spekulativen Risiken zählt jede Art von Investitionsrisiko, Marktrisiko, Wechselkursrisiko und Personalrisiko.

[3] H. Griesshaber: Risiko-Management und die Versicherung des Betriebes, Pöching 1977, pp. 33, verweist darauf, dass diese Unterscheidung von Hellauer stammt: Zwei Fragen aus dem Risikoproblem, in ZfB, 1928, p. 19

Eine in Zusammenhang mit Risk Management brauchbare Kategorisierung von Risiken sieht eine Einteilung in sogenannte «Aktions-» und «Bedingungsrisiken» vor. Dabei sind unter **Aktionsrisiken** direkte Störpotentiale zu verstehen, welche die Erfüllung von bewusst gesetzten Unternehmenszielen (z.B. Erreichung eines bestimmten Umsatzes oder einer bestimmten Marktposition) beeinträchtigen (z.B. ineffiziente Forschung, Überproduktion etc). Aktionsrisiken sind Störungen zwischen Beschaffung und Versorgung einerseits, zwischen Vollzug und Absatz andererseits und sind meist bewusst.

Bedingungsrisiken hingegen bedeuten eine Gefährdung der Zielerfüllung durch Verletzung der meist unbewusst vorausgesetzten Randbedingungen (z.B. politische Stabilität, funktionierende Stromversorgung, Verfügbarkeit von Transportwegen, Beibehaltung einer Wirtschaftordnung etc.) [vgl. HAL86, p. 20; NIQ87, p. 8].

2.4.3   Risikobewertung, Schätzverfahren

Farny [FAR79] stellt allgemein fest, dass wirtschaftliches Handeln nicht zu einem bestimmten Ergebnis führt, sondern zu einer Menge von Ergebnisalternativen, deren Verteilung objektiv bekannt ist (Ausnahme) oder subjektiv geschätzt wird. Risiko im Sinne einer Abweichung zwischen Plan und Wirklichkeit lässt sich mathematisch als Zufallsvariable beschreiben.

Die Schätzung der Schadenswahrscheinlichkeit kann aufgrund vorliegenden statistischen Zahlenmaterials oder subjektiver Schätzung erfolgen. Diesen Unterschied bei der Ermittlung der Wahrscheinlichkeit des Schadensereignisses macht F.H. Knight zum Kriterium um zwischen «Unsicherheit» und «Risiko» zu differenzieren. Er unterscheidet danach, ob die Ungewissheit der Zukunft mit Hilfe von objektiven oder statistischen Wahrscheinlichkeiten gemessen werden kann (Risiko) oder nicht (Unsicherheit) [KNI57].

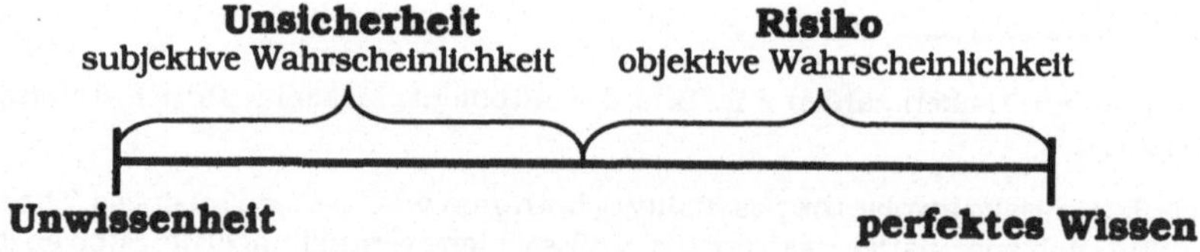

Abb. 2-3:   Spektrum von Wissenszuständen

Knight unterstellt bei der Risikodefinition, dass die in der Vergangenheit ermittelten Bedingungskomplexe in der Zukunft weiterhin Gültigkeit besitzen werden. Unsicherheit besteht nur bei einmaligen, nicht wiederholbaren

Entscheidungen und Vorliegen allenfalls subjektiver Überzeugtheitsgrade. In einem Spektrum von Wissenszuständen liegen Risiko und Unsicherheit zwischen den Ausgangspunkten «Unwissenheit» und «perfektes Wissen» (Abb. 2-3).

Für die vorliegende Arbeit ist die Unterscheidung zwischen Unsicherheit und Risiko nicht signifikant, und es wird von einem «Risiko im weiteren Sinne» [vgl. HAX85; HER84, pp. 3; KAR72, pp. 158] ausgegangen. Die im vierten Kapitel näher beschriebene Methode zur Risikobewältigung lässt dem Anwender die Möglichkeit offen, z.B. durch eine Gewichtung oder eine Auszeichnung der errechneten Werte dennoch eine Unterscheidung zwischen Unsicherheit und Risiko zu treffen. Für die Anwendung eines Risikomasses wäre es z.B. wünschenswert, subjektiv geschätzte oder statistisch schlecht erfasste Werte von jenen, die mit «guten» statistischen Verfahren ermittelt wurden, zu unterscheiden. Ausgehend von der Annahme, dass statistisch begründete Schätzungen einer subjektiven Bewertung vorgezogen werden, kann die Feststellung des Konfidenzintervalls zusätzliche Information bieten.

Im mathematisch formulierbaren Fall verstehen wir unter einem Risiko R die der Situation entsprechende Zufallsvariable im Sinne Farnys. Deren kumulative Verteilung wird mit F bezeichnet, die Dichte mit f.

R ist dann eine reelle Funktion auf der Menge der Ergebnisalternativen Ω, auf der ein Wahrscheinlichkeitsmass P definiert ist.

$$R: \quad \Omega \;\rightarrow\; \mathbb{R}^{+}$$

F und f sind Funktionen von der Menge der positiven Zahlen in das Einheitsintervall,

$$F: \quad \mathbb{R}^{+} \rightarrow \; [0,1]$$

$$f: \quad \mathbb{R}^{+} \rightarrow \; [0,1]$$

wobei die Verteilung durch

$$F(x) \;=\; P\,(R^{-1}\,[0,\,x]), \; \forall\, x \in \mathbb{R}^{+}$$

und die Dichte durch

$$f(x) \;=\; P\,(R^{-1}\,(x)), \quad \forall\, x \in \mathbb{R}^{+}$$

definiert ist.

Risikobewertung besteht in der Bestimmung von Schadenswahrscheinlichkeiten und den damit verbundenen Schadenshöhen.

Die **Schadenshöhe** beschreibt, welche Auswirkungen ein bestimmtes, für die Unternehmung negatives Ereignis hat und lässt sich im Idealfall in pekuniären Grössen ausdrücken, im ungünstigen Fall müssen jedoch auch nicht-quantifizierbare, qualitative Faktoren Berücksichtigung finden.

Die **Schadenswahrscheinlichkeit** gibt Aufschluss über die vermutete Häufigkeit eines Schadensereignisses. Diese Vermutung kann durch vorliegende statistische Werte untermauert sein oder subjektiv geschätzt werden (Abb. 2-4).

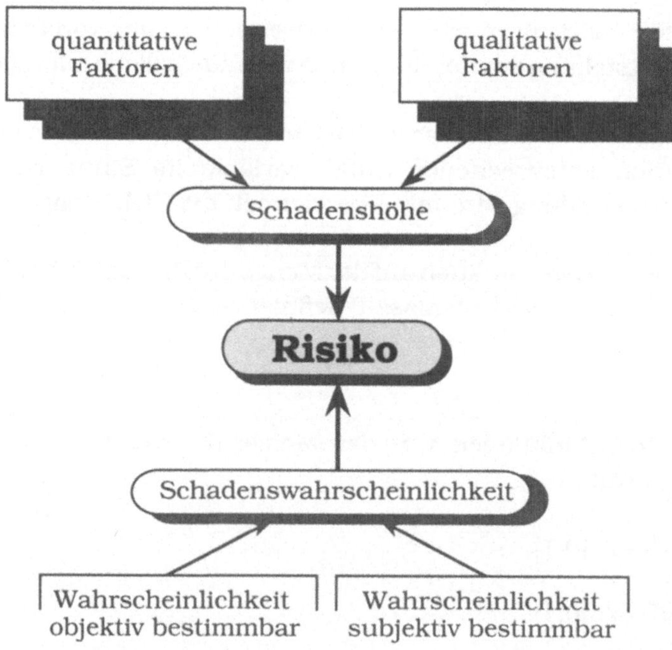

Abb. 2-4:   Die Risikoeinflussfaktoren

Aus Abb. 2-5 ist ersichtlich, dass kleine Schadensereignisse häufiger vorkommen, daher statistisch erfassbar sind und brauchbare Entscheidungsgrundlagen geschaffen werden können. Ereignisse, die grosse Schäden verursachen, sind selten. Daher ist auch die Güte der Prognostizierbarkeit der Häufigkeit und der Zeitpunkte von Schadensereignissen mit hohen Schadensausprägungen geringer.

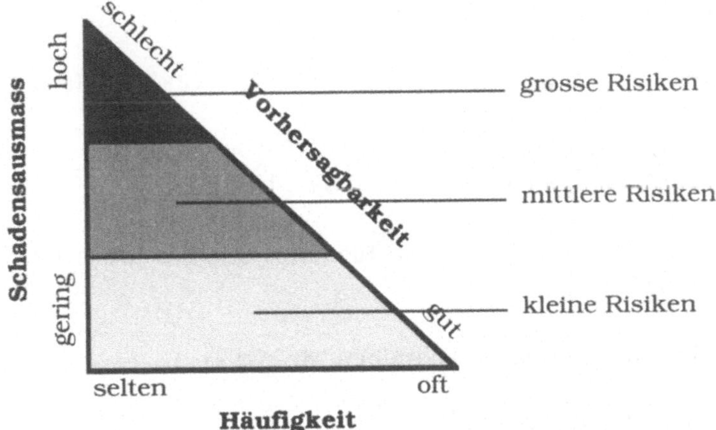

Abb. 2-5:   Prognostizierbarkeit von Schadensereignissen

Dieser Zusammenhang kann durch das Vorhandensein von sogenannten «Ereignisketten» begründet werden.

Zum Beispiel ist mit dem Ereignis «brennende Zigarette im Papierkorb» eine bestimmte Wahrscheinlichkeit verbunden, dass die Zigarette erlischt, ohne anderes Material in Brand gesetzt zu haben. Die Gegenwahrscheinlichkeit gibt die Möglichkeit an, dass sich der Inhalt des Papierkorbs entzündet. Mit einer weiteren Wahrscheinlichkeit erlischt der Papierkorbbrand (z.B. da ein Papierkorb aus Metall aufgestellt wurde). Die Gegenwahrscheinlichkeit drückt die Möglichkeit aus, dass das Feuer auf andere Gegenstände in diesem Raum übergreift. Das Vorhandensein, bzw. Nichtvorhandensein eines Handfeuerlöschers, dessen Funktionstüchtigkeit, die Anwesenheit und Geistesgegenwart von Personen, welche die Flammen bemerken, das Vorhandensein eines in Betrieb befindlichen Brandmelders, die Verfügbarkeit von Kommunikationsmitteln zur Verständigung der Feuerwehr bis zu ungünstigen Verkehrsbedingungen, die ein Vordringen der Löschmannschaften verzögern können, schränken die Wahrscheinlichkeit des Schadensereignisses von einer Schadensausprägung zur nächsthöheren immer weiter ein. Ein weiteres anschauliches Beispiel von Verkettung bestimmter zufälliger Ereignisse wird in [BÜT85] beschrieben.

2.4.4   Praxisnahe Risikobewertung

Zur Bewertung eines Risikos können unter bestimmten Voraussetzungen statistische Methoden herangezogen werden. Die wichtigsten Bewertungsverfahren sind der Mittelwert, Possible und Probable Maximum Loss, die Varianz und Konfidenzintervalle.

2.4.4.1 Der Mittelwert als Risikomass

Verwendet man eine Zufallsvariable, die Dichte oder die Verteilung als Mass, so gelten folgende Zusammenhänge:

$$\mu\,(R) = \mu\,(F) = \mu\,(f) = \int_\Omega R\,d\omega = \int x\,f(x)\,dx = \int x\,dF(x)$$

Der Ausdruck $\int x\,dF(x)$ bedeutet ein Riemann-Stieltjes-Integral, wobei der Zusammenhang $F' = f$ gilt.

Falls R, F oder f indiziert wird, schreiben wir kürzer

μ_i statt $\mu\,(R_i)$, $\mu\,(F_i)$ und $\mu\,(f_i)$

andernfalls

μ statt $\mu\,(R)$, $\mu\,(F)$ und $\mu\,(f)$.

Eine praxisnahe Beurteilung von Risiken, wie sie z.B. in der Assekuranz üblich ist, soll anhand eines Zahlenbeispiels näher beschrieben werden. Ein Ereignisbaum (Abb. 2-6) soll zur Veranschaulichung dienen.

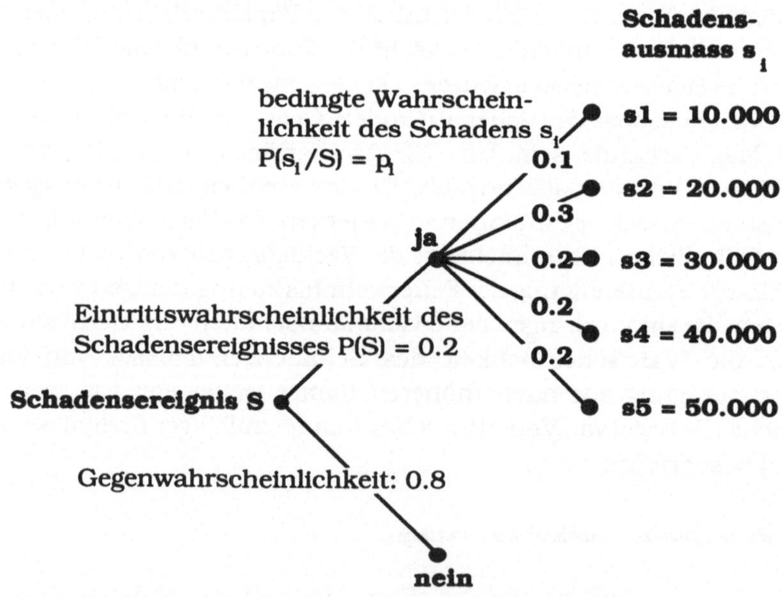

Abb. 2-6:   Ereignisbaum eines Schadensereignisses S mit möglichen Schadensausprägungen

Abb. 2-6 zeigt einen Ereignisbaum eines Schadensereignisses S, das mit einer Wahrscheinlichkeit von 0.8 nicht eintritt und mit einer Wahrscheinlichkeit von 0.2 eintritt. Im Falle des Schadensereignisses sind verschiedene Schadenshöhen möglich: mit bedingter Wahrscheinlichkeit von 0.1 wird der Schaden 10.000 Geldeinheiten betragen, mit bedingter Wahrscheinlichkeit von 0.3 20.000 Geldeinheiten usw.

2.4.4.2 Probable und Possible Maximum Loss

Jenes Schadensausmass, das im Schadensfall am wahrscheinlichsten ist, heisst «Probable Maximum Loss» und beträgt im vorliegenden Fall 1.200, wobei s_2 berücksichtigt wird. Das höchstmögliche Schadensausmass, der Worst case, wird «Possible Maximum Loss» genannt und beträgt im Beispiel 2.000, wobei s_5 berücksichtigt wird[1]. Die genannten Werte werden folgendermassen errechnet:

Sei $i_{max\,p}$ der Index, wo p maximal ist, dann ist der

Probable Maximum Loss: $\qquad probML = p \bullet p_{i\,max\,p} \bullet s_{i\,max\,p}$

Sei $i_{max\,s}$ der Index, wo s maximal ist, dann ist der

Possible Maximum Loss: $\qquad possML = p \bullet p_{i\,max\,s} \bullet s_{i\,max\,s}$

Bezüglich des in Abb. 2-6 gezeigten Beispiels beträgt der Probable Maximum Loss:

$$probML = p \bullet p_{i\,max\,p} \bullet s_{i\,max\,p} = 0.2 \bullet 0.3 \bullet 20.000 = 1.200$$

und der Possible Maximum Loss:

$$possML = p \bullet p_{i\,max\,s} \bullet s_{i\,max\,s} = 0.2 \bullet 0.2 \bullet 50.000 = 2.000$$

Zusammen mit dem Mittelwert liefern die beiden Werte Possible und Probable Maximum Loss mehr Information über die Verteilung, denn sie zeigen, welches Gewicht dem wahrscheinlichsten Fall dabei zukommt, bzw. wie extrem der Possible Maximum Loss im Verhältnis zu den übrigen, möglichen Schadensausprägungen steht und wie sehr er vom Mittelwert abweicht.

---

[1] Ergänzend wird festgestellt, dass in der Literatur unterschiedliche Definitionen des probML und possML zu finden sind. Oftmals bleibt der bedingte Schadenseintritt unberücksichtigt.

Possible und Probable Maximum Loss können auch zur Schätzung des Mittelwertes herangezogen werden, denn näherungsweise gilt:

$$\mu \approx (probML + possML) / (P_{i\,max\,p} + P_{i\,max\,s})$$

Da im vorliegenden Beispiel alle Schadensgrössen und die zugehörigen Eintrittswahrscheinlichkeiten bekannt sind, können alle im Einzelfall relevanten statistischen Grössen (Mittelwert, Varianz etc.) herangezogen werden.

Beispielsweise beträgt der Mittelwert in obigem Beispiel

$$\mu = p \cdot \sum_{i=1}^{5} p_i \cdot s_i = 6.200$$

Ein Risikoprofil visualisiert die Gesamtheit der Schadensausprägungen dieses Beispiels und die damit verbundene Dichte (Abb. 2-7).

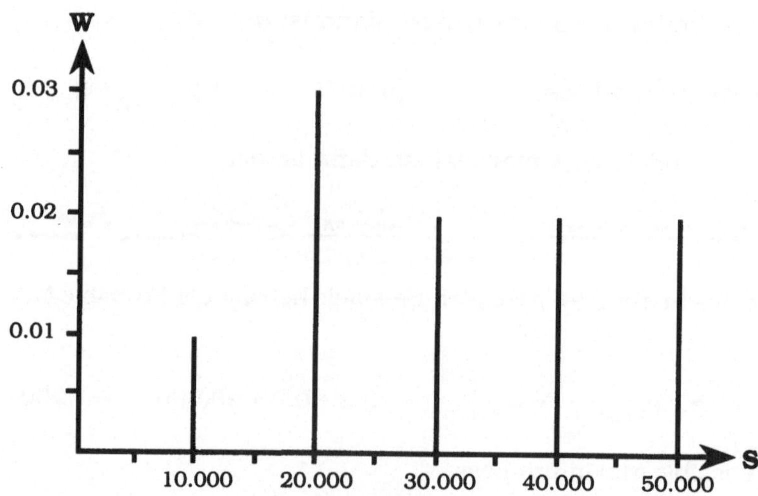

W ... Schadenswahrscheinlichkeit
S ... Schadenshöhe

Abb. 2-7:   Risikoprofil, Dichte (Beispiel)

Bei Sachschäden ist die Verwendung des Mittelwerts gerechtfertigt[1]. Werden jedoch im Schadensfall unersetzliche Werte betroffen (menschliches Leben,

---

[1]   In diesen Fällen kann der mathematische Ausdruck auch rechnerisch verändert werden und es gelten die Eigenschaften der Multiplikation in R (Abgeschlossenheit, Kommutativgesetz, Assoziativgesetz, Neutrales Element, Monotonie- und Multiplikationsgesetz der Gleichheit).

Gegenstände von ideellem oder historischem Wert etc.), darf der Mittelwert nur mehr als Arbeitshypothese aufgefasst werden. Hier müsste eine Gewichtung mit sehr hohen Werten erfolgen. Die Festlegung, welchen Bedingungen diese Gewichtung genügen muss, fällt in den Problemkreis der Quantifizierung von qualitativen Eigenschaften und ist nicht Gegenstand dieser Arbeit.

Abb. 2-8 zeigt die Problematik bei der Anwendung des Mittelwerts.

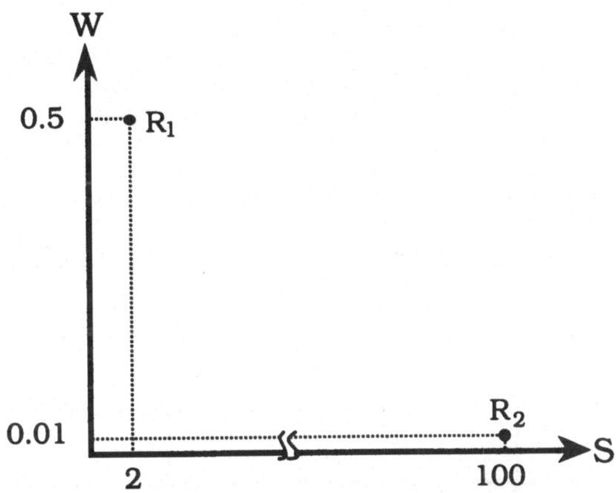

Abb. 2-8:   Nachteile bei Verwendung des Mittelwerts

Ein Risiko R_1 mit 50% Wahrscheinlichkeit und einer Schadenshöhe von 2 ist gleich einem Risiko R_2, das eine wesentlich geringere Schadenswahrscheinlichkeit von nur 0.01, jedoch ein wesentlich höheres Schadensausmass von 100 aufweist. Es können also völlig verschiedene Verteilungen denselben Mittelwert besitzen.

2.4.4.3 Die Varianz als Risikomass

Die Varianz gibt die mittlere quadratische Abweichung vom Mittelwert (μ) an.

$$\sigma^2 (R) = \mu(R - \mu (R))^2 \ = \mu (R^2) - \mu (R)^2$$

Der Mittelwert ist jene Zahl μ', für die $\mu (R - \mu')^2$ minimal ist. Der Mittelwert ist also die beste Schätzung durch eine Konstante mit Minimalitätseigenschaft in diesem Sinne.

Die Wurzel aus der Varianz σ^2 heisst Standardabweichung oder Streuung σ.

$$\sigma(R) = \sqrt{\mu(R - \mu\,(R))^2}$$

s_i	p_i	$(s_i - \mu)^2 \cdot p_i$
10	0.10	40.0
20	0.20	20.0
30	0.40	0.0
40	0.20	20.0
50	0.10	40.0
		$\sigma^2 = 120,\ \sigma = 10.95$

Tab. 2-1:   Ausprägungen von Risiko R_1 (Beispiel)

s_i	p_i	$(s_i - \mu)^2 \cdot p_i$
20	0.10	10.00
25	0.15	3.75
30	0.50	0.00
35	0.15	3.75
40	0.10	10.00
		$\sigma^2 = 27.5,\ \sigma = 5.24$

Tab. 2-2:   Ausprägungen von Risiko R_2 (Beispiel)

Ein Schadensereignis kann unterschiedliche Ausprägungen haben. Das Risiko «Programmanomalie» kann geringe (z.B. einmaliges Display), aber auch sehr grosse Schadenshöhen (z.B. Löschung sämtlicher Datenbestände, auf die Schreibzugriffsrechte bestehen) bedingen. Das Beispiel zeigt, dass die alleinige Verwendung des Mittelwerts geringe Aussagekraft hat. Eine Berücksichtigung der Streuung verwertet zusätzliche Information. Ein bestimmter Schadensfall kann verschiedene Ausprägungen der Schadenshöhe (s_i) mit unterschiedlichen Wahrscheinlichkeiten (p_i) annehmen. Zwei Risiken $(R_1$ und $R_2)$ ergeben denselben Mittelwert μ (im Beispiel der Tab. 2-1 und Tab. 2-2 beträgt der Mittelwert jeweils 30), haben aber verschiedene Streuung

(Varianz). Diese wird in folgender Weise aus den Abweichungen vom Mittelwert errechnet:

$$\sigma^2 \;=\; \sum_{i=1}^{N} (s_i - \mu)^2 \bullet p_i \qquad \text{(Tab. 2-1 und Tab. 2-2)}$$

Die Bestimmung des «günstigeren» Risikos hängt von der Risikohaltung des Entscheidungsträgers ab (vgl. Kap. 2.1.4 und Exkurs A). Ein risikoscheuer Entscheidungsträger wird sich z.B. bei der Investitionsentscheidung zwischen zwei Titeln mit gleichem Erwartungswert, jedoch unterschiedlicher Streuung für jenes mit der geringeren Streuung entscheiden (Abb. 2-9).

Die Berücksichtigung der Streuung eines Risikos zur Entscheidungsfindung ist besonders dort sinnvoll, wo statistische Werte eine bestimmte Streuung nahelegen.

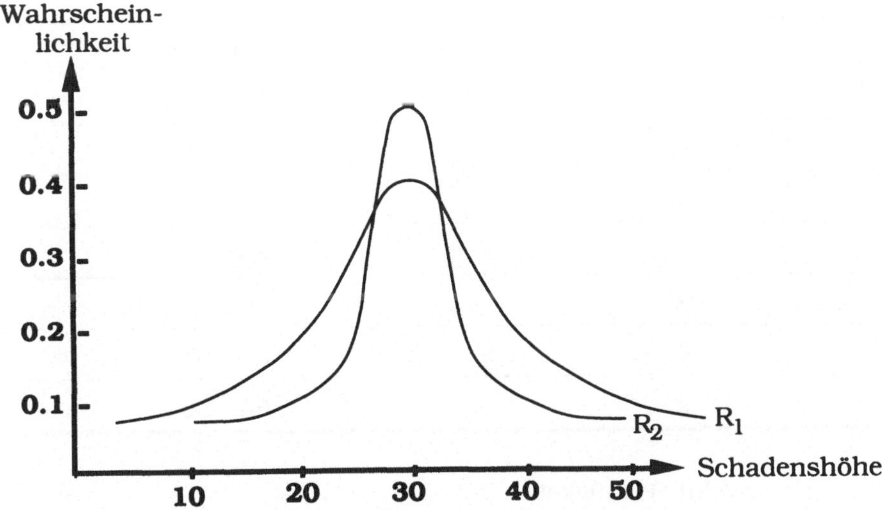

Abb. 2-9:   Die Varianz als Risikokenngrösse

In der Praxis ist eine Verwendung des Varianz als Risikomass nur selten zielführend, da es sich bei Risiken, deren Varianz statistisch verlässlich ermittelt werden kann (Stichprobe gross genug, Zeitintervall klein genug) zumeist um Kleinrisiken oder Kleinschäden handelt, deren Reduktionspotential beschränkt ist. Eine aufwendige Risikoberechnung lohnt sich meist nicht.

2.4.4.4 Die graphische Darstellung des Risikos

Skalierung ist ein Hilfsmittel zur Veranschaulichung. Ohne Skalierung wäre eine Risikodarstellung sehr unübersichtlich.

In einer linearen Darstellung ergeben sich Schwierigkeiten bei der Berücksichtigung sehr häufiger Schadensfälle mit kleinem Schadensausmass und eher seltener Schadensfälle mit sehr hohem Schadensausmass (vgl. Abb. 2-8).

Anhand eines Zahlenbeispiels soll schrittweise eine verbesserte Darstellung unter Beseitigung der genannten graphischen Probleme erarbeitet werden.

Folgende Werte liegen vor:

h	S
100	3 - 5
52	5 - 7.5
47	7.5 - 10
35	10 - 12.5
20	12.5 - 15
10	15 - 20
7	20 - 25
8	30 - 40
4	50 - 60
2	60 - 80

h ....   absolute Häufigkeit
S ....   Schadenshöhe

Tab. 2-3:   Ein Zahlenbeispiel

Die häufig gebrauchten **Histogramme** haben für die Risikodarstellung den Nachteil, dass «Unschärfen» unvermeidlich sind. Diese resultieren einerseits aus der (willkürlichen) Klassenbildung, andererseits aus der Skalierung, die eine präzise graphische Darstellung verunmöglicht.

In Abb. 2-10 kann die Häufigkeit der Schäden mit Schadensausprägungen zwischen 60 und 80 Einheiten nicht mehr abgelesen werden.

Auch aus Abb. 2-8 sind die Nachteile der linearen Skalierung ersichtlich. Steht nur begrenztes statistisches Zahlenmaterial zur Verfügung, können bei einer Histogrammdarstellung Lücken entstehen, die für die praktische Anwendung störend sind.

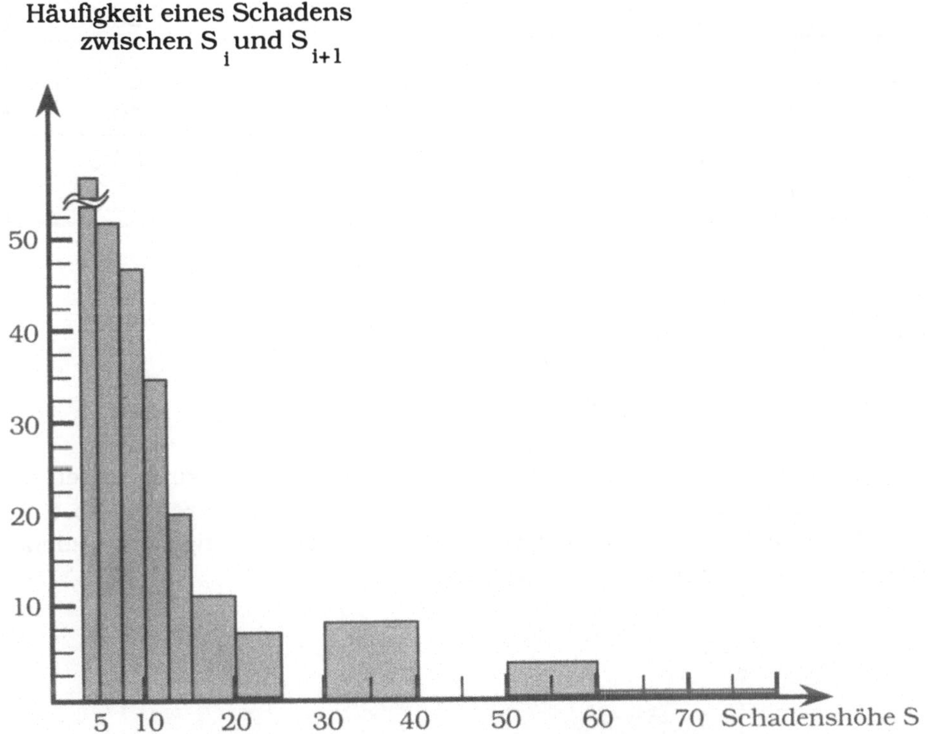

Abb. 2-10: Risiko in Histogrammdarstellung auf linearen Achsen

Übersichtlicher sind Darstellungen mit kumulativen oder komplementären Häufigkeitsverteilungen, in denen nicht die Häufigkeiten von Schadensfällen mit Schadensausprägungen innerhalb eines bestimmten Intervalls aufgetragen werden, sondern die Häufigkeit, dass eine bestimmte Schadenshöhe erreicht oder überschritten wird. Das Ergebnis ist eine Treppenfunktion, die geglättet (approximiert) werden kann.

Tab. 2-4 erweitert Tab. 2-3 durch die Angabe kumulativer Häufigkeiten und geänderte Klasseneinteilung.

h	H	S	minS
100	285	3 - 5	5.0
52	185	5 - 7.5	7.5
47	133	7.5 - 10	10.0
35	86	10 - 12.5	12.5
20	51	12.5 - 15	15.0
10	31	15 - 20	20.0
7	20	20 - 25	25.0
8	14	30 - 40	40.0
4	6	50 - 60	60.0
2	2	60 - 80	80.0

H ....   kumulierte Häufigkeit
minS ......   mindestens erreichte Schadenshöhe

Tab. 2-4:   Erweitertes Beispiel

Der Nachteil, der durch die lineare Skalierung entsteht, kann durch die
Verwendung eines logarithmischen Masstabs verhindert werden. Abb. 2-11
stellt das erweiterte Beispiel aus Tab. 2-4 unter Verwendung verschiedener
logarithmischer Masstäbe graphisch dar.

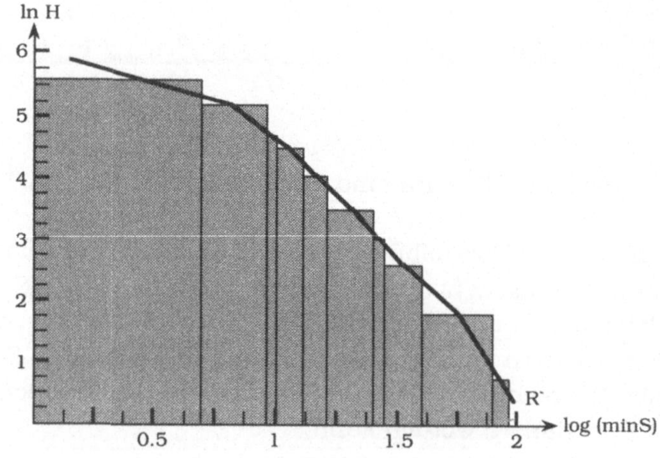

Abb. 2-11:   Risikokurve als approximierte kumulative Häufigkeitsverteilung
(R'......Risikokurve)

Die differenzierte Erfassung des Risikos einer Gefahrensituation nach Wahrscheinlichkeit und Schadensausmass in der Form einer Risikokurve ist aussagekräftiger als die Angabe des Mittelwertes. Zu einem bestimmten Mittelwert gibt es Risikokurven mit unterschiedlichem Verlauf.

2.4.4.5 Intervallschätzung

In das Gebiet der Intervallschätzung fällt die Bestimmung von Konfidenzintervallen (im Gegensatz zu Punktschätzungen, wie z.B. Median, Mittelwert etc.). Jeder statistische Messwert ist als Funktion einer Menge zufälliger Ereignisse selbst ein zufälliges Ereignis. Die zugehörige Verteilung kann, muss aber nicht bekannt sein. Es kann jedoch auch ein Intervall angegeben werden, in dem die Schätzung oder der Messwert mit vorgegebener Wahrscheinlichkeit liegt (Konfidenz), übliche Werte sind etwa 95% oder 99%. Bei vorgegebener Konfidenz hängt die Grösse des Intervalls von der Grundverteilung und der Grösse der Stichprobe ab. Grosse Stichproben ergeben bessere Schätzungen.

Das Kriterium zur Unterscheidung objektiver und subjektiver Wahrscheinlichkeiten (vgl. Kap. 2.4.3) ist die Grösse der Stichprobe und die Auswahlmethode zur Bestimmung der Stichprobe. Subjektive Schätzungen sind Schätzungen aufgrund persönlicher, oft selektiver Wahrnehmung. Diese sind zahlenmässig geringer als «objektiv» gemachte Beobachtungen (z.B. Umfragen, Erhebungen etc.) und lassen weniger genaue Schätzungen zu, da die Konfidenzintervalle grösser sind. Andererseits führt die Beurteilung eines Risikos ausschliesslich nach objektiven Wahrscheinlichkeiten nicht immer zu «besseren» Ergebnissen[1].

2.4.5 Prognose des Schadensausmasses

Das Schadensausmass wird von quantitativen und qualitativen Faktoren bestimmt. Zu den quantitativen Faktoren zählen sämtliche anfallenden Kosten zur Wiederherstellung des ursprünglichen Zustandes, sowie Kosten,

---

[1] Karten [KAR72] erwähnt ein treffendes Beispiel um den graduellen und nicht prinzipiellen Unterschied der Möglichkeiten zur Gewinnung von Wahrscheinlichkeiten zu zeigen: Ein Unternehmer steht vor der Frage, einem Angestellten eine bestimmte Alters- und Hinterbliebenenversorgung zuzusagen oder nicht. Die Entscheidung wird von der Sterbewahrscheinlichkeit in bezug auf diesen Angestellten wesentlich beeinflusst. Die jüngste Volkssterbetafel liefert objektive Wahrscheinlichkeiten. Nicht berücksichtigt wird dabei, dass dieser Angestellte u.U. stark übergewichtig oder Raucher ist und dadurch die Lebenserwartung des Betroffenen signifikant niedriger ist, als aufgrund der Daten aus der Sterbetafel anzunehmen wären. Der diesbezüglich korrigierte Wert ist weit weniger gesichert und letztlich subjektiv.

die durch die Nichtverfügbarkeit von Produktionsfaktoren entstehen. Zu den qualitativen Faktoren zählen Imageverlust, Verlust oder Abbau der Bonität etc.

Bei der Anwendung des Possible Maximum Loss werden die im schlechtesten Fall anfallenden Kosten betrachtet; bei Verwendung des Probable Maximum Loss werden die Kosten im wahrscheinlichsten Fall als Berechnungsgrundlage herangezogen.

Zu den Wiederherstellungskosten des ursprünglichen Zustandes zählen Reparaturkosten, Aufräumungskosten, Kosten einer Neubeschaffung, Kosten einer Werbekampagne zur Wiedererlangung des Images, Informationsbeschaffungskosten, -erfassungs- und -verarbeitungskosten, Personalkosten etc.

Ebenso müssen Kosten, die durch die Nicht-Verfügbarkeit von Produktionsmittel entstehen, Berücksichtigung finden. Das sind z.B. erhöhte Personalkosten, Entgelt an Dritte, falls Leistungen Betriebsfremder notwendig werden um Aufträge erfüllen zu können, Materialmehrkosten etc.

Einen weiteren Kostenblock bilden Aufwendungen, die durch die Angleichung des Betriebszustandes an gegenwärtige Anforderungen entsteht, z.B. Aufarbeitung von Rückständen, Wiederherstellung der Datenintegrität etc.

Auch Kosten, die z.B. durch Informationsabfluss entstehen, müssen berücksichtigt werden. Dazu zählen verschlechterte Marktposition, Wettbewerbsverluste, Imageverluste etc.

Einen weiteren Kostenfaktor bilden Kosten, die durch die Leistung von Strafzahlungen entstehen (z.B. Bussen, Abschlagszahlungen, Schmerzensgeld, Instandsetzungskosten an betriebsfremden Gütern etc. oder z.B. Prämienaufschläge bei Versicherungszahlungen).

Allgemein kann ein Risiko durch die Wahrscheinlichkeit eines Schadensereignisses und der sich daraus ergebenden Kosten beschrieben werden.

$$R = F \cdot (Cr + Cna + Ci + Cia + Cin) \cdot G$$

R .... Risiko
F .... Häufigkeit
Cr .... Kosten der Wiederherstellung des ursprünglichen Zustandes
Cna ...... Kosten, die durch die Nicht-Verfügbarkeit von Produktionsfaktoren oder Infrastruktur entstehen

Ci .... Kosten der Angleichung an gegenwärtige Anforderungen (Aufarbeitung von Rückständen, Wiederherstellung der Datenintegrität, Kosten zur neuerlichen Informationsbeschaffung)

Cia .... Kosten durch Informationsabfluss

Cin .... Kosten durch Strafen, Mehrkosten der Versicherung

G .... Gewichtungsfaktor für ideele, bzw. unersetzbare Werte

Eine präzise Kostenschätzung in Zusammenhang mit einem Schadensereignis ist bei einer Beeinträchtigung schwer quantifizierbarer Unternehmenswerte (Image, Bonität, Know-how etc.) besonders problematisch.

Wehrhahn [WER87, pp. 109] unterscheidet Kosten des Informationsschutzes nach ihren Wirkungen:

1. primäre Wirkungen
    - Wiederbeschaffungs- oder Herstellungskosten
    - Personalkosten
    - Kosten unzweckmässiger Organisation zur Überwindung von Mängeln des Informationssystems

2. sekundäre Wirkungen
    - Kosten für Fremdbezug der Informationen
    - Kosten nicht termingerechter Auftragsabwicklung
    - Kosten für nicht genutzte Informationsverarbeitungskapazität beim Ausfall anderer Teile des Systems
    - Kosten zusätzlicher Besprechungen
    - Kosten der Überarbeitung von Schriftstücken, Übersichten etc., die auf unzureichenden Informationen aufbauen

3. tertiäre Wirkungen
    - Kosten durch Verschlechterung der Vermögens- und Ertragslage
    - Kosten aufgrund von Einbussen bei Umsatz und Marktposition etc.

Derartige Kostenübersichten erleichtern die Risikoschätzung und schaffen die Voraussetzung zur vollständigen Berücksichtigung aller eventuell im Schadensfall anfallenden Aufwendungen.

2.4.6   Risiko im IT-Bereich

Abb. 2-12 zeigt den Zusammenhang zwischen Bedrohungen, Werten und Risiko speziell für den IT-Bereich.

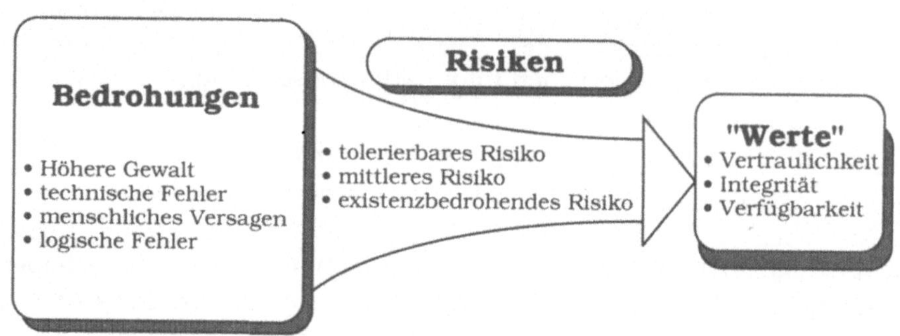

Abb. 2-12: Risiken im IT-Bereich

Bestimmte Bedrohungen wie z.B. Höhere Gewalt, technische und logische Fehler, sowie menschliches Fehlverhalten wirken auf «Werte» ein. Diese Werte sind im Informatikbereich Vertraulichkeit, Integrität und Verfügbarkeit[1]. Die Höhe des Wertes und das Ausmass, in dem eine Bedrohung bezogen auf einen «Wert» Gültigkeit hat, bestimmen das Risiko, das verschiedene Ausprägungen annehmen kann. Eine Kategorisierung vorwegnehmend, die im Kap. 4.1.4 näher erörtert wird, sind schon hier drei Risikoklassen genannt, die aufgrund des Schadensausmasses gebildet werden (tolerierbares, mittleres und existenzbedrohendes Risiko).

2.4.7   Bemerkungen zum Risikobegriff

Bei der Bestimmung einer für die vorliegende Arbeit zweckmässigen Risikodefinition wird auf eine Abgrenzung zwischen Risiko und Unsicherheit bzw. Ungewissheit verzichtet, da sie für die praktische Anwendung völlig unerheblich ist. Ein Entscheidungsträger richtet seine Entscheidung nur an seiner individuellen Schätzung der Wahrscheinlichkeiten aus. Auch wenn ihm sogenannte «objektive Wahrscheinlichkeiten» (Statistiken, die aus genügend grosser Anzahl gleichartiger, nachvollziehbarer Vorgänge entstanden sind) bekannt sind, muss er diese erst anerkennen und in seine persönliche Ansicht übernehmen. Schon die Auswahl der Informationen, die Basis für eine Entscheidung sein sollen, beeinflussen das Ergebnis. Ein Entscheidungsträger entscheidet daher aussschliesslich aufgrund subjektiver Wahrscheinlichkeiten.

Eine kritische Betrachtung gängiger Risikobegriffe liefern Imboden [IMB83,

---

[1] Bei entsprechend geänderten „Werten" erhält die Darstellung auch für andere Bereiche Gültigkeit.

pp. 40] und besonders Karten [KAR72, p. 169], der feststellt, „...dass allein eine Definition des Risikos auf der Basis von Wahrscheinlichkeitsverteilungen zufälliger Variablen bzw. von stochastischen Prozessen sowohl für versicherungstechnische Teilaspekte als auch für das gesamte Unternehmensrisiko eines Versicherers zu fruchtbaren und operationalen Risikobegriffen führt."

2.5   Der Begriff «Risk Management»

Risk Management wurde ursprünglich durch die Institutionalisierung von zentralen Risk Management-Stellen begründet und beschäftigte sich mit organisatorischen Aspekten der Risikohandhabung. Bei der Definition des Risk Management-Begriffs können grundsätzlich zwei Sichtweisen unterschieden werden: eine praxisorientierte und eine theoretische. Farny beschreibt die Unterschiede treffend: „Die theoretischen Modelle sind bisher für die Praxis wenig brauchbar, und die praktizierten Checklisten zu Risikotatbeständen sind für Theoretiker wenig interessant" [FAR79 p. 12].

In der Praxis wird der Begriff «Risk Management» entweder als Tätigkeit interpretiert oder aber als die organisatorische Institution, die diese Tätigkeit ausführt. Einige theoretisch orientierte Definitionen verknüpfen Risk Management unmittelbar mit der unternehmerischen Entscheidungsfindung bei Unsicherheit.

Farny erklärt, dass Wirtschaftssubjekte Risikosituationen ausgesetzt sind. Die gewünschte Sicherheit verlangt diesen Wirtschaftssubjekten Aktivitäten (Minderung/Beseitigung der Risikolage) zur Erreichung eines angestrebten Sicherheitsniveaus durch Überführung von Risikolagen in als ausreichend angesehene Sicherheitslagen ab. Farny stellt ferner drei Grundannahmen zur Erklärung des Risk Managements auf:

(1)   Jede Wirtschaftseinheit befindet sich in einer Risikolage.

(2)   Jede Wirtschaftseinheit strebt nach einem Mindestmass an Sicherheit oder – anders ausgedrückt – nach einer Begrenzung der Risikolage.

(3)   Zur Erreichung der Mindestsicherheit bzw. zur Begrenzung der Risikolage sind bestimmte Massnahmen erforderlich, über die entschieden werden muss [FAR79, pp. 18].

Eine Reihe von Autoren definiert Risk Management im engeren Sinne als jenen Funktionsbereich der Unternehmung, der sich ausschliesslich mit reinen Risiken (sog. «pure risks») beschäftigt [HER84 p. 9, IMB83 p. 92, JAC86 p. 215][1] (vgl. Kap. 2.4.2).

Die Förderung der Bereitschaft Bedingungsrisiken zu verringern ist wenig populär, „... kann sie doch bestenfalls dazu beitragen, dass nichts passiert. ... Um so wichtiger ist es, solche Aufgaben in die Planungsprozesse einzubeziehen und die als notwendig beurteilten Sicherungsmassnahmen nicht als passive Abwehr, sondern als aktiven Beitrag zur Erfüllung der Unternehmensziele in die Führung aufzunehmen: Information und Motivation gewinnen einen hohen Stellenwert" [HAL86, p. 20].

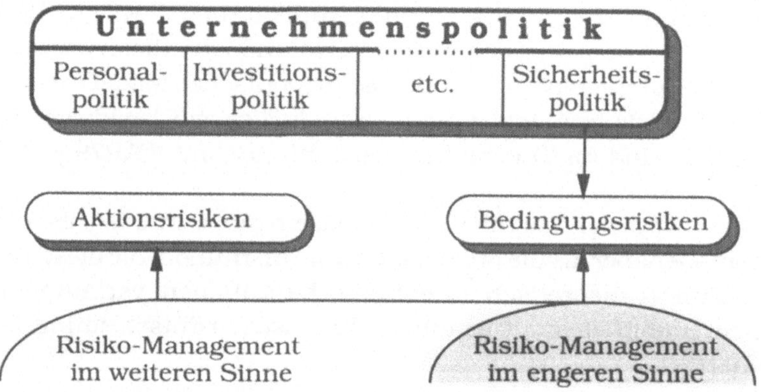

Abb. 2-13: Gegenstand des Risk-Managements

Abb. 2-13 zeigt die Eingliederung der Sicherheitspolitik in die Unternehmenspolitik, sowie die Risiken, die Gegenstand einer Sicherheitspolitik sind. Wesentlich erscheint, dass die Risikolage einer Unternehmung nicht durch die Wahrscheinlichkeitsverteilung der Ergebnisse einer einzelnen wirtschaftlichen Entscheidung geprägt ist, sondern von der Wahrscheinlichkeitsverteilung des Gesamtergebnisses aller wirtschaftlichen Entscheidungen. Es ist jedoch zu beachten, dass das Gesamtrisiko zwar ein Aggregat vieler Einzelentscheidungen ist, jedoch nicht notwendigerweise die Summe aller Einzelrisiken, weil ein gewisser Risikoausgleich im Gesamtbestand aller wirtschaftlichen Ereignisse stattfindet [vgl. FAR79].

Um dem Anspruch zu genügen, dass die im Rahmen dieser Arbeit entwickelten Gestaltungsregeln einer Sicherheitspolitik einfach umzusetzen und

---

[1] Die Problematik des Begriffs «reines Risiko» wurde bereits in Kap. 2.4.2 besprochen und die Bevorzugung des Begriffs «Bedingungsrisiko» begründet.

anzuwenden sind, wird ein praxisorientierter Bedeutungsumfang des Terminus «Risk Management» gewählt[1].

Definition: Im folgenden ist unter Risk Management im engeren Sinne eine praxisbezogene Art einer Gesamtrisikobewältigung gemeint, nämlich die Handhabung von Bedingungsrisiken durch Versicherungs-, Schadensverhütungs- und -begrenzungsmassnahmen unter betriebswirtschaftlichen Gesichtspunkten.

2.6   Der Begriff «Sicherheitspolitik»

Risiko hat in der Unternehmung einen bestimmten Stellenwert, der von der Unternehmensführung im Rahmen der Unternehmenspolitik festgelegt werden soll. „Present-day thinking in security areas is that both elements (Aktions- und Bedingungsrisiken, Anm. d. Autorin) should be dictated by corporate policy decisions" [JAC86 p.215] (vgl. Abb.2-13).

Der Begriff der «security policy», wie er in der Informatikdisziplin verwendet wird, scheint für die Zwecke dieser Arbeit zu eng[2], da gerade ein bereichsabhängiges Risikoverständnis ein Hemmnis bei der Verwirklichung einer gesamthaften Sicherheitskonzeption darstellt.

Der Politikbegriff in der Betriebswirtschaftslehre ist nicht einheitlich festgelegt. Ältere Definitionen erklären Politik als eine besondere Art wissenschaftlicher Aussagen, die aus der Theorie abgeleitet werden und langfristige und grundsätzliche Entscheidungen der Unternehmensleitung darstellen. Neue Ansätze hingegen definieren den Politikbegriff auf Objektebene anhand jener Sachverhalte, die das Zustandekommen von organisationspolitischen Entscheidungen bestimmen [HWO80, p. 1730 - 1735].

Eingeschränkt auf Investitionspolitik, aber auch auf Sicherheitspolitik anwendbar, da jede realisierte Sicherheitsmassnahme als Investition betrachtet werden kann, meint Hertz: „Any investment policy, if it is to guide management's choices among available investment alternatives, must embody two components: (i) one or more criteria by which to measure the relative

---

1   Zwei weitere Gründe für die praxisnahe Interpretation des Risk Management-Begriffs sind die Tatsachen, dass praxisbezogene Begriffsdefinitionen auch in der angelsächsischen Literatur überwiegen und „dass die namhaftesten methodischen Konzepte des Risk Managements ausgesprochen praxisbezogen sind" [IMB83, p. 93].

2   Stellvertretend eine Definition von Lee für «Security Policy»: „The set of rules that establish legitimate access, and define accesses to be prevented, if a system is to be secure" [LEE89].

economic attributes of investment alternatives, and (ii) decision rules ... for selecting 'acceptable' investments" [HER84, p. 37].

In Anlehnung an Hax [HAX85], der zwischen einer Entscheidungs**regel**, die eine eindeutige Formel angibt, welche Handlungsalternative zu wählen ist, und dem Entscheidungs**prinzip** unterscheidet, das festlegt, welche Parameter für die Entscheidung massgeblich sind, soll eine Sicherheitspolitik auf die Festlegung einer Entscheidungsregel beschränkt sein, während erst in detaillierten Arbeitsanweisungen Entscheidungsprinzipien z.B. in Sinne einer Menge von Parametern, die **mindestens** zu berücksichtigen sind, definiert werden sollen. Die Sicherheitspolitik soll Beurteilungskriterien und zulässige Grenzwerte festlegen und so lediglich einen Rahmen abstecken, den der Entscheidungsträger im betrachteten Sachgebiet einzuhalten hat.

Definition: Unter «Sicherheitspolitik» ist ein System von gegenseitig und auf die allgemeine Unternehmenspolitik abgestimmten Grundsatzentscheidungen zu verstehen, die ein Sicherheitsniveau festlegen, das es zu erreichen gilt, und die sicherheitspolitischen Zielsetzungen bis auf die operationale Ebene einer Unternehmenshierarchie hinunterträgt.

Voraussetzung für eine optimale Vorgehensweise im Sicherheitsbereich ist vorhandenes Sicherheitsbewusstsein auf der Führungsebene, da dort in alle Unternehmensebenen reichende Vorgaben getroffen werden, sowie die Bereitschaft des Topmanagements, attraktive Investitionsmöglichkeiten im Sicherheitsbereich wahrzunehmen[1]. Die Einstellung der Unternehmung zum Risiko muss sich in Form einer spezifischen, den Unternehmenszielen angepassten Sicherheitspolitik manifestieren, die von untergeordneten Stellen als Entscheidungsgrundlage herangezogen werden muss. Punktuell realisierte Sicherheitsvorkehrungen, die leicht umgangen werden können, bzw. «Sicherheitslücken» an anderen Orten machen getätigte Aufwendungen hinfällig. Vielmehr ist eine Harmonisierung der Massnahmen und eine unternehmensweit abgestimmte Vorgehensweise bei Sicherheitsfragen Voraussetzung für «ertragsoptimale» Investitionen in diesem Bereich (vgl. Abb. 1-2).

„Die erforderliche Eingliederung des Sicherheitszieles in die Unterneh-

---

[1] Da alle Zahlungsabflüsse, denen „ein zuwachsender Gegenwert gegenübersteht" [DIE69, p. 251], als «Investition» bezeichnet werden, bedeutet die Realisierung einer Sicherheitsmassnahme eine Investitionsentscheidung. Dabei entsprechen sämtliche Kosten der Massnahme (Anschaffung, Installation, Wartung etc.) den Investitionskosten. Den «zuwachsenden Gegenwert», also den Nutzen der Massnahme, stellt die Risikominderung dar.

mensziele .... kann nur durch die Unternehmensleitung erfolgen. Ohne diesen Schritt aber müssen alle Bemühungen untergeordneter Stellen um Risikobewältigung Stückwerk bleiben. Die Risikobewältigung wird dann vornehmlich als Kostenfaktor empfunden, dem kein angemessener Nutzen gegenübersteht" [HOF85, p. 33].

Auch Brooke und Kendrick stellen fest: „....risk management should be a component of a corporate risk management process" und erwähnen unter den «key issues», die erfüllt werden müssen, bevor Aktivitäten zur Risikobewältigung stattfinden können: „Senior Management must take action (eg: corporate policy) to incorporate information risk management into the fabric of the organization" [BRO90, p. 274].

2.7   Portfoliotheorie

Die bisherigen Ausführungen lieferten vor allem Grundlagen aus Entscheidungstheorie und Statistik, um ein einheitliches Risikoverständnis zu ermöglichen. Im folgenden werden die theoretischen Grundlagen einer bewährten Methode zur Risikoreduktion, die Bildung von Portfolios, dargestellt.

2.7.1   Grundlagen

Der Begriff «Portfolio» stammt von dem italienischen Wort «portafolio» und bezeichnet den Wertpapier- und Wechselbestand einer Bank. Man versteht darunter die Kombination von Wertpapieren (Aktien, Investmentzertifikate, Rentenpapiere etc.), die von der erwarteten Rendite, dem voraussichtlichen Risiko und/oder der Aussicht auf Kursgewinne bestimmt wird.

Gegenstand der ursprünglichen Portfolio-Konzeption von Markowitz ist die optimale Zusammensetzung eines Wertpapier-«Bündels», das nach bestimmten Kriterien (Mittelwert des Gewinns und Varianz) gebildet wird [MAR52, MAR59, TOB58]. Das Standardmodell der Portfoliotheorie beruht auf der Annahme, das Wertpapierportfolio werde für die Dauer einer Periode gehalten, der Investor orientiere sich am (μ,σ)-Prinzip und er sei risikoscheu (vgl. Kap. 2.1.4).

Exkurs A: Das (μ,σ)-Prinzip

Grundlage der Portfoliotheorie bildet das (μ,σ)-Prinzip, das neben dem Erwartungswert μ auch das Risiko berücksichtigt, indem die Standardabweichung der Zielgrösse in den Entscheidungsprozess einbezogen wird. Dabei ist σ ein Mass für die Streuung der möglichen Zielgrössenwerte um den Erwartungswert der Zielgrösse. Da das (μ,σ)-Prinzip keine Aussage über die Gestalt der Präferenzfunktion des Entscheidungsträgers macht, handelt es sich um ein

Entscheidungs**prinzip** und nicht um eine Entscheidungs**regel**. Je nach Festlegung der unterschiedlichen Präferenzfunktionen entstehen unterschiedliche (μ,σ)-Regeln. Ein nach dem (μ,σ)-Prinzip handelnder Entscheidungsträger ist dann risikoscheu, wenn er von zwei beliebigen Handlungsalternativen mit demselben Erwartungswert der Zielgrösse jene mit der kleineren Standardabweichung der Zielgrösse vorzieht. Er gilt als risikofreudig, wenn er jene Handlungsalternative mit der grösseren Standardabweichung der Zielgrösse vorzieht. Ein risikoscheuer Entscheidungsträger misst der Gefahr einer negativen Abweichung vom Mittelwert grösseres «Gewicht» bei, als der Chance einer positiven Abweichung.

In ein (μ,σ)-Diagramm können Indifferenzkurven eingezeichnet werden, die angeben, welche (μ,σ)-Kombinationen nach der vom Entscheidungsträger gewählten (μ,σ)-Regel äquivalent sind. Bei Risikoaversion ist die Steigung dieser Kurven positiv, bei Risikofreude negativ. Einer Indifferenzkurve entsprechen umso günstigere (μ,σ)-Kombinationen, je weiter rechts sie im Koordinatensystem verläuft. Der Entscheidungsträger wird also unabhängig von seiner Risikoeinstellung bei gegebener Standardabweichung einen grösseren Erwartungswert der Zielgrösse einem kleineren vorziehen (Abb. 2-14). Optimal ist jene Alternative, deren (μ,σ)-Kombination auf jener Indifferenzkurve verläuft, die möglichst weit rechts im Koordinatensystem verläuft; das ist P1 in der Darstellung in der Mitte und P2 in der rechten Darstellung [LAU82, p. 160].

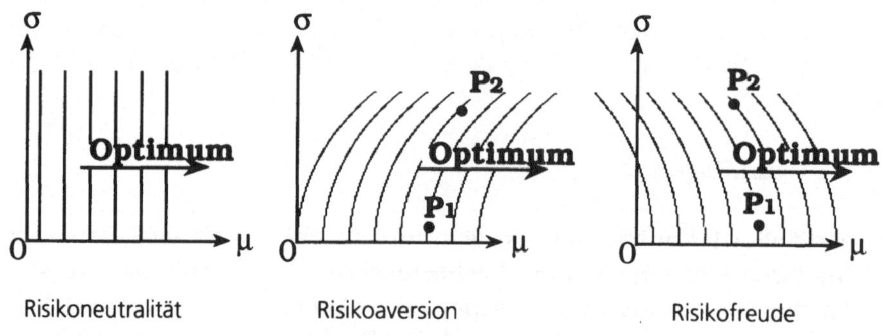

Abb. 2-14:   Indifferenzkurven im (μ,σ)-Diagramm in Abhängigkeit von der Risikoeinstellung

Ende Exkurs A

Als Kriterien zur Kennzeichnung der Attraktivität einer Investition werden dementsprechend die erwartete Kapitalrendite und die mögliche Abweichung der Kapitalverzinsung (Varianz) herangezogen[1]. Würde die Kapitalrendite das einzige Kriterium zur Bildung eines Portfolios sein, dann würde nur jene Aktie mit dem höchsten Gewinnerwartungswert im Portfolio vertreten sein. Als zweites Kriterium wird daher meist die Varianz oder Standardabweichung

---

[1] Beispiel: Ein Wertpapierbündel beinhalte zwei Aktien (A, B), wobei Aktie A zu einem Viertel im Bündel vertreten sei und einen Gewinnerwartungswert von 16% aufweise, während der Anteil von Aktie B drei Viertel betrage, ihr Gewinnerwartungswert 8%. Die erwartete Rendite des Portfolios beträgt daher 10%.

herangezogen. Bei a) gegebenem Gewinnerwartungswert wird eine Aktie mit geringem Risiko (Varianz) von einem risikoscheuen Investor einer Aktie mit grossem Risiko vorgezogen, bzw. b) wird bei gegebenem Risiko die Investition mit dem höherem Gewinnerwartungswert all jenen mit niedrigeren Werten vorgezogen. Portfolios, die a) und b) genügen, heissen **effiziente Portfolios**.

Zur Bestimmung einer Effizienzkurve werden die Entscheidungssituation und die Annahmen, die den weiteren Ausführungen zugrunde liegen, präzisiert.

Der Investor verfüge zu Beginn des Planungszeitraums nur über Geldvermögen in einer bestimmten Höhe G (und nicht über Wertpapiervermögen). Der Investor kann über den gesamten Planungszeitraum Geld zu einem sicheren Zinssatz p anlegen und aufnehmen. Die Anlagemöglichkeiten seien unbegrenzt, die Möglichkeit Geld aufzunehmen sei mit maximal M Geldeinheiten begrenzt. Der Investor kann zu Beginn der Planungsperiode N verschiedene Wertpapiergattungen erwerben. Dieser Erwerb führt zu Anschaffungsauszahlungen. Die erworbenen Papiere werden am Ende der Planungsperiode kapitalisiert und bedingen Einzahlungen in Form von Verkaufserlösen und Dividenden. Die Auszahlungen seien mit Sicherheit bekannt, über die Einzahlungen liegen nur Wahrscheinlichkeitsverteilungen und die entsprechenden Kovarianzen vor (vgl. Exkurs B). Optimal ist jenes Portfolio, welches das Endvermögen mit der «besten» (μ,σ)-Kombination maximiert. Da der Investor risikoscheu ist, zieht er von zwei Portfolios mit demselben Mittelwert des Endvermögens, jenes mit der kleineren Standardabweichung vor.

Die Errechnung der Standardabweichung eines ganzen Portfolios beruht auf der Ermittlung der Kovarianzen. Die Kovarianz ist ein Parameter, der die «Korrelation», die Stärke des Zusammenhangs zweier Zufallsvariablen, beschreibt[1]. Der normierte Grad der Interdependenzen wird mit Hilfe des Korrelationskoeffizenten[2] bestimmt. Das Risiko gemessen an der Standardabweichung eines Portfolios fällt mit wachsender Zahl der darin vertretenen, voneinander unabhängigen Titel, d.h. es sinkt mit zunehmender Diversifikation. Voraussetzung dafür ist allerdings, dass die Titel in ihrem Risikoverhalten entweder nicht oder gar negativ miteinander korrelieren [HAN90, p. 111].

---

[1] Bei zweidimensionalen Verteilungen gibt die Kovarianz an, wie sehr bei grossen Werten von X auch Y tendenzmässig grössere Werte annimmt (positive Korrelation), bzw. dass grossen Werten von X kleine Y-Werte zugeordnet sind (negative Korrelation).

[2] Die mögliche Ausprägung eines Korrelationskoeffizienten liegt zwischen -1 und +1. Bei einem Korrelationskoeffizienten nahe -1 ist das Gesamtrisiko eines Portfolios am niedrigsten, bei hohem positiven Korrelationskoeffizienten, z.B. bei Aktien aus einer gemeinsamen Branche, ist die Abhängigkeit der einzelnen Aktien und somit das Risiko am grössten.

Exkurs B: Kovarianz und Korrelation

Bei mehrdimensionalen Verteilungen lässt sich oft beobachten, dass die Zufallsvariablen mehr oder weniger korrelieren. Das heisst, dass z.B. bei einer zweidimensionalen Verteilung bei grossen Werten von X auch Y zu grösseren Werten tendiert (positive Korrelation), bzw. dass grossen Werten von X kleinere Y-Werte zugeordnet sind (negative Korrelation). Ein Parameter, der die Stärke dieses Zusammenhangs beschreibt, ist die sogenannte Kovarianz Cov (X,Y), die folgendermassen definiert ist:

$$\text{Cov}(X,Y) \quad = \quad \mu[[X - \mu(X)] \bullet [Y - \mu(Y)]]$$

Da der Wert der Kovarianz jedoch von den Einheiten abhängt, in denen X und Y gemessen werden, verwendet man, um diesen Einfluss auszuschalten, meistens die in Vielfachen der jeweiligen Standardabweichungen gemessenen Abweichungen von den einzelnen Erwartungswerten. Man betrachtet also den sogenannten Korrelationskoeffizienten, für dessen Berechnung allgemein gilt:

$$r(X,Y) \quad = \quad \mu\left[((X - \mu(X)/\sigma(X)) \bullet ((Y - \mu(Y)/\sigma(Y))\right],$$

wobei $\sigma(X) = \sqrt{\text{Var}(X)}$ und $\sigma(Y) = \sqrt{\text{Var}(V)}$ ist, und die Beziehung zur Konvarianz gilt

$$r(X,Y) \quad = \quad \text{Cov}(X,Y) / \sigma(X) \bullet \sigma(Y)$$

Ferner gilt:

$$-1 \leq r(X,Y) \leq +1$$

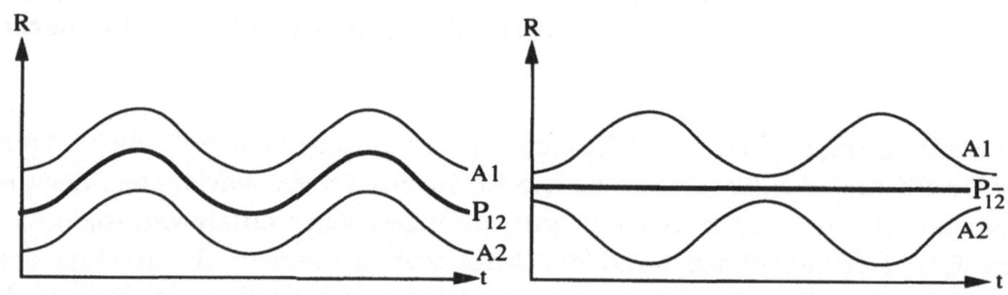

Abb. 2-15 zeigt die beiden idealtypischen Fälle einer Korrelation zweier Anlagen von +1 bzw. -1 in graphisch dargestellter Form.

R	Rendite
t	Zeit
A1, A2	Anlage 1 bzw 2
P12	Portfolio, bestehend je zur hälfte aus Anlage A1 und A2

Abb. 2-15:   Korrelationskoeffizienten zweier Anlagen A1 und A2

Ein Korrelationskoeffizient von +1 bedeutet, dass der Verlauf der Renditeentwicklung zweier Anlagealternativen zur Gänze identisch ist. Die Abweichung des Portfolios bestehend aus diesen beiden Anlagen vom Durchschnitt ist ebenso so gross wie die Abweichung jeder einzelnen Anlage. Bei einem Korrelationskoeffizienten von -1 hingegen verläuft die Renditeentwicklung der beiden Titel entgegengesetzt, das Portfolio weist keine Abweichung auf. Die beiden beschriebenen Fälle sind idealtypisch. In der Praxis des Wertpapierhandels sind Titel entweder unabhängig voneinander (Korrelationskoeffizient 0) oder entwickeln ähnlichen Renditenverlauf (Abb. 2-16).

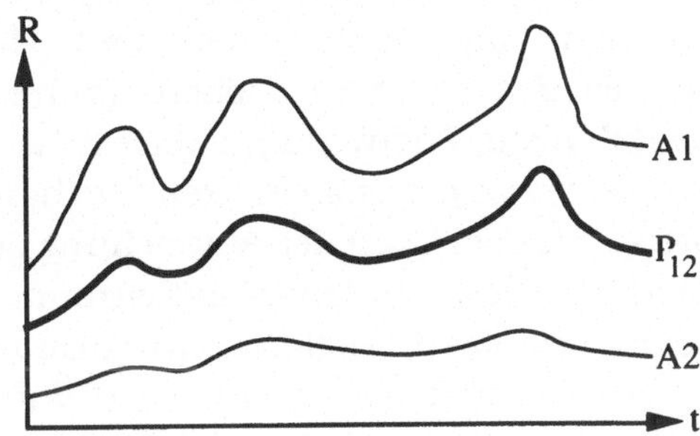

Abb. 2-16:   Korrelationskoeffizient zwischen 0 und +1

Ende Exkurs B

Der Mittelwert μ des ungewissen Endvermögens $\mathcal{Z}$ ist daher:

$$1) \qquad \mu = \mu\,(\mathcal{Z}) = (1+p) \bullet x + \sum_{n=1}^{N} \mu\,(\mathcal{P}_{2n}) \bullet x_n$$

Dabei bedeutet x den Geldbetrag, der zum Zinssatz p angelegt wird, dieser wird negativ im Falle einer Verschuldung. x_n hingegen bedeutet die Zahl der Einheiten des Papiers n, die am Beginn der Planungsperiode beschafft werden. $\mathcal{P}_{2n}$ ist die Einzahlung aus einer Einheit der Wertpapiers n am Ende der Planungsperiode.

Die Varianz σ^2 vom erwarteten Endvermögen wird errechnet aus:

$$2) \qquad \sigma^2\,(\mathcal{Z}) = \sum_{n=1}^{N} \sigma^2\,(\mathcal{P}_{2n}) \bullet x_n{}^2 + \sum_{\substack{m,\,n=1 \\ m \neq n}}^{N} K_{nm} \bullet x_n \bullet x_m$$

Als Nebenbedingungen gelten $x \geq - M$, da nur höchstens M Geldeinheiten aufgenommen werden können, sowie

$$3) \qquad x + \sum_{n=1}^{N} \mathcal{P}_{1n} \bullet x_n = G$$

das besagt, dass der gesamte Auszahlungsüberschuss am Beginn der

Zeitperiode mit dem ursprünglich vorhandenen Geldvermögen G des Investors übereinstimmen muss. Zusätzlich gelten Nichtnegativitätsbedingungen für die Zahl der Wertpapiereinheiten $x_n > 0$.

Würden die gesamten zum Beginn der Planungsperiode vorhandenen Geldmittel G zum Zinssatz p angelegt, ergäbe sich ein sicheres Endvermögen von $(1 + p) \cdot G$. Ein risikobehaftetes Portfolio kann demnach für einen risikoscheuen Anleger nur dann von Interesse sein, wenn der Mittelwert des Endvermögens höher als das genannte sichere Endvermögen ist. Eine risikoimmanente Investition muss notwendigerweise höher rentieren als eine sichere Anlageform. Die verlangte höhere Rendite bezeichnet man als **Risikoprämie**. Sie steigt mit dem Grad der Abweichung der erwarteten von der tatsächlichen Rendite über einen längeren Zeitraum [HAN90, p. 111]. Man erhält ein riskantes effizientes Portfolio, wenn man in 1) für μ einen festen Wert $\mu' > (1 + p) \cdot G$ einsetzt und die Varianz in 2) unter Beachtung der Nebenbedingungen minimiert. Es handelt sich dabei um ein quadratisches Optimierungsproblem mit linearen Nebenbedingungen.

Für alle möglichen Portfoliokombinationen werden jeweils Rendite und Risiko ermittelt, um das optimale Portfolio zu finden. Um den Aufwand, den die Bestimmung aller (μ,σ)-Kombinationen verursacht, zu begrenzen, genügt es auch, nur effiziente Alternativen zu betrachten. Im Falle der Risikoaversion sind jene Alternativen effizient, die bei gleicher oder geringerer Varianz einen höheren Gewinnerwartungswert oder bei gleichem oder höherem Gewinnerwartungswert eine geringere Streuung aufweisen. Radiziert man die jeweiligen Varianzen, erhält man die (μ,σ)-Kombinationen der **effizienten** Portfolios. Der geometrische Ort dieser Punkte heisst Effizienzkurve («efficient frontier»).

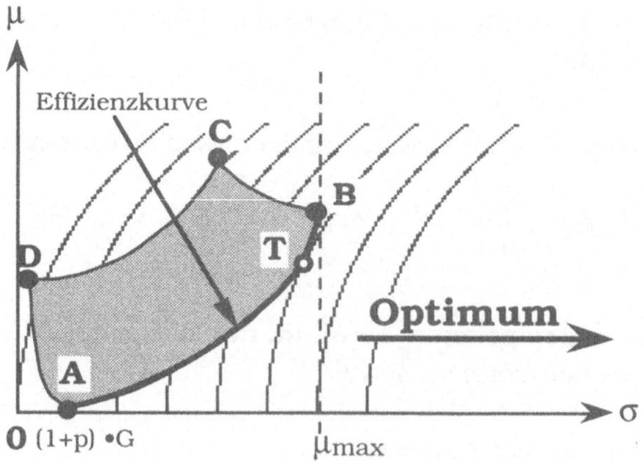

Abb. 2-17: Ermittlung eines optimalen Portfolios

Zwar kann meist diese «efficient frontier», eine Menge von Portfolios zur engeren Auswahl, bestimmt werden, das endgültige Portfolio wird jedoch von der individuellen Risikopräferenz (Nutzenfunktion) des Entscheidungsträgers determiniert [BOL72, DUN83] (vgl. Kap. 2.1.4). In Abb. 2-17 sind Indifferenzkurven eines risikoscheuen Investors dargestellt. Jenes Portfolio, das dem Tangentialpunkt T entspricht, ist optimal.

2.7.2   Historische Entwicklung, Anwendungsgebiete

Ein zentraler Kritikpunkt an der Portfolio-Methode ist die Verwendung der Varianz als Surrogat für das Risiko. Auch die Abhängigkeit von subjektiven Schätzungen ist ein Schwachpunkt[1]. In der Praxis erwies sich der rechnerische Umgang mit der Matrix der Kovarianzen als sehr aufwendig[2]. Sharpe versuchte diesen Nachteil zu eliminieren oder wenigstens zu entschärfen, indem er für einen Titel die Abweichung vom Mittelwert von zwei Kriterien abhängig machte: «systemisches» und «nicht-systemisches» Risiko [SHA63]. Unter systemischen Risiko versteht er dabei jenes Risiko, das durch allgemeine Marktänderungen alle Papiere am Markt bzw. im Portfolio gleichermassen betrifft; dieses Risiko wird durch einen Marktindex in den Berechnungen berücksichtigt. Im Gegensatz dazu charakterisiert das nicht-systemische Risiko den einzelnen Titel. Die Einführung des Marktindex reduziert die Matrix der Kovarianzen auf eine Matrix, die nur in der Diagonale durch die nicht-systemischen Risiken und den Marktindex besetzt ist und sich daher ohne Mühe invertieren lässt. Die Bemühungen waren anfangs darauf ausgerichtet, den Rechenaufwand zu begrenzen, der bei der Anwendung des Markowitz-Modells zu bewältigen war[3]. Eine weitere Reduktion erreichte Sharpe, indem er die exakten, jedoch nicht-linearen und daher komplexen Berechnungen durch eine lineare Approximation ersetzte [SHA67].

Eine interessante Weiterentwicklung der von Markowitz entwickelten Theorie ist die Anwendung auf den gesamten Kapitalmarkt. Zu diesem Zweck waren neue Annahmen nötig: alle Investoren legen dieselbe Wahrscheinlichkeitsverteilung der Ermittlung des Gewinnerwartungswertes zugrunde, sie planen alle über das selbe Zeitintervall, der Markt befindet sich im Gleichgewicht und

---

[1] Kovarianzen zwischen verschiedenen Titel sowie Gewinnerwartungswerte der einzelnen Werte können nur geschätzt werden.

[2] Diese Matrix muss zur Errechnung des Portfolios mit der geringsten Streuung invertiert werden.

[3] Trotz unvergleichbarer Voraussetzungen bezüglich der technischen Möglichkeiten in den sechziger Jahren ist die Problematik immer noch aktuell, da das **Verhältnis** zwischen rechenaufwendige Operationen und einfachen Rechenvorgängen gleich schlecht geblieben ist (abgesehen vom wenig verbreiteten Einsatz von Parallelprozessoren).

unbeschränkte Geldmittel können risikolos zu einem bestimmten Zinssatz vergeben oder erworben werden [LIN65, SHA64, TRE65]. Dieses Modell wird nicht nur wegen seiner unrealistischen Annahmen, sondern auch wegen des Ausserachtlassens sämtlicher im Zuge einer Transaktion anfallenden Kosten, als eher problematisch beurteilt.

Ein weiteres Anwendungsgebiet ist der Budgetierungsprozess, wobei als neu hinzukommende Faktoren die Irreversibilität einer getroffenen Entscheidung zugunsten eines Portfolios und das Problem der Unteilbarkeit (Ganzzahligkeit) der im Pool vertretenen Projekte zu erwähnen ist [vgl. VHO66].

2.7.3   Portfolio Management

Die Aufgaben, die im Rahmen des Portfolio Managements anfallen, lassen sich in drei Komponenten gliedern: in einem ersten Schritt müssen relevante Daten erhoben und Informationen über den jeweiligen möglichen Inhalt eines Portfolios gesammelt und interpretiert werden. Bei Markowitz waren dies Informationen über Wertpapiere und andere Anlagemöglichkeiten, in der vorliegenden Arbeit werden es Informationen über mögliche Sicherheitsmassnahmen sein. In der zweiten Phase, der Portfolio Analyse, werden verschiedene, mögliche Kombinationen in Erwägung gezogen und die konstruierten Portfolios bewertet. In einem dritten Schritt, Portfolio Selection, findet der Entscheidungsprozess zugunsten jenes Portfolios statt, das die Nutzenfunktion des Investors maximiert.

2.7.4   Diskussion

Wesentlichster Kritikpunkt an Markowitz' Portfoliomodell ist die Heranziehung der Varianz als Risikomass, da sie nur bei symmetrisch verteilten Gewinnerwartungswerten zu richtigen Ergebnissen führt. Markowitz hat selbst diesen Nachteil erkannt und die Verwendung der Semi-Varianz als Alternative vorgeschlagen [MAR59].

Als Nachteil der Portfolio-Methode wird wiederholt angeführt, dass Diversifikation zwar durch die Risikostreuung Verluste abschwächt, jedoch auch Chancen mindere. Bei der Anwendung der Portfolio-Methode im Sicherheitsbereich ist dieses Argument nicht stichhaltig, da nur Bedingungsrisiken betrachtet werden, denen keine Gewinnchance immanent ist.

2.8   Portfoliotechnik im Strategischen Management

Die Bezeichnung «Portfolio» wird in der modernen Unternehmensführungslehre auf die Produkt/Markt-Kombinationen einer Unternehmung angewendet.

Analog zu den Titeln, die in einem Wertpapierportfolio vertreten sind, werden die Produkt/Markt-Kombinationen anhand bestimmter Kriterien bewertet. Man bezeichnet hier als Portfolio „die Gesamtheit der Produkte und/oder Dienstleistungen, mit denen sich die Unternehmung zu einem gegebenen Zeitpunkt auf dem Markt präsentiert" [HIN83, p. 97].

Der Unternehmenserfolg kann durch gezielte Gestaltung der Produktpalette und selektive Ressourcenallokation unter Berücksichtigung unterschiedlicher Einflussgrössen (Produktlebenszyklen, Marktwachstum, Wettbewerbsposition etc.) gesteuert werden. Im Rahmen des Strategischen Managements werden alternative Vorgehensweisen entwickelt, und eine Strategie oder ein Strategiebündel wird ausgewählt und realisiert.

Im Bereich der strategischen Planung dienen die graphischen Analyse-instrumente «Portfoliotabellen» als Hilfsmittel zur Strategiekonzeption. Sie ermöglichen eine übersichtliche Darstellung der Markt- und Wettbewerbs-position, sowie der Innovation und Produktivität eines Unternehmens und unterstützen auf diese Weise den Entscheidungsprozess zur Ressourcen-allokation.

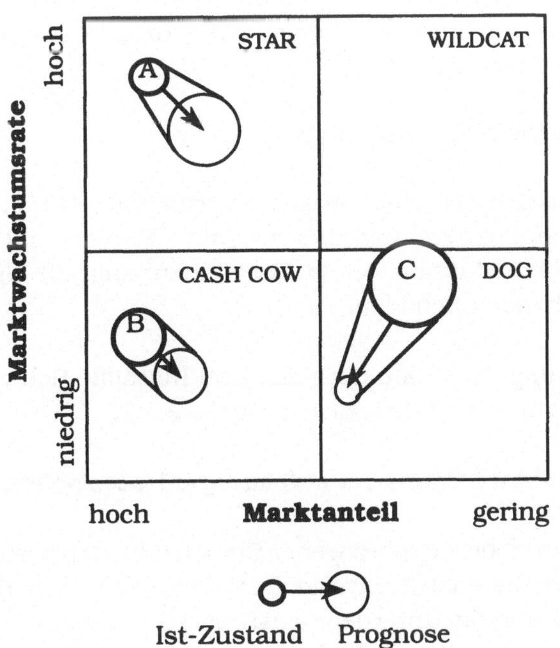

Abb. 2-18: Marktanteils-Marktwachstums-Matrix (BCG-Ansatz)

Abb. 2-18 zeigt eine Marktanteils-Marktwachstums-Matrix nach einem Schema, das von der Boston Consulting Group entwickelt wurde. Die Darstellung weist ordinal-skalierte Achsen auf, wobei die vertikale Achse die Marktwachstumsrate und die horizontale Achse den Marktanteil bezogen auf ein bestimmtes Produkt bzw. eine Produktgruppe zeigt. Ein Grundraster bestehend aus vier Feldern zeigt die Produktlebensphasen. Die Kreise repräsentieren einzelne Produkte oder Produktgruppen, die Grösse gibt ihren anteiligen Umsatz an. Stark umrandete Kreise zeigen den Ist-Zustand, dünn umrandete Kreise stellen einen prognostizierten Zustand dar [WEI86, pp. 9].

Der BCG-Ansatz wurde von McKinsey modifiziert und zu einer Neun-Felder-Matrix weiterentwickelt. Die Achsen der McKinsey-Matrix zeigen das Unternehmenspotential bzw. die Attraktivität eines Marktes und berücksichtigen auf diese Weise zusätzlich Stärken und Schwächen des eigenen Unternehmens, sowie das Risikoverhalten des Unternehmens auf dem Absatzmarkt [vgl. BER82, GLU86].

Portfoliotabellen stellen in übersichtlicher und vereinfachter Form komplexe, mehrdimensionale Zusammenhänge dar und berücksichtigen schwer oder nur ungenau quantifizierbare Einflussgrössen. Besonders jene Ansätze, deren Achsenanordnung von der gewohnten kartesischen Darstellung abweichen, verhindern Fehlinterpretationen von sehr grob geschätzten oder nur ordinal bewerteten Sachverhalten.

2.9   Sicherheitsmassnahmen

Sicherheitsmassnahmen sind Geräte, Instrumente, Mittel, Abläufe, Standards oder Techniken zur Verhinderung und Entdeckung von Schadensfällen, sowie zur Reduktion der in Zusammenhang mit einem Schadensereignis entstehenden Schäden.

Eine Beschreibung der Charakteristika und Klassifikation von Sicherheitsmassnahmen erfolgt ausführlicher in Kap. 4.2.1.2.

2.10   Risikobewältigung im aufbauorganisatorischen Kontext

Die Koordination sicherheitsbezogener Entscheidungen braucht den Impuls durch die Unternehmensleitung und die Verankerung sicherheitspolitischer Zielsetzungen durch die Unternehmensführung in Form von langfristig und unternehmensweit gültigen Richtwerten. Die in Zusammenhang mit Risikobewältigung anfallenden Aufgaben und Tätigkeiten sind über alle Stufen der Aufbauorganisation verteilt (Abb. 2-19).

Das **Topmanagement** gibt im Rahmen einer Sicherheitspolitik Parameter vor, die dem Entscheidungsträger als Entscheidungsgrundlage zur Bildung «guter» Portfolios dienen müssen (vgl. Kap. 2.1 und 2.6). Diese Parameter sind z.B. die Festsetzung von Schadenshöhen, die eine Risikoklassifikation ermöglichen und eine Terminierung des Massnahmensuchvorgangs bewirken. Ferner bedarf es einer Vorgabe in der Sicherheitspolitik, welche Methode der Investitionsrechnung (Kapitalwertmethode, Interner Zinsfuss, Annuitätenmethode, Gewinn- und Kostenvergleichsmethode, Return-on-Investment-Methode etc.) vom Entscheidungsträger zu wählen ist, um die Ergebnisse der Entscheidungsprozesse verschiedener Entscheidungsträger vergleichbar zu machen. Weitere Punkte, die eine sorgfältig entworfene Sicherheitspolitik enthalten sollte, ist die Art der Finanzierung der Sicherheitsvorhaben, sowie eine Regelung der Kompetenzen und deren Abgrenzung (vgl. Kap. 4.1.3).

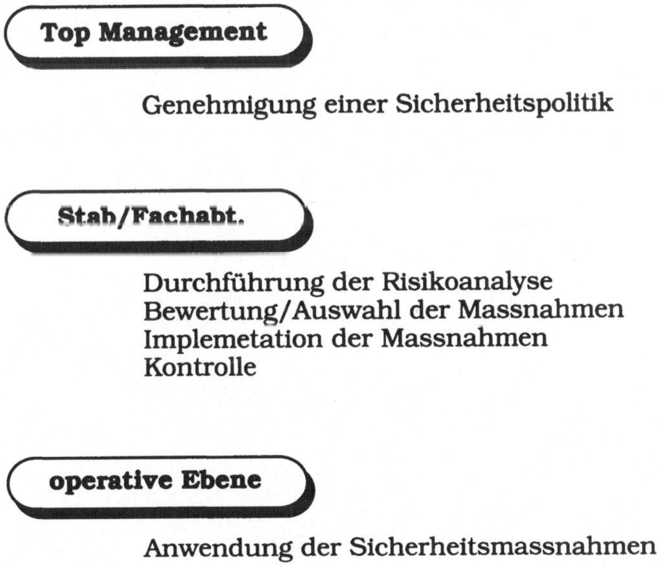

Abb. 2-19: Aufgaben bei der Risikobewältigung in der Aufbauorganisation

Auf der Ebene der **Fachabteilungen** oder **Stäbe** fallen die Aufgaben der Risikoanalyse, sowie der Erwägung und Bewertung entsprechender Massnahmen und Massnahmenbündel (Portfolios) an. Der Entscheidung für eine bestimmte Massnahme folgt deren Realisierung, die ebenfalls auf dieser Unternehmensebene vorgenommen oder deren Ausführung von hier zumindest initiiert und überwacht wird. In den Aufgabenbereich der Abteilung fällt aber auch die Aktualisierung der Bedrohungsbilder, was nur einen Teil der in diesem Bereich anfallenden Kontrolltätigkeit ausmacht. Die restliche Kontrolltätigkeit besteht in einer Überwachungsfunktion der Einhaltung der implementierten Massnahmen durch die Anwender, sowie in einer Prüffunktion, ob die Wirksamkeit der Massnahmen auch in erwartetem Umfang eingetreten ist und die erwartete Gültigkeitsfrist der Massnahmen bestätigt wird. Bei Abweichungen müssen ergänzende und korrigierende Massnahmen getroffen werden (vgl. Kap. 4.2).

Auf der **operativen Ebene** gelangen die Sicherheitsmassnahmen zur Anwendung.

2.11   Zusammenfassung

Im zweiten Kapitel wurden statistische Grundlagen, sowie Grundlagen aus der Entscheidungstheorie und der Portfoliotheorie vermittelt, die zum Verständnis der weiteren Ausführungen von Bedeutung sind. Zu Beginn wurden allgemeine Begriffe, wie «Sicherheit», «Risk Mangement» und «Sicherheitspolitik» definiert und ausführlich mögliche Kenngrössen und Methoden zur Risikoquantifizierung beschrieben. Anschliessend wurde die Portfoliotheorie im Überblick erläutert und in Beziehung zu Sicherheitsdispositiven gebracht.

3 Bestehende Konzepte zur Risikobewältigung im IT-Bereich

Das Risk Management besteht aus verschiedenen Aktivitäten und Arbeitsabläufen (vgl. Kap. 2.1, 2.5 und 4.2), bei denen der Risk Manager auf bestehende Konzepte und bewährte Verfahren zur Risikobewältigung aufbauen kann. Das folgende Kapitel stellt eine Orientierungshilfe dar und soll zeigen, welche Werkzeuge und Bewertungshilfen zur Verfügung stehen und welche Funktionen sie erfüllen.

3.1 Standards und Sicherheitskriterienkataloge

Um zu verhindern, dass in einem System unbeabsichtigt Produkte verschiedener Sicherheitslevels implementiert werden und um den Herstellern Richtlinien vorzugeben, damit ein Produkt bestimmten Sicherheitserwartungen entsprechen kann, wurden Standards und Sicherheitskriterienkataloge geschaffen.

Allen Prüfkriterien liegen im wesentlichen folgende drei Zielsetzungen zugrunde [WEC89, p. 391]:

- Den Benutzern soll ein Massstab zur Verfügung gestellt werden, der eine Beurteilung der Vertrauenswürdigkeit von Rechnersystemen im Hinblick auf die sichere Verarbeitung geheimhaltungsbedürftiger oder anderer schutzwürdiger Informationen ermöglicht.

- Den Herstellerfirmen sollen Richtlinien an die Hand gegeben werden über die Art, wie neue vertrauenswürdige kommerzielle Erzeugnisse im einzelnen auszulegen sind, damit sie den jeweiligen Anforderungen in bezug auf die Vertrauenswürdigkeit für schutzbedürftige Anwendungen entsprechen.

- Es soll eine Grundlage zur Spezifizierung von Sicherheitsanforderungen im Rahmen von Beschaffungsmassnahmen geschaffen werden.

Da die Hersteller Informationen, die der Benutzer zur Beurteilung eines Produktes benötigen würde, teilweise geheim halten und die Beurteilung selbst einen hohen Aufwand mit sich bringt, wird die Prüfung und Beurteilung der Produkte von öffentlichen Stellen übernommen[1].

---

[1] z.B. von NCSC (National Computer Security Center) in den USA, CSSC (Canadian Systems Security Centre) in Kanada oder von der ZSI (Zentralstelle für Sicherheit in der Informationstechnik) in Deutschland.

Ein zertifiziertes IT-Produkt wird bei Erfüllung bestimmter, genau definierter Voraussetzungen einer Kategorie zugeordnet. Die Bildung der Kategorien erfolgt in den verschiedenen Standards und Kriterienkatalogen nach unterschiedlichen Gesichtspunkten. Im folgenden werden einige wichtige Standards und Kriterienkataloge herausgegriffen und näher betrachtet.

3.1.1   Das «Orange Book»

Der erste Sicherheitskriterienkatalog dieser Art wurde 1983 vom amerikanischen Verteidigungsministerium (DOD - Department of Defense) erarbeitet (1985 novelliert) und als Standard DOD 5200.28-STD veröffentlicht [DOD85]. Dieser Standard wird auch als «Orange Book» wegen der Farbe seines Umschlages bezeichnet und soll Richtlinien zur Überprüfung amerikanischer Systeme für deren Einsatz am amerikanischen Markt geben. Er beruht auf dem Bell-LaPadula-Modell, das ein «Zustandsübergangs-Modell» ist. Das Modell definiert Systemzustände, sowie Regeln, wie das System von einem sicheren Zustand in einen anderen sicheren Zustand übergeführt werden kann.

Im Bell-LaPadula-Modell werden Subjekte und Objekte unterschieden. Subjekte sind aktive Prozesse, die auf Objekte zugreifen können. Benutzer eines IT-Systems, oder präziser gesagt «die den Benutzer repäsentierenden Prozesse» sind typischerweise Subjekte, aber auch jede aufrufende Prozedur. Die Daten, auf die ein Programm zugreift, sind Objekte und können selbst wieder ein Programm sein. Ein Programm kann demnach zu verschiedenen Zeitpunkten Subjekt oder Objekt sein. Der Standard stützt sich auf sechs Forderungen, denen ein «sicheres» System genügen muss.

1)   **Sicherheitsgrundsätze** (*security policy*): Die Sicherheitsgrundsätze legen fest, wie sensitive Daten geschützt werden sollen und nach welchen Regeln Subjekte auf Objekte zugreifen dürfen.

2)   **Kennzeichnung** (*marking*): Jedes Objekt muss klassifiziert werden[1], um den Sensitivitätsgrad der Daten feststellen zu können (classification). Subjekte müssen ausgezeichnet werden, um ersichtlich zu machen, auf welche Objekte welchen Sensitivitätsgrads sie zugreifen dürfen (clearance). Die «Clearance» gibt den Grad der Vertrauenswürdigkeit des Subjekts an.

---

[1]   Das Klassifikationsschema amerikanischer öffentlicher Stellen sieht eine Einteilung in «Unclassified», «Restricted», «Confidential», «Secret» und «Top Secret» vor.

3) **Identifikation** (*identification*): Jedes Subjekt muss eindeutig identifiziert werden können, um den Zugriff des Subjekts auf Objekte kontrollieren zu können.

4) **Nachweisführung** (*accountability*): Sicherheitsrelevante Aktivitäten müssen protokolliert werden.

5) **Funktionsgarantie** (*assurance*): Die vier erstgenannten Forderungen müssen durch entsprechende, sorgfältig analysierte und getestete Mechanismen des Produkts realisiert sein.

6) **Funktionsschutz** (*continuous protection*): Die Mechanismen müssen ohne zeitliche Unterbrechung gegen unautorisierte Modifikation geschützt sein.

Die Forderungen 1) bis 4) beziehen sich auf die Frage, was zur **Kontrolle des Zugriffs** auf Informationen erforderlich ist (Sicherheitsgrundsätze, Kennzeichnung, Identifikation, Nachweisführung).

Die Forderungen 5) und 6) beschäftigen sich mit der Erstellung glaubhafter **Garantien**, dass diese Kontrolle in einem vertrauenswürdigen Rechnersystem erfolgt.

Das «Orange-Book» definiert vier weitgefasste, aufeinander aufbauende Produktklassen A, B, C und D.

Zu Gruppe A können jene Systeme gezählt werden, die optimale Sicherheit und verifizierten Schutz bieten.

Gruppe B beinhaltet Systeme mit festgelegtem Schutz (*mandatory access control*), bei dem die Vergabe der Zugriffsrechte statischen Regeln unterliegt. Benutzer mit einer bestimmten «Clearance» dürfen nur auf Objekte zugreifen, deren Klasse für diese «Clearance» zulässig ist. Gruppe B wird in die Untergruppen B1, B2 und B3 unterteilt.

In Gruppe C werden jene Systeme eingestuft, die benutzerbestimmbaren Schutz (*discretionary access control*) bieten. Das bedeutet, dass der Zugriff von Subjekten auf Objekte nach den Wünschen des Eigentümers des jeweiligen Objekts festgelegt wird und diese Zuordnung geändert werden kann. Gruppe C besteht aus zwei Untergruppen C1 und C2.

In Gruppe D finden sich Systeme, die den Anforderungen der Gruppen A bis C nicht entsprechen.

Das «Orange Book» wurde durch die «Computer Security Requirements» [CSC85] ergänzt, die eine Anleitung zur Ermittlung der Mindestforderungen, denen ein System bei einem gegebenen Risiko-Index gerecht werden muss, darstellt.

Der Risiko-Index wird durch die Abweichung des Berechtigungsniveaus der am wenigsten privilegierten Benutzer von der höchsten Sensitivitätskategorie der bearbeiteten oder gespeicherten Daten ermittelt. Der Risiko-Index eines Systems, dessen Benutzer mindestens «secret»- oder höhere Berechtigungen haben und dessen Daten maximal «secret» oder geringer eingestuft wurden, hat einen geringen Risiko-Index. Hingegen hat jenes System einen sehr hohen Risiko-Index, auf das Benutzer zugreifen können, die nur «unclassified»-Berechtigung haben, obwohl das System auch «top secret»-Daten verarbeitet.

Weitere Ergänzungen zum «Orange Book» sind die «Personal Computer Security Considerations» [NCS85], «A Guide to Understanding Discretionary Access Control in Trusted Systems»[1] [NCS87], «A Guide to Understanding Audit in Trusted Systems» [NCS89], u.a.m. [vgl. WEC89].

3.1.2   Der IT-Sicherheitskriterienkatalog

Um einerseits unabhängig von extern vorgegebenen Prüfkriterien zu sein[2] und andererseits jene Schwierigkeiten zu vermeiden, die sich bei der Anwendung des «Orange Books» z.B. auf Netze, Datenbanken und Expertensysteme[3] ergaben, entschloss man sich in der Bundesrepublik Deutschland zur Schaffung eigener Richtlinien, dem IT-Sicherheitskriterienkatalog [ZSI89].

Die eingeschränkte Anwendbarkeit des «Orange Books» resultiert aus einer starren Klassenbildung durch eine Kopplung funktionaler und qualitativer Anforderungen an ein System. Im IT-Sicherheitskriterienkatalog werden daher funktionale und qualitative Anforderungen getrennt behandelt. Ein System wird nicht wie im «Orange Book» einer bestimmten Klasse zugeordnet, sondern getrennt hinsichtlich seiner Funktionalität und hinsichtlich seiner Qualität evaluiert.

---

[1] Diese Veröffentlichung ist vor allem für Hard- und Softwarehersteller gedacht, die beabsichtigen, ihre Produkte den Erfordernissen des «Orange Books» anzupassen.

[2] Z.B. ist das National Computer Security Center (NCSC) zuständig für die Bewertung nach dem «Orange Book» und prüft nur Systeme amerkanischer Hersteller.

[3] Das «Orange Book» adressiert primär Betriebssysteme. Durch eine starke Ausrichtung auf den militärischen Bereich und wegen der Definition der Sicherheitsrichtlinien nach den Axiomen des Bell-LaPadula Modells ist eine Anwendbarkeit z.B. auf Integritätsmodelle kaum möglich (vgl. «Need-to-know»-Prinzip, Kap. 4.2.1.2.3 Punkt 5).

Der IT- Sicherheitskriterienkatalog definiert zehn Funktionalitätsklassen (F1 bis F10) und acht hierarchisch angeordnete Qualitätsstufen (Q0 bis Q7). Man war bei der Festlegung der Funktionalitätsklassen darauf bedacht, einen Teil der Klassen (nämlich die ersten fünf) aufeinander aufbauend anzuordnen, um mit dem «Orange Book» konform zu sein[1], und darüber hinaus eine Reihe nicht-hierarchischer Klassen festzulegen, die eine Bewertung spezieller Systeme erlauben[2]. Aufgrund bestimmter Funktionen, die ein System aufweist, ergibt sich die Zuordnung zu einer Funktionalitätsklasse. Jede Funktionalitätsklasse ist eine Zusammenstellung von Sicherheitsfunktionen[3], die in einem IT-System in dieser Kombination realisiert sein können.

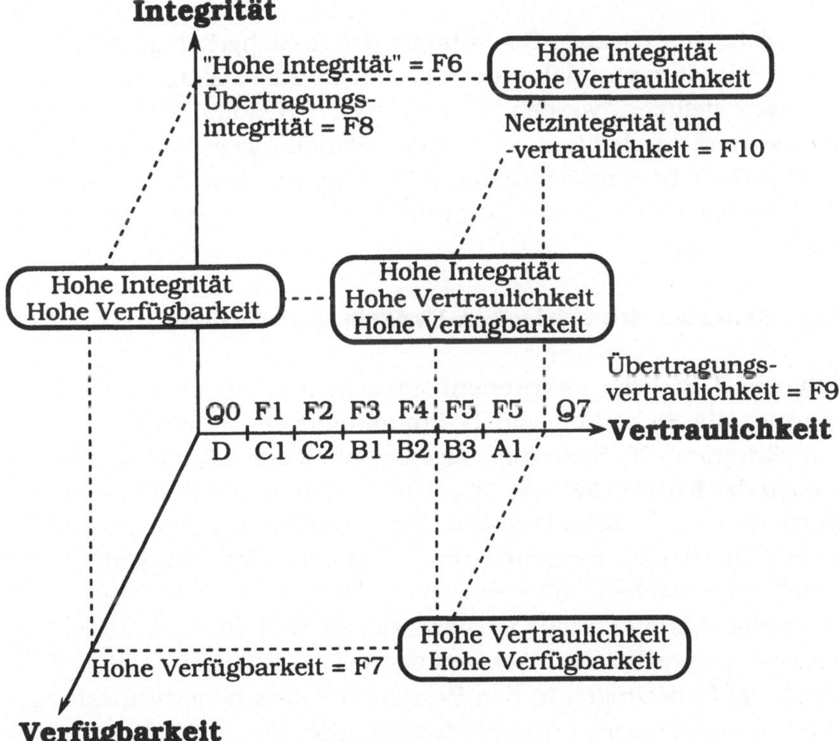

Abb. 3-1:   Wirkungsbereich von «Orange Book» und IT-Sicherheitskriterienkatalog [nach BFH90]

---

[1] Die Vergleichbarkeit zum «Orange Book» ist durch die explizite Angabe einer Abbildungsvorschrift gegeben.

[2] z.B. ausfallsichere Prozessrechner, Verschlüsselungsgeräte etc.

[3] Grundfunktionen sicherer Systeme sind Identifikation und Authentisierung, Rechteverwaltung, Rechteprüfung, Beweissicherung, Wiederaufbereitung, Fehlerüberbrückung, Gewährleistung der Funktionalität und Übertragungssicherung.

Die Qualität der Implementation dieser Funktionen wird durch die Stärke aller relevanten Mechanismen bestimmt und entscheidet letztlich über die Einordnung in eine der Qualitätsstufen. Die Einordnung eines Systems in eine bestimmte Qualitätsstufe setzt die Erfüllung einer Mindestanforderung an die Stärke aller relevanten Mechanismen voraus.

Die unmittelbare Beziehung zwischen IT-Sicherheitskriterienkatalog und «Orange Book» verdeutlicht die horizontale Achse in Abb. 3-1. Sie zeigt gleichzeitig, dass die IT-Sicherheitskriterien auch die Problembereiche «Verfügbarkeit» und «Integrität» abdecken und nicht wie das «Orange Book» auf «Vertraulichkeit» beschränkt bleiben.

Im Gegensatz zum «Orange Book» bildet der IT-Sicherheitskriterienkatalog keinen Standard und ist daher flexibler, indem z.B. zusätzliche Funktionalitätsklassen definiert werden können [vgl. STO90]. Die IT-Sicherheitskriterien werden durch das «IT-Evaluationshandbuch» ergänzt [ZSI90], sowie durch das «IT-Sicherheitshandbuch», das vor allem Benutzer und Betreiber von IT-Systemen bei der Erkennung und Bewertung relevanter Bedrohungen unterstützen soll.

3.1.3   Kriterien des britischen Handelsministeriums

Ähnlich dem IT-Sicherheitskriterienkatalog beurteilt das britische Handelsministerium die Sicherheit von IT-Produkten nach Funktionalitäts- und Qualitätskriterien. Die Sicherheitseigenschaften eines Produkts werden erstens nach der **Korrektheit** der Implementation der Sicherheitsfunktionen und zweitens nach der **Effektivität** im Sinne von Wirksamkeit und Stärke der Sicherheitsfunktionen beurteilt. Um unterschiedliche Implementationen vergleichbar zu machen, müssen Sicherheitsfunktionen in einer einheitlichen Sprache, «Claims Language», beschrieben werden. Der Kriterienkatalog unterscheidet sechs hierarchisch geordnete Evaluationsstufen mit definierten Mindestanforderungen in den Bereichen Evaluationsvoraussetzungen, «Life-cycle»-Anforderungen und Produktanforderungen [DTI89a, DTI89b].

3.1.4   Information Technology Security Evaluation Criteria

Deutschland, Frankreich, Grossbritanien und die Niederlande legten im Mai 1990 einen Entwurf für Bewertungskriterien vor, der Vorhandenes berücksichtigt und einen gemeinsamen Massstab darstellt [ITS90].

Eine starke Motivation für «harmonisierte Kriterien» ist der Wunsch der Hersteller, ihre Produkte nicht auf verschiedene nationale Kriterien abstimmen zu müssen, sondern sich an vereinheitlichten Vorgaben orientieren zu können. Beim Entwurf der gemeinsamen Kriterien wurden Erfahrungen der beteiligten Nationen mit ihren vorhandenen Beurteilungshilfen berücksichtigt. Die «Information Technology Security Evaluation Criteria» definieren zehn Funktionalitätsklassen, von denen fünf aus der Funktionalität der Orange-Book-Klassen abgeleitet wurden. Zur Beurteilung eines Produkts bezüglich seiner Qualität stehen sieben Kategorien zur Verfügung (E0 bis E6). Bei der Bewertung wird zwischen Gewährleistung der Richtigkeit und Gewährleistung der Wirksamkeit unterschieden. Erst wenn ein Produkt bezüglich seiner Richtigkeit klassifiziert werden konnte, wird es auf seine Wirksamkeit hin überprüft.

Der Entwurf von überregionalen Bewertungskriterien ist sicher ein erster Schritt in die Richtung international gültiger Bewertungen.

3.1.5   Zusammenfassung

Die in Kap. 3.1.1 bis 3.1.4 beschriebenen Bewertungshilfen und Ansätze zur Risikobewältigung treffen zwar Aussagen über die Güte eines Produkts und darüber, bis zu welchem Grad bestimmte Sicherheitsanforderungen von einem Produkt erfüllt werden, die Bewertungskriterien sind jedoch leider international nicht vereinheitlicht. Vor allem aber fehlt es an Methoden zur Beurteilung von Sicherheitsmassnahmen bezogen auf individuelle betriebliche Voraussetzungen und zur Abstimmung dieser Massnahmen auf die vorhandene Risiko- und Investitionspolitik, sowie einer Anleitung zur Risikobewertung und Beurteilung der Wirtschaftlichkeit einer Sicherheitsmassnahme.

3.2   NBS Guideline for Automatic Data Processing Risk Analysis

Der Standard «Guideline for Automatic Data Processing Risk Analysis» des National Bureau of Standards [NBS79] bietet eine Methode zur Risikoschätzung im IT-Bereich an. Es werden drei Phasen unterschieden.

- Preliminary Security Examination
- Risk Analysis
- Selection of Safeguards

Die erste Phase, Preliminary Security Examination, sieht die Erstellung einer Liste vor, welche die Ersetzungskosten der bedrohten Objekte, relevante Gefährdungen und bereits realisierte Sicherheitsmassnahmen enthalten soll.

Im Rahmen der zweiten Phase, Risk Analysis, werden die zu erwartende Häufigkeit der Schadensereignisse und die damit verbundenen Kosten geschätzt. Das Resultat ist der sogenannte Annual Loss Exposure (ALE) und stellt eine monetäre Grösse dar. Die Ermittlung des ALE erfolgt über eine Masszahl der Häufigkeitsschätzung (f-Wert).

Häufigkeit		f-Wert
1-mal in	300 Jahren[1]	1
1-mal in	30 Jahren[2]	2
1-mal in	3 Jahren[3]	3
1-mal in	100 Tagen	4
1-mal in	10 Tagen	5
1-mal	pro Tag	6
10-mal	pro Tag	7
100-mal	pro Tag	8

Der Wertfaktor des Schadensausmasses wird nach 10-er Potenzen in US$ ermittelt. Die Methode ist für andere Währungen adaptierbar [vgl. JAB88].

Schadensausmass		i-Wert
$10^1 =$	US$10	1
$10^2 =$	US$100	2
$10^3 =$	US$1.000	3
$10^4 =$	US$10.000	4
$10^5 =$	US$100.000	5
$10^6 =$	US$1.000.000	6
$10^7 =$	US$10.000.000	7
$10^8 =$	US$100.000.000	8

Die Berechnung des ALE-Wertes ergibt sich aus:

$$ALE = 10^{(f + i - 3)} / 3 \text{ US\$ pro Jahr}$$

Die ALE-Werte für jede einzelne Bedrohung werden auf der im ersten Schritt angelegten «Liste der Bedrohungen» summiert.

Diese ergänzte Liste ist Grundlage für die dritte Phase, Selection of Safeguards, in der für jede einzelne Bedrohung und jede einzelne Massnahme der ALE vor Realisierung der Massnahme, Kosten der Massnahme und der ALE nach Realisierung der Massnahme verglichen werden.

---

[1]   300 Jahre entsprechen 100.000 Tagen

[2]   30 Jahre entsprechen 10.000 Tagen

[3]   3 Jahre entsprechen 1.000 Tagen

Bei der Anwendung dieses Standards muss beachtet werden, dass durch die Klassifikationen bei der Ermittlung des f- und i-Wertes eine Informationsverzerrung stattfindet und die Ergebnisse für bestimmte Anwendungen nicht aussagekräftig sind. Diese Verzerrung ist durch die Gruppenbildung bedingt, durch die prinzipiell der Informationsgehalt reduziert wird. Wo präzise Berechnungen möglich und bezüglich des damit verbundenen Aufwands vertretbar sind, sollten sie auch durchgeführt werden.

Eine grundlegende Schwäche dieses Standards, die eine nicht zu unterschätzende Gefährlichkeit in sich birgt (dies gilt vor allem bei der Beurteilung von Grossrisiken), ist die Verwendung einer Produktformel, welche eine Vergleichbarkeit von Risiken nahelegt, die nicht wirklich gegeben ist (vgl. Kap. 2.4.4, sowie [GRI90]).

3.3   Checklisten

Checklisten decken nur einen geringen Teil des Entscheidungsprozesses ab. Es gibt Checklisten zur Risikoidentifikation, sowie Checklisten, die eine Zuordnung von Sicherheitsmassnahmen zu bestimmten Bedrohungen treffen. Sie geben jedoch weder Hinweise auf Bewertungsmethoden zur Risikoabschätzung noch auf Entscheidungskriterien zur Auswahl bestimmter Alternativen [vgl. ABE89, BAEo.J., BRE89, KEN77, WOO87, ZIM84].

In der Phase der Risikoanalyse, die einen Teilvorgang im Rahmen der Risikobewältigung ausmacht, können Checklisten zur Risikoidentifikation herangezogen werden. Ihr Nachteil liegt in der Allgemeingültigkeit und im raschen Wandel der Bedrohungen begründet. Letzteres gilt besonders für Bedrohungen im IT-Bereich.

Bei Verwendung von Checklisten besteht die Gefahr, dass der Anwender meint, durch die Realisierung einiger Massnahmen einen bestimmten Sicherheitsgrad erreicht zu haben, der nicht den Tatsachen entsprechen muss. Er befindet sich deshalb in der weitaus gefährlicheren Situation einer vermeintlichen Sicherheit[1], denn die Listen sind nicht immer vollständig, müssen aktualisiert werden[2] und sind in ihrer Granularität entweder sehr fein, dann aber anwendungsspezifisch oder aber allgemeingültig und daher so grob formuliert, dass sie den Benutzer letztlich wenig unterstützen.

---

[1] Die bewusste Inkaufnahme eines Risikos ist günstiger als der Zustand des Nicht-Gewahrseins einer Risikosituation.

[2] Die Aktualisierung gestaltet sich speziell im IT-Bereich schwierig, da die Entwicklung neuer Technologien besonders rasch abläuft, keine Erfahrungswerte vorliegen und statistische Methoden versagen müssen, da kein oder nicht ausreichendes Zahlenmaterial vorliegt.

3.4   Fallstudien

Fallstudien beschränken sich zumeist auf Risikoabschätzungen und bieten keine allgemein gültige Vorgehensweise zur Lösungsfindung [vgl. HIT86, JAB88, STO88]. Es fehlen auf andere Anwendungen übertragbare methodische Aussagen sowie Vorgehensweisen zur Anpassung der Sicherheitspolitik an unternehmerische Zielsetzungen. Der Nachteil bei Fallstudien sind die mitunter ungenau beschriebenen Randbedingungen. Allgemein gültige Aussagen sind oft nicht ableitbar. Da die erarbeiteten Schlussfolgerungen aus einer Fallstudie nicht ohne weiteres auf eine «ähnliche» Situation übertragen werden können, bieten Fallstudien zwar Anregungen bei der Erwägung verschiedener Sicherheitsmassnahmen, sie stellen jedoch keine Entscheidungshilfe bei der Auswahl von Sicherheitsmassnahmen dar.

3.5   Computer Aided Risk Analysis/Management

Im folgenden werden einige Softwarepakete zur Risikoanalyse bzw. zum Risk Management erwähnt oder näher besprochen. Es wird dabei zwischen zwei Typen von Systemen unterschieden. Einerseits gibt es quantitative Methoden (Kap. 3.5.1), bei denen typischerweise Schadenshäufigkeiten und bedrohte Werte in Geldeinheiten zum Ausdruck gebracht werden, um zu erwartende Verluste abzuschätzen. Andererseits gibt es qualitative Ansätze (Kap. 3.5.2), die meist mit Hilfe von Checklisten versuchen, Sicherheitslücken aufzudecken. Zwei Expertensysteme werden in Kap. 3.5.4 näher erörtert.

3.5.1   Quantitative Methoden

3.5.1.1   RiskCalc

RiskCalc ist ein Softwarepaket, das auf quantitativen Methoden beruht und in einer Hochschulumgebung entwickelt wurde. Es gibt einen Modus für den Systemadministrator, der es erlaubt, verschiedene Sicherheitsmodelle (in Form konkreter Fragen an den Endbenutzer bzw. mathematischer Formulierungen, um ein Risiko abzuschätzen) zu entwickeln. Ein anderer Modus ist für den Benutzer vorgesehen, der die vom Systemadministrator gestellten Fragen beantworten soll. Das System beinhaltet zwar eine automatische Sensitivitätsanalyse sowie eine Kosten/Nutzen-Berechnung; es werden jedoch keinerlei Hinweise gegeben, auf welche Art eine Risikoanalyse betrieben werden soll [GAR89, HOF88].

3.5.1.2   LRAM - The Livermore Risk Analysis Methodology

Die Livermore Risk Analysis Methodology (LRAM) wurde ursprünglich für den militärischen Bereich geschaffen und beinhaltet sowohl ein Modell zur Risikoanalyse, als auch ein Entscheidungsmodell. Das System unterscheidet zwischen vorbeugenden und «mildernden» Sicherheitsmassnahmen und beinhaltet eine ausführliche Kosten-Nutzen-Analyse [GUA87].

3.5.1.3   CompuDARE - Computer Disaster and Recovery Exercises

CompuDARE ist ein System, das verschiedene Bedrohungsszenarien simuliert, die Rechenzentren betreffen. Das Programm wurde in einer Hochschulumgebung entwickelt und gibt dem Analytiker die Möglichkeit, verschiedene Massnahmenkombinationen und ihre Wirkung zu betrachten. Durch Änderungen im Dialog können «What-If»-Szenarien konstruiert und die Resultate verglichen werden [WAH90].

Weitere quantitative Risk Management-Methoden sind Criti-Calc, Ist-Ramp und MELISA.

3.5.2   Qualitative Methoden

3.5.2.1   RANK-IT

Dieses Programm bedient sich der Delphi-Technik zur Risikoschätzung. Ein Team von drei bis sieben Experten erstellt eine Liste von Bedrohungen. Es werden alle möglichen Paare der zu untersuchenden Bedrohungen gebildet, und das Expertenteam stimmt über jedes Paar ab, welche der beiden Bedrohungen die grössere Gefahr für das Unternehmen darstellt - ohne Berücksichtigung weiterer Einflussfaktoren. Das Programm erstellt nach dieser Abstimmung eine Liste, die absteigend geordnet die relevanten Bedrohungen beinhaltet. Dabei ist unbedingt zu beachten, dass die Liste keine Kardinalordnung aufstellt, sondern nur eine ordinale Auflistung repräsentiert. Um eine Kardinalordnung als Resultat zu erhalten, müsste man eine quantitative Methode anwenden [GAR89, WAH90].

3.5.2.2   RiskPac

RiskPac ist ein Produkt aus dem Beratungsbereich und war ursprünglich zur Anwendung am Bankensektor vorgesehen. Mittlerweile wurde das System auch für andere Anwendungen erweitert (Produktionsbetrieb, Versicherung, öffentliche Verwaltung).

Das Programm unterstützt die Erstellung eines interaktiven Frage-Antwort-Systems und bietet vorgefertigte Fragenkataloge für verschiedene Themenkreise an: physische Sicherheit, Personal Computer, Telekommunikation,

Computer Systeme etc. Da vom Hersteller nur eine Demonstrationsdiskette und kein Manual erhältlich ist, kann die Qualität der Resultate nicht beurteilt werden [GAR89, WAH90].

Weitere Beispiele für qualitative Risikoschätzung sind Expert Auditor, CRAMM und Xsec.

3.5.3   MARION - Méthodologie d'Analyse des Risques Informatiques et d'Optimation par Niveau

MARION gehört zu den wenigen Ansätzen, die sowohl quantitative als auch qualitative Bewertungen durchführt[1]. Diese Methode zur Durchführung von Risikoanalysen und zur optimalen Planung von Sicherheitsmassnahmen für den Informatikbereich wurde 1985 von Jean-Marc Lamère erarbeitet [LAM85]. Das Produkt wird in den Varianten MARION-AP+, MARION-XP, MARION-PMS, MARION-MS, MARION-RSX, AROME+ und MARION-MICRO+ angeboten. Die Methode MARION besteht aus 6 Phasen:

- Risikoanalyse
- Bestimmung der Risikobereitschaft
- Feststellung des IST-Zustandes
- Bestimmung der Nebenbedingungen
- Wahl der einzusetzenden Mittel
- Entwurf eines strategischen Sicherheitskonzepts

Die Methode MARION verwendet einen Fragenkatalog, der je nach Version in einer «kurzen» oder «langen» Fassung zur Anwendung gelangt. Bei der Evaluation des Fragenkatalogs dient ein Punktesystem als Raster[2]. Die Fragen sind mitunter sehr allgemein formulieren, so dass es verwundert, wie die erfolgten Antworten bewertet werden[3]. Die graphische Umsetzung der Resultate geschieht mittels Kiviat-Diagrammen.

---

[1]   Ein weiteres Beispiel für quantitative und qualitative Bewertungen ist LAVA (Los Alamos Vulnerability/Risk Assessment). Dieses System ist nicht auf den IT-Bereich beschränkt.

[2]   Einen Teil der Bewertung macht z.B. «Overall Security» aus, die insgesamt 12 Punkteanteile hat. Diese 12 Punkte setzen sich aus zwei Punkten für «General Organization», vier Punkten für «General Controls» und sechs Punkten für «Security Procedures and Audit» zusammen.

[3]   So wird z.B. unter «General Computer Security/General Environment» die ebenfalls sehr generelle Frage gestellt: „Was sufficient attention paid to the safety of the building construction (water, electricity, fire resistance) when the computer centre was set up?"

Als Vorteile des Produktes werden die detaillierte, genaue und formalisierte Methode, der erzielbare Konsensus, die Möglichkeit der Risikoquantifizierung, die Verwendung automatisierter Werkzeuge, die grosse Erfahrung der am Entwurf der Methode beteiligten Experten, sowie die Risikoschätzung durch den Benutzer selbst hervorgehoben. Die Abwälzung der Risikoschätzung auf den Benutzer ist eine der Schwächen des Produkts MARION, keinesfalls jedoch ein Vorteil, wie dies glaubhaft zu machen versucht wird. Dem Benutzer müsste unbedingt Hilfestellung bei der Risikobewertung geleistet werden.

Angeblich finden aktualisierte und umfassende Statistiken, welche die französische Assekuranz unter der Leitung von APSAIRD[1] und CLUSIF[2] unterhält, Eingang in die Methode [vgl. SCH90]. Dem widerspricht jedoch die Kritik an einer Risikoschätzung durch Produktbildung aus Schadenswahrscheinlichkeit und -höhe, wie dies z.B. bei der Ermittlung des «Annual Loss Exposure» der Fall ist (vgl. Kap. 3.2 und Kap. 2.4.4). Der Schluss, dass deswegen statistisches Material nicht brauchbar wäre, wie dies in Konferenzdiskussionen zum Ausdruck gebracht wurde, ist jedoch sicher zu kühn und falsch [GRI90].

Für den Benutzer bedeutet die Verwendung einer Methode zur Selektion von Sicherheitsmassnahmen, deren Funktionalität nicht durchschaubar ist, wieder ein Risiko. Betrachtet man jedoch den Erhebungsbogen als eine Art Checkliste, dann können aus der Verwendung der Methode sicherlich sehr wertvolle Anregungen gezogen werden.

3.5.4   Expertensysteme

3.5.4.1   KEEPER - Knowledge Engeneering applied to the Evaluation of Potential Environmental Risks

Ein weiterer Ansatz, der hier kritisch betrachtet werden soll, ist eine wissensbasierte **quantitative Methode** zur Risikobewältigung in einer dynamischen Umwelt. Dieser Ansatz ist nicht auf IT-Anwendung beschränkt, sondern kann auf alle Bereiche, in denen Werte bedroht sind, angewandt werden.

Das Modell stützt sich auf ein Verfahren zur Schätzung von Bedrohungen [BON86]. Dabei wird zwischen zufälligen und absichtlichen Bedrohungen unterschieden. Die Risikoquantifizierung erfolgt über die Kosten, die dem Benutzer, Eigentümer bzw. Datenverarbeiter aus einem bestimmten

---

[1]   Assemblée Plénière des Sociétés d'Assurances contre l'Incendie et les Risques Divers
[2]   Club de la Sécurité Informatique Français

Schadensereignis erwachsen, sowie über einen Erwartungswert, der den möglichen jährlichen Verlust zum Ausdruck bringen soll (durchschnittliche Kosten eines Schadensereignisses). Dieser erste Ansatz konzentrierte sich vor allem auf eine Kategorisierung von exponierten Werten, Definitionen von Bedrohungsarten und der Festlegung einer möglichen Kostenstruktur in unterschiedlichen Schadensfällen.

Sicherheitsmassnahmen werden einzeln erwogen und nach verschiedenen Methoden bewertet [JON87a, JON87b]. MAPLESS (Mixed Paradigm APL-based Expert System Shell) ist eine Weiterentwicklung des obengenannten, ersten Bewertungsansatzes und stellt eine Kombination eines objektorientierten Ansatzes mit dem Entity-Relationship-Modell dar. In weiterer Folge wurde unter Verwendung von MAPLESS das Expertensystem KEEPER (Knowledge Engeneering applied to the Evaluation of Potential Environmental Risks) erstellt, das eine APL-Anwendung einer Wissensbasis[1] ist und Zustände der Ungewissheit berücksichtigt.

KEEPER ist eine sogenannte «Supershell» zur Risikoschätzung. Unter «Supershell» versteht man jene Teile der Wissensbasis und jene Strukturen, die in allen Anwendungen gleich sind (Gruppen von Entitäten, Gruppen von Regeln und die betreffenden Attribute und Assoziationen) [BON88, BON89a].

Das entwickelte Expertensystem zeigt sehr deutlich die ursprüngliche Idee, dem Anwender verschiedene Risikoschätzverfahren zur Auswahl zur stellen. Der Akzent liegt offensichtlich auf Identifikation und Bewertung von Risikosituationen, während Wechselwirkungen und Interdependenzen zwischen einzelnen Sicherheitsmassnahmen unberücksichtigt bleiben. Aus einer gegebenen Risikosituation heraus wird nach vom Benutzer zu definierenden Kriterien eine «optimale» Massnahme vorgeschlagen, die zu den bereits realisierten Massnahmen passt, sofern diese nach denselben Kriterien ausgewählt wurden [BON89b]. Eine Erweiterung der vorhandenen Unterlagen um ein praxisbezogenes Beispiel könnte sehr zum leichteren Verständnis und zur Nachvollziehbarkeit der Methode beitragen. Die Idee, eine Wissensbasis anzulegen und Risiken in ein dynamisches Modell abzubilden, ist sicherlich positiv zu bewerten. Auch die in Kap. 3.5.3 besprochene Methode MARION will auf «Wissen» aus Statistiken aufbauen und scheitert letztlich an den mangelnden Informationsquellen.

---

[1] Eine Wissensbasis ist eine Datenstruktur, die Wissen über einen Ausschnitt der Realität repräsentiert.

3.5.4.2   COSSAC - COmputer Systems Security Analyzer and Configurator

COSSAC/VES (COmputer Systems Security Analyzer and Configurator) ist
ein Expertensystem auf PC-Basis und stellt eine «intelligente Checkliste» dar,
die es ermöglicht, den Sicherheitsstatus in verschiedenen Bereichen (Software, Hardware, Kommunikation etc.) zu überprüfen.

Dem Programm liegt eine **qualitative Methode** zugrunde und basiert auf
einem Fragenkatalog von rund 400 Fragen. Das «Versatile Expert System» ist
eine in C verfasste Expertensystem-Shell, die das menügesteuerte Programm
koordiniert, indem aufgrund bereits erfolgter Antworten die nächste Frage für
den Benutzer ausgewählt und ihm vorgelegt wird. Abhängig von der Antwort
des Benutzers kann das Programm drei verschiedene Aktionen setzen:

a)   Es terminiert, wenn aufgrund der gegebenen Antworten erkennbar ist,
     dass das Sicherheitsniveau des zu untersuchenden Systems hoch genug
     ist und weitere Fragen überflüssig macht.

b)   Es legt dem Benutzer eine weitere Frage vor.

c)   Es gibt an den Benutzer als Ergebnis eine Liste von Massnahmen aus,
     die getroffen werden müssen, um das erforderliche Sicherheitsniveau zu
     erreichen.

Jede Frage ist durch einen sogenannten «Frame» definiert, der eine eindeutige
Identifikation der Frage beinhaltet, sowie einen Namen, die Frage selbst, ein
«Help-Statement», die möglichen Antworten und ein «Why-Statement». Dem
Benutzer steht eine Hilfe-Funktion zur Verfügung, die eine gestellte Frage
näher erörtert. Der Benutzer kann aber auch mit «Why» die logische Verbindung zu von ihm bereits beantworteten Fragen in Erfahrung bringen und so
darüber hinaus einen Lerneffekt erzielen.

Das Programm besteht aus vier Teilen: «general», «sensitive», «financial» und
«classified». Ausgehend vom Programmteil «general», in dem z.B. die Sensitivität
der Informationen, die maximal tolerierbare Ausfallszeit und das Ausmass der
Bedrohung durch Betrug festgestellt wird, entscheidet das System, welcher
der drei anderen Programmteile für weitere Fragen verwendet wird. Der
Programmteil «sensitive» wird für Systeme herangezogen, die sensitive, jedoch
unklassifizierte Daten bearbeiten, während der Programmteil «financial» speziell
auf Systeme aus dem Finanzsektor eingeht. Er berücksichtigt auch Sicherheitsprobleme, die sich beim Electronic Funds Transfer ergeben können. Der
Teil «classified» ist für Systeme vorgesehen, die klassifizierte Daten gemäss dem
«Orange Book» auf einem Level von B1 bis B3 verarbeiten [GAR89, WAH90].

3.6   Zusammenfassung

Im dritten Kapitel wurden einige wichtige Richtlinien und Standards erörtert, die der Risikomanager als Entscheidungshilfe heranziehen kann. Ferner wurden computergestützte Werkzeuge, die den Risikomanager bei der Erfüllung seiner Aufgaben unterstützen, beschrieben und kritisch diskutiert.

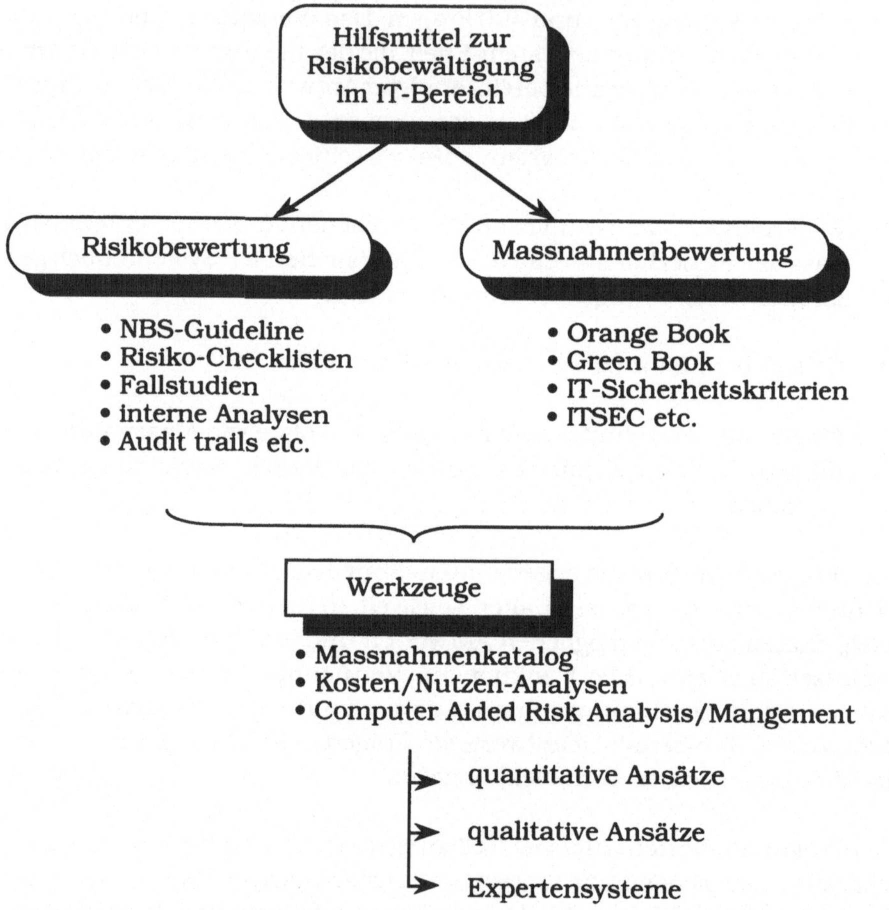

Abb. 3-2:   Schematische Darstellung bestehender Konzepte und Methoden zur Risikobewältigung im IT-Bereich

Abb. 3-2 gibt einen Überblick über Hilfsmittel zur Risikobewältigung im IT-Bereich, die im Rahmen des Risk Managements angewendet werden können. Risikobewältigung bedarf einerseits der Beurteilung und der Bewertung von Risikosituationen und andererseits der Bewertung von Sicherheitsmassnahmen und Produkten. Da nicht alle Sicherheitsmassnahmen durch offizielle

Stellen evaluiert werden, bzw. der Evaluationsvorgang mitunter sehr zeitaufwendig ist, stehen dem Anwender nicht immer oder nicht zeitgerecht Informationen zur Verfügung, die für eine Entscheidung zur Realisierung einer Sicherheitsmassnahme wichtig sind. Die Bewertung einer Massnahme muss dann über den «Umweg» eines Vergleichs stattfinden, indem die momentane Risikolage jener hypothetischen Risikolage gegenübergestellt wird, die voraussichtlich nach Realisierung einer Massnahme entstehen wird.

In beiden Fällen bedarf es Werkzeuge und Techniken, welche die Vorgehensweise zur Risikoreduktion formalisieren, konkrete Zuordnungen von Gefährdungen und Massnahmen treffen, Effizienzkriterien berücksichtigen und so dem Anwender unter Heranziehung zusätzlicher Entscheidungskriterien zufriedenstellende Lösungen bieten.

	Risk Calc	LRAM	Compu DARE	Rank-it	Risc Pac	MAR ION	Keeper	Cossac
Umgebung	Univ.	Milit.	Univ.	Berat.	Berat.	Berat.	Berat.	Berat.
Typ	quant.	quant.	quant.	qualit.	qualit.	beides	quant.	qualit.
Grösse	klein	mittel	klein	klein	mittel	mittel	mittel	mittel
Kosten/Nutzen	ja	ja	nein	nein	nein	ja	ja	nein
Automatation	nieder	nieder	hoch	mittel	hoch	nieder	hoch	hoch

Tab. 3-1: Übersicht über einige computergestützte Methoden der Risikobewältigung [nach WAH90]

Tab. 3-1 gibt einen knappen Überblick über die in Kap. 3.5 beispielhaft besprochenen Verfahren aus dem Bereich «Computer Aided Risk Analysis/ Management». Die Produkte und die Methoden werden nach einigen Gesichtspunkten beurteilt. Zu diesen Kriterien zählt die Umgebung, in der das Produkt entwickelt wurde (Universitätsumgebung, Militär, Beratung), sowie der Typ, welcher die Art der Bewertung (quantitativ, qualitativ) bezeichnet. Ferner werden die Systeme nach ihrer Grösse bewertet (klein, mittel, gross), und sie werden hinsichtlich der Berücksichtigung eines Kosten/Nutzenkalküls untersucht. Produkte, die nur kalkulatorische Aufgaben übernehmen, haben einen niedrigen Automationsgrad. Im Gegensatz dazu haben jene Methoden einen hohen Automationsgrad, die dem Entscheidungsträger eine aufwendige Informationsbeschaffung ersparen (z.B. Expertensysteme).

4 Portfoliomethode zur Risikobewältigung

Das folgende Kapitel hat die Methode zur Risikobewältigung nach der Grundidee des Portfolioansatzes von Markowitz zum Inhalt. Im Kap. 2.10 wurde die Aufgabenverteilung in der Aufbauorgaisation einer Unternehmung im Zusammenhang mit Risikobewältigung erörtert und der Frage «Wer macht was?" nachgegangen. Daran anknüpfend befasst sich dieses Kapitel mit den ablauforganisatorischen Interdependenzen. Es wird die Frage nach dem «Wie?" der einzelnen Tätigkeiten aufgeworfen, die beim Risk Management im engeren Sinne anfallen. Besonderes Augenmerk wird auf die Vorgehensweise zur Ermittlung effizienter Portfolios gelegt. Abb. 4-1 gibt einen Überblick über den Aufbau des vierten Kapitels.

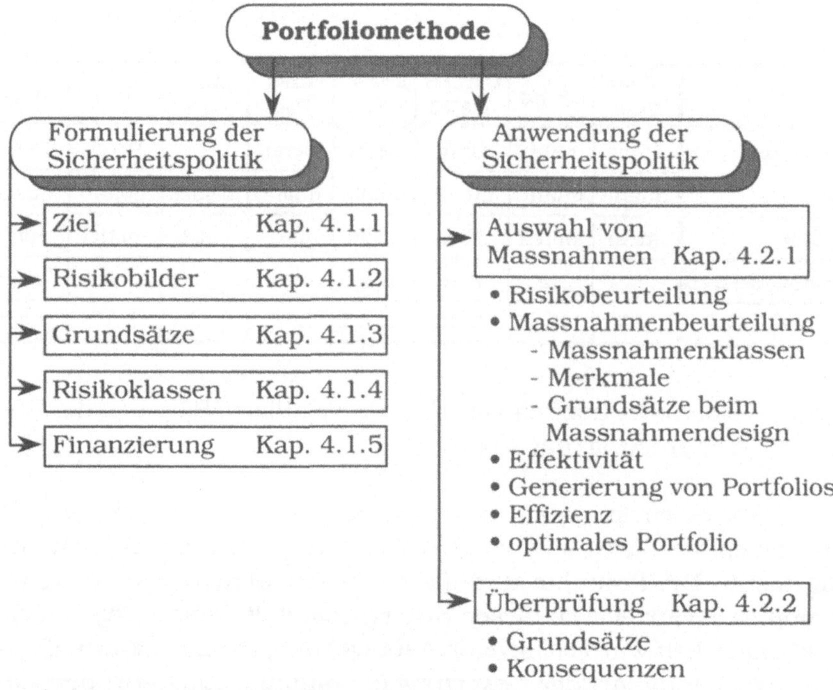

Abb. 4-1:   Aufbau des vierten Kapitels

4.1   Formulierung der Sicherheitspolitik

Das Topmanagement muss als höchste Weisungsinstanz in einer Vielzahl unternehmerischer Bereiche verbindliche und objektivierbare Entscheidungen treffen. Das gilt auch für den Sicherheitsbereich, wo im Rahmen einer Sicherheitspolitik langfristig gültige Richtwerte vorgegeben werden müssen, die zur Entscheidungsfindung und -legitimation auf untergeordneten Hierarchiestufen herangezogen werden können. Die Sicherheitspolitik muss auf die übrigen Unternehmensziele abgestimmt werden[1]. Parameter für den Entscheidungsprozess in sicherheitsorganisatorischem Zusammenhang werden in der Sicherheitspolitik verankert. Um einerseits langfristige Gültigkeit dieser Parameter zu gewährleisten und andererseits ihre Herleitung zu begründen, soll eher die Methode zur Errechnung dieser Werte anstelle fester Zahlenwerte in die Sicherheitspolitik Eingang finden.

4.1.1   Ziel einer Sicherheitspolitik

Das Ziel einer Sicherheitspolitik ist die Formulierung einer bestimmten Risikohaltung des Unternehmens, um persönliche, subjektive Risikohaltungen der jeweiligen Entscheidungsträger aus dem Entscheidungsprozess auszuklammern oder zumindest zu dämpfen (vgl. Kap. 2.1.2, Kap. 2.1.4 und Exkurs A).

4.1.2   Erstellung eines Risikobildes

Um das Topmanagement für Sicherheitsfragen zu sensibilisieren[2] und die Voraussetzungen für die Formulierung einer geeigneten Sicherheitspolitik zu schaffen, wäre eine detaillierte Risikoanalyse des gesamten Unternehmens notwendig. Diese Analyse, seriös betrieben, erfordert hohen Aufwand. Bei streng ökonomischer Vorgehensweise ist der Aufwand jedoch nur dann gerechtfertigt, wenn die Kosten der Analyse niedriger sind als die daraus ableitbaren Nutzeneffekte. Dies ist jedoch a priori nicht ohne weiteres feststellbar. Daher ist eine mehrstufige Vorgehensweise notwendig.

Zur Rechtfertigung des Aufwandes einer unternehmensweiten Risikoanalyse bedarf es einer groben Darstellung der gegenwärtigen Risikolage des Unternehmens. Die vordergründigen, teilweise widersprüchlichen Anforderungen an eine Methode zur umfassenden Darstellung eines aktuellen Gefahrenbildes sind Übersichtlichkeit[3] und Aussagekraft[4].

---

[1] So wäre die Vorgabe einer restriktiven Sicherheitspolitik in einer «offenen» Anwendungsumgebung nicht sinnvoll, ebenso im umgekehrten Fall, wenn z.B. in einer industriellen Forschungs- und Entwicklungsumgebung nur ein niedriges Sicherheitsniveau realisiert wäre.

[2] vgl. auch Kap. 1.1.2 und Kap. 1.2

[3] Diese Forderung führt zu Simplifizierungen zum Zwecke der Komplexitätsreduktion.

[4] Diese Forderung bedeutet, dass keine Informationsverluste und Verzerrungen auftreten dürfen.

Abb. 4-2 zeigt den möglichen Aufbau zur Darstellung eines Risikobildes. Zuerst werden die betrieblichen Vermögenswerte in den verschiedenen Unternehmensbereichen festgestellt (Gebäude, Fuhrpark, Daten, Maschinen, Personen etc.). Dann werden die Bedrohungen aufgelistet, die diese Vermögenswerte gefährden (Höhere Gewalt, technisches und menschliches Versagen). In einem derartigem Tableau können verschiedene Risikokennzahlen eingetragen werden (Schadenssumme, Schadenswahrscheinlichkeit bzw. Häufigkeit, Varianz etc.).

BEREICH / BEDROHUNG		Gebäude			Informationen			
		Lager-halle A	....	Rechen-zentrum	Pro-gramme	....	Kunden-datei	
Höhere Gewalt	Naturkatastrophe							
	....							
	Blitzschlag							
techn. Versagen	Maschinenbruch							
	....							
	Programmfehler							
menschl. Versagen	Bedienungsfehler							
	....							
	Sabotage							

Abb. 4-2:   Tableau zur Darstellung eines Risikobilds

Aus der Darstellung ist erkennbar, in welchen Bereichen Werte wodurch bedroht sind, wo z.B. das Bestehen der Unternehmung in Frage gestellt ist, wo hohe Schadenssummen entstehen können und in welcher Häufigkeit Schäden zu erwarten sind.

Um die Menge der Einträge zu begrenzen, ohne dabei auf notwendige Vollständigkeit zu verzichten, kann ein **funktionaler Ansatz** gewählt werden. Dabei werden gemäss strukturierter Analyseverfahren z.B. aus dem Bereich des Software-Engeneerings [vgl. PRE89] zuerst Grundfunktionen eines grösseren Bereiches identifiziert und durch schrittweise Verfeinerung in Teilfunktionen zerlegt. Um den Aufwand zur Erlangung eines ersten Überblicks über die aktuelle Risikolage eines Unternehmens zu begrenzen, wäre denkbar, dass diese funktionale Zerlegung nur bis zu einer bestimmten (vorgegebenen) Tiefe vorgenommen wird.

Ausgehend von den Funktionen werden die «Unternehmenswerte» ermittelt, die notwendig sind, um diese Funktionen erfüllen zu können (z.B. bestimmte

Maschinen, Fachkräfte, Werkstoffe etc.). Diese Werte bilden die Einträge in den Spalten des in Abb. 4-2 gezeigten Risikobildes. Die Menge der Zeileneinträge (Bedrohungen) kann begrenzt werden, indem nun ausgehend von den ermittelten «Unternehmenswerten» nur jene Bedrohungen betrachtet werden, die auf die ermittelten Werte zutreffen.

Exkurs C: Funktionaler Ansatz zur Risikoidentifikation anhand eines Beispiels

Ein Gebäudereinigungsunternehmen kann in die Funktionsbereiche «Reinigen» und «Verwalten» unterteilt werden. Aus «Verwalten» können funktionale Teilbereiche abgeleitet werden, wie z.B. «Kunden betreuen», «Personal verwalten», «Finanzbuchhaltung führen» etc. Zur Erfüllung der Funktion «Kunden betreuen» sind einerseits Fach- und Hilfskräfte nötig, andererseits eine Kundendatei, Kommunikationseinrichtungen (Telefon mit/ohne Anrufbeantworter, Telefax, Telex etc.) und Büroräumlichkeiten. Der linke Teil der Abb. 4-3 zeigt die Bedrohungen, denen die zur Erfüllung der Funktion «Kunden betreuen" notwendigen Werte ausgesetzt sind.

Ausgehend von dem Beispiel in Abb. 4-3 kann unter Verwendung eines Tableaus (Abb. 4-2) ein Risikobild skizziert werden (Abb. 4-4). Obwohl die Einträge im Tableau auf das Produkt aus geschätzter Schadenshöhe und -wahrscheinlichkeit beschränkt bleiben und auf eine detaillierte Darstellung der einzelnen Risiken durch mehrere Kennzahlen (Schadenssumme und Schadenswahrscheinlichkeit) verzichtet wird, gibt die Darstellung einige Hinweise. Etliche Gefährdungen sind dem Bedrohungsbereich «Höhere Gewalt» zuzuordnen (dicht besetzte Matrix im oberen Drittel). Da bestehende Sicherheitsmassnahmen bei der Erstellung des Risikobildes berücksichtigt wurden und für den Bedrohungsbereich «Höhere Gewalt» die Form der Risikoüberwälzung durch Abschluss von Versicherungen typisch ist, liegt der Schluss nahe, dass Unternehmenswerte un- oder unterversichert, bzw. nicht ausreichend geschützt (Kundendatei, Büros) sind.

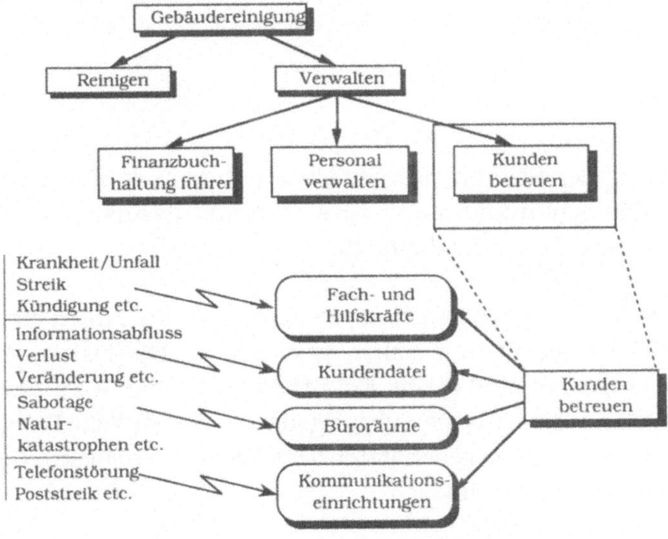

Abb. 4-3:   Funktionaler Ansatz zur Risikoidentifikation (Beispiel)

KUNDENBETREUUNG BEREICH		Personal		Infos	Ge- bäude	Komm.ein- richtungen	
BEDROHUNG		Fach- kräfte	Hilfs- kräfte	Kunden- datei	Büros	Telefon	Daten- leitungen
Höhere Gewalt	Naturkatastrophe	2'	1'	85'	35'	3'	12'
	Brand	4'	9'	40'	1'	3'	2'
	Krankh./Unfall etc.	3'	1'	-	-	-	-
techn. Versagen	Telefonstörung	-	-	14'	-	2'	-
	Stromausfall	-	-	34'	-	1'	-
	Info.abfluss etc.	-	-	9'	-	-	-
menschl. Versagen	Kündigung	2'	0,5'	-	-	-	-
	Veränderung	-	-	11'	-	4'	2'
	Sabotage etc.	-	-	19'	7'	3'	7'

Abb. 4-4:   Ausschnitt aus einem Risikobild (Beispiel)

Ferner ist erkennbar, dass die Kundendatei für die Unternehmung einen hohen Wert repräsentiert, der durch Sicherheitsmassnahmen unbedingt zu schützen ist (Einträge in fast allen Zeilen der Rubrik «Infos»). Allein aus diesem Tableau ist es möglich, zwei Schwerpunkte zu setzen: detaillierte Risikoanalyse bezogen auf die Kundendatei, sowie Revision der Sicherheitsmassnahmen, insbesondere der Versicherungsabschlüsse gegen Höhere Gewalt.

Der Vorteil eines funktionalen Ansatzes zur groben Risikoschätzung ist der reduzierte Aufwand durch eine Begrenzung der Informationsmenge und somit Begrenzung der Anzahl der notwendigen Risikoschätzungen. Allerdings geht dieser Vorteil eventuell zulasten der Exaktheit (vgl. Kap. 4.2.1.1).

Ende Exkurs C

Die Darstellung der Risikolage eines Unternehmens in Form eines Risikobildes ist als «Momentaufnahme" zu verstehen und als Anstoss zur Festlegung einer Sicherheitspolitik sehr dienlich.

Es muss jedoch unbedingt beachtet werden, dass die Zahlen eine Genauigkeit vortäuschen, die nicht wirklich gegeben ist. Die Daten, die in diese Darstellung eingehen, sind **grobe Schätzungen**, daher kann das Ergebnis keinesfalls präziser sein, als die Ausgangsdaten. Die explizite Darstellung der Schadenssumme und der geschätzten Häufigkeit ermöglicht eine Differenzierung des Risikoverständnisses.

Aus einem derartigen Risikobild für die Unternehmensführung erkennbar, in welchen Bereichen Schwerpunkte zu setzen und eventuell besondere Nutzeneffekte durch Sicherheitsmassnahmen zu erzielen sind. Es ist jedoch nötig, in den auf diese Weise identifizierten Risikobereichen gezielte Risikoanalysen anzustellen, bevor Massnahmen realisiert werden.

4.1.3 Allgemeine Grundsätze einer Sicherheitspolitik

Um die Entscheidungsprozesse der Organisationsmitglieder entsprechend der unternehmerischen Risikohaltung zu koordinieren, müssen in der Sicherheitspolitik Entscheidungskriterien (Kostenminimierung, Nutzenmaximierung) definiert und Prioritäten gesetzt werden. Die Vorgabe eines einzelnen Entscheidungskriteriums in der Sicherheitspolitik zur Auswahl günstiger Sicherheitsmassnahmen ist nicht sinnvoll. Dafür gibt es zwei Gründe:

1. Kosten und Nutzen sind als Optimierungskriterien nicht unabhängig voneinander. Kostenminimierung allein, bzw. Nutzenmaximierung allein ergeben keine sinnvolle Entscheidungsgrundlage[1].

2. Die Risikoabschätzung ist nur mit unterschiedlicher Präzision, abhängig von der Häufigkeit der Schadensereignisse, möglich.

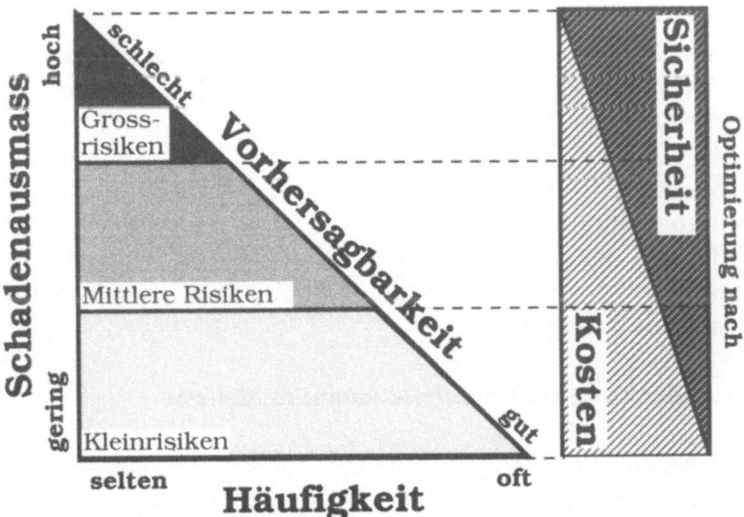

Abb. 4-5: Optimierungskriterien als Gegenstand einer Sicherheitspolitik in Abhängigkeit von der Vorhersagbarkeit der Schadensereignisse (aus [NIQ87, p. 72])

---

[1] Auch zum Schutz sehr hoher Werte, wie z.B. menschliches Leben, können nicht ausschliesslich nutzenmaximierende Massnahmen gesetzt werden, sondern es müssen budgetäre Obergrenzen beachtet werden.

Abb. 4-5 macht diese Zusammenhänge deutlich: auf der linken Seite ist die Abhängigkeit der Güte der Vorhersagbarkeit von der Häufigkeit der Schadensereignisse und der Schadenshöhe ersichtlich (vgl. auch Abb. 2-5). Der rechte Teil der Abbildung zeigt die beiden Optimierungskriterien «Kosten» und «Nutzen». Der Nutzen wird in der Abbildung bereits präzisiert und als «Sicherheit» bezeichnet.

Zur Bewältigung von Kleinschäden, die häufig passieren und gut prognostizierbar sind, kann die Kostenminimierung primäres Entscheidungskriterium sein. Schadensereignisse, die grosse Schäden verursachen, treten hingegen seltener auf und können daher nur unpräzise vorhergesagt werden. Für diese Fälle muss das Kriterium der Nutzenmaximierung im Vordergrund stehen [RUS83]. Wäre bei existenzgefährdenden Risiken der Erwartungswert ebenso exakt bestimmbar wie bei Kleinrisiken, könnten in diesem Bereich weniger Versicherungen, sondern vermehrt kostenminimierende Massnahmen realisiert werden [NIQ87, p. 72].

Die gezeigten Zusammenhänge legen eine getrennte Vorgabe der Entscheidungskriterien bei der Auswahl von Sicherheitsmassnahmen für jede der Risikoklassen nahe.

Aus den gezeigten Interdepenzen können **allgemeine Grundsätze einer Sicherheitspolitik** abgeleitet werden, die eine Erfassung des gesamten Risikospektrums gewährleisten:

1. Abdeckung existenzgefährdender Risiken
2. Erfüllung behördlicher Auflagen
3. tolerierbare Risiken selbst tragen
4. Kopplung verbleibender Risikobewältigung an die unternehmerische Investitionsstrategie

4.1.3.1 Abdeckung existenzgefährdender Risiken

Für die Abdeckung existenzgefährdender Risiken müssen Richtwerte vorgegeben werden, die einen budgetären Rahmen abgrenzen, innerhalb dessen nutzenmaximierende Massnahmen gesetzt werden[1]. Mögliche Schäden, die über einer von der Unternehmensleitung festgelegten Belastbarkeitsgrenze liegen, müssen (meist durch Versicherungsschutz - sofern es sich um ein versicherbares Risiko handelt) abgedeckt werden. Voraussetzung einer tatsächlichen Risikominderung im Sinne einer Risikoüberwälzung ist der

---

[1] Denkbar wäre z.B. die Vorgabe eines Wertes in Abhängigkeit vom Kapitalwert der Unternehmung.

lückenlose Versicherungsschutz gegen Grossrisiken, sowie **ausreichende Deckungssummen** [HOF85]. Die Ermittlung der Deckungssummen kann einerseits durch Annahme wahrscheinlicher Höchstschäden «gedanklich konstruiert» werden, oder aber aufgrund von Rückschlüssen auf Schadensfälle aus der Branche errechnet werden. Die Versicherung von Grossrisiken reicht in der Regel jedoch nicht aus, es muss begleitend **Risikokontrolle** betrieben werden[1].

4.1.3.2 Erfüllung behördlicher Auflagen

Dem Unternehmen sind durch verschiedene Rechtsverordnungen, Gesetze und Erlässe von staatlichen Behörden, mitunter aber auch von Abnehmern oder Lieferanten, Auflagen vorgegeben, die erfüllt werden müssen. Staatliche Behörden setzen ihre Forderungen durch Strafen oder Bussen[2], Abnehmer oder Lieferanten durch Reduktion oder Einstellung der Geschäftsbeziehungen durch. Bei der Erfüllung dieser von Dritten vorgegebenen Forderungen werden mitunter bereits Bedingungsrisiken abgedeckt. Diese Tatsache muss für das weitere Vorgehen bei der Risikobewältigung berücksichtigt werden, um ungewollte Redundanzen zu vermeiden. Die Erfüllung behördlicher Auflagen erfolgt normalerweise unter kostenminimierenden Zielsetzungen.

4.1.3.3 Tolerierbare Risiken selbst tragen

Tolerierbare Risiken beinhalten Kleinrisiken. Das sind jene Risiken, deren maximale Schadensausprägung keine merkliche Beeinträchtigung bei der Erreichung der unternehmerischen Ziele bedeuten[3]. Da Kleinrisiken meist aufgrund der Schadenshäufigkeit sehr präzise geschätzt werden können, ist die Eigenfinanzierung in Betracht zu ziehen. Kleinschäden[4] sind im Versi-

---

[1] So wird für einen Zulieferer von Maschinenteilen eine Produkthaftpflichtversicherung im allgemeinen nicht ausreichen, denn bei häufigen Qualitätsmängeln wird der Zulieferer Marktanteile verlieren und wahrscheinlich aus dem Markt gedrängt werden. Eine leistungsfähige Qualitätskontrolle (d.h. Risikokontrolle) wird als zusätzliche Massnahme realisiert werden.

[2] Strafrecht, Zivilrecht, Steuerrecht

[3] Seitens der Assekuranz sind bei Kleinrisiken ca. 70% der Prämie für Schadenskosten und Schadensreserven vorgesehen. Bei längerfristigen Überschreitungen dieser Kalkulation wird der Versicherer auf einer Prämienerhöhung bestehen [vgl. HOF85, p. 160].

[4] Im Unterschied zum Klein**risiko,** in dessen Berechnung Schadenswahrscheinlichkeit und Schadenshöhe einfliesst, findet beim Klein**schaden** nur die Schadenshöhe Berücksichtigung. Ein Kleinschaden kann die konkrete Ausprägung eines Mittel- oder Grossrisikos sein. Zum Beispiel ist Brandgefährdung ein Grossrisiko; wenn jedoch der Brand sehr früh entdeckt wird und der Schaden z.B. nur aus einem zerstörten Papierkorb und einem angesengten Regal besteht, spricht man von einem Kleinschaden.

cherungsschutz der Mittel- und Grossrisiken enthalten, werden jedoch in der Regel durch Vereinbarung als Selbstbehalt ausgenommen. Sollte die Prämiensenkung grösser sein, als die zu erwartenden Schadens- und Verwaltungskosten, die im Zuge von Ansprüchen anfallen, ist eine Versicherung mit Selbstbehalt vorzuziehen. Zur Finanzierung von Kleinrisiken und -schäden sind Reserven zu schaffen. Richtwerte zur Bestimmung eines Kleinrisikos müssen in der Sicherheitspolitik bestimmt werden.

4.1.3.4   Kopplung verbleibender Risikobewältigung an die unternehmerische Investitionsstrategie

Nach Abdeckung der genannten Risiken verbleibt eine Risikoklasse, die entsprechend der unternehmensweit gültigen Investitionspolitik bewältigt werden muss. Der vierte Grundsatz und seine Anwendung ist zentrales Thema der weiteren Ausführungen im Kap. 4.2.

4.1.4   Risikoklassifikation

Die unter 4.1.3. beschriebenen Grundsätze bedeuten unterschiedliche Vorgehensweisen bei verschiedenen Risiken und verlangen nach einer Klassifikation der Risiken (Abb. 4-6).

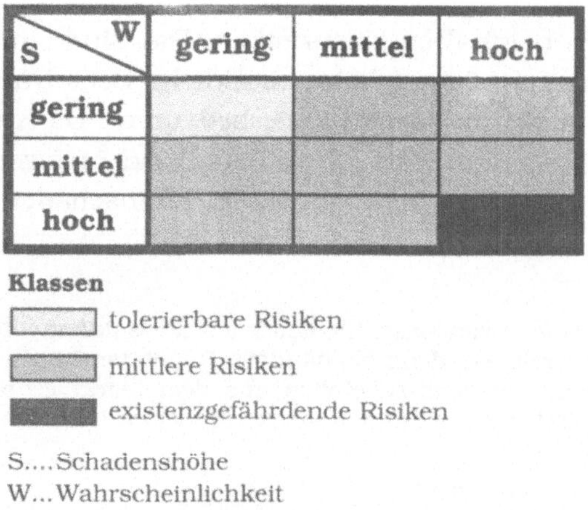

S＼W	gering	mittel	hoch
gering			
mittel			
hoch			

Klassen

tolerierbare Risiken

mittlere Risiken

existenzgefährdende Risiken

S.... Schadenshöhe
W... Wahrscheinlichkeit

Abb. 4-6:   Bildung von Risikoklassen

Die Unterteilung in tolerierbare Risiken, mittlere Risiken und existenzgefährdende Risiken fusst auf dem geschätzten Schadensumfang: bei existenzgefährdenden Risiken kann der Schadenseintritt das Bestehen des Unternehmens bedrohen. Mittlere Risiken zwingen die Unternehmung zur

Änderung ihrer Ziele und als Folge davon zur Änderung der Mittelverwendung. Tolerierbare Risiken stellen keine merkliche Beeinträchtigung unternehmerischer Abläufe dar. Eine unternehmensweit einheitliche, gültige Risikoklassifikation verlangt die Vorgabe von Richtwerten und Kriterien zur Klassenbildung im Rahmen der Sicherheitspolitik.

Diese Richtwerte zur Zuordnung der Risiken in eine der genannten Klassen sind der Anwendung, der Unternehmensentwicklung und den im Zeitablauf geänderten äusseren Voraussetzungen anzupassen. Notwendige Änderungen bereits festgelegter Richtwerte können begründet sein durch:

- Lernprozesse (anfangs vage Schätzungen können nach einiger Zeit durch Erfahrungswerte präzisiert werden)

- Wertewandel (z.B. zwingt gesteigertes Umweltbewusstsein beim Konsumenten die Unternehmung zu verstärkten Vorkehrungen gegen Umweltschäden, um ihr Image zu pflegen und aufrechtzuerhalten)

- Änderungen der gesetzlichen Rahmenbedingungen (z.B. Einführung der Produkthaftung)

- unternehmensinterne Entwicklungen (z.B. Änderungen der Produktpalette, Standortwechsel, Expansion)

Der Notwendigkeit, die Richtwerte hinsichtlich einer Aktualisierung zu überprüfen, stehen die zum Teil erheblichen Kosten einer ständigen Überprüfung der Risikosituation gegenüber (vgl. Kap. 4.1.2). Daher ist die Bestimmung eines «Auslösers» für eine neuerliche Risikoabschätzung in Form einfach beobachtbarer interner oder externer Indikatoren sinnvoll, die bei Abweichungen über eine bestimmte Bandbreite im Falle numerischer Werte oder bei Änderungen äusserer Bedingungen eine aufwendige Neubewertung der Risikosituation rechtfertigen. So könnte z.B. das Ausmass finanzieller Reserven (kurzfristige Forderungen, Bargeld, Rücklagen etc.) als Indikator für die Definition existenzbedrohender Risiken dienen.

4.1.5   Finanzierung von Sicherheitsmassnahmen

Die Frage nach der optimalen Höhe der Investitionen, die im Sicherheitsbereich einer Unternehmung getätigt werden sollen, kann nach verschiedenen Gesichtspunkten unterschiedlich beantwortet werden. Manche gehen davon aus, dass die Barrieren für einen Eindringling so hoch sein sollen, dass seine Kosten um diese Barrieren zu überwinden, höher werden als der Nutzen, den er aus dieser Aktion erwarten darf [vgl. WOO90, p. 14].

Diese Sichtweise ist in zweifacher Hinsicht problematisch. Einerseits wird implizit angenommen, dass der Eindringling rational handelt[1] und seine Nutzenfunktion bekannt ist. In vielen Fällen handeln Eindringlinge jedoch irrational[2], und der Nutzenerwartungswert des Angreifers ist meistens nicht bekannt.

Der zweite Kritikpunkt zur obengenannten Sichtweise betrifft ausschliesslich den Schutz von Informationen. Der «rechtmässige Eigentümer» der Daten kennt jene Informationen nicht, über die der Angreifer bereits verfügt. Seine Informationen können durch die Verknüpfung mit anderen, «unzugänglichen» Daten stark aufgewertet werden. Die Unternehmung kann jedoch nicht eruieren, welche Wertsteigerung seiner eigenen Daten der Angreifer aus der Zusammenführung mit unrechtmässig erworbenen Daten erwartet.

Der Einbezug der Rentabilitätsüberlegungen eines potentiellen Angreifers führen daher nicht zum Ziel. Vielmehr ist vom Standpunkt der Unternehmung jener Betrag als Obergrenze bei der Finanzierung von Sicherheitsmassnahmen zu verwenden, der aufzuwenden ist, um einen ursprünglichen Zustand wiederherzustellen, und die in der Zwischenzeit durch entgangene Gewinne entstandenen Nachteile wettzumachen.

4.2   Anwendung der Sicherheitspolitik

Der auf hierarchisch tiefer gelegenen Unternehmensebenen (Fachabteilungen oder Stäbe) ablaufende Entscheidungsprozess zur Auswahl adäquater Sicherheitsmassnahmen ist in die Teilprozesse

- Risikobeurteilung,

- Bestimmung effektiver Sicherheitsmassnahmen,

- Generierung von Portfolios und

- Berechnung der Effizienz von Portfolios

gegliedert und erfährt Einflüsse und Impulse unterschiedlichster Art, die Abb. 4-7 zeigt.

---

[1]   im Sinne eines «resourceful evaluating maximizing man» (REMM)

[2]   Das gilt besonders für politische oder religiöse Fanatiker, Geistesgestörte und Personen, die aus Rache handeln.

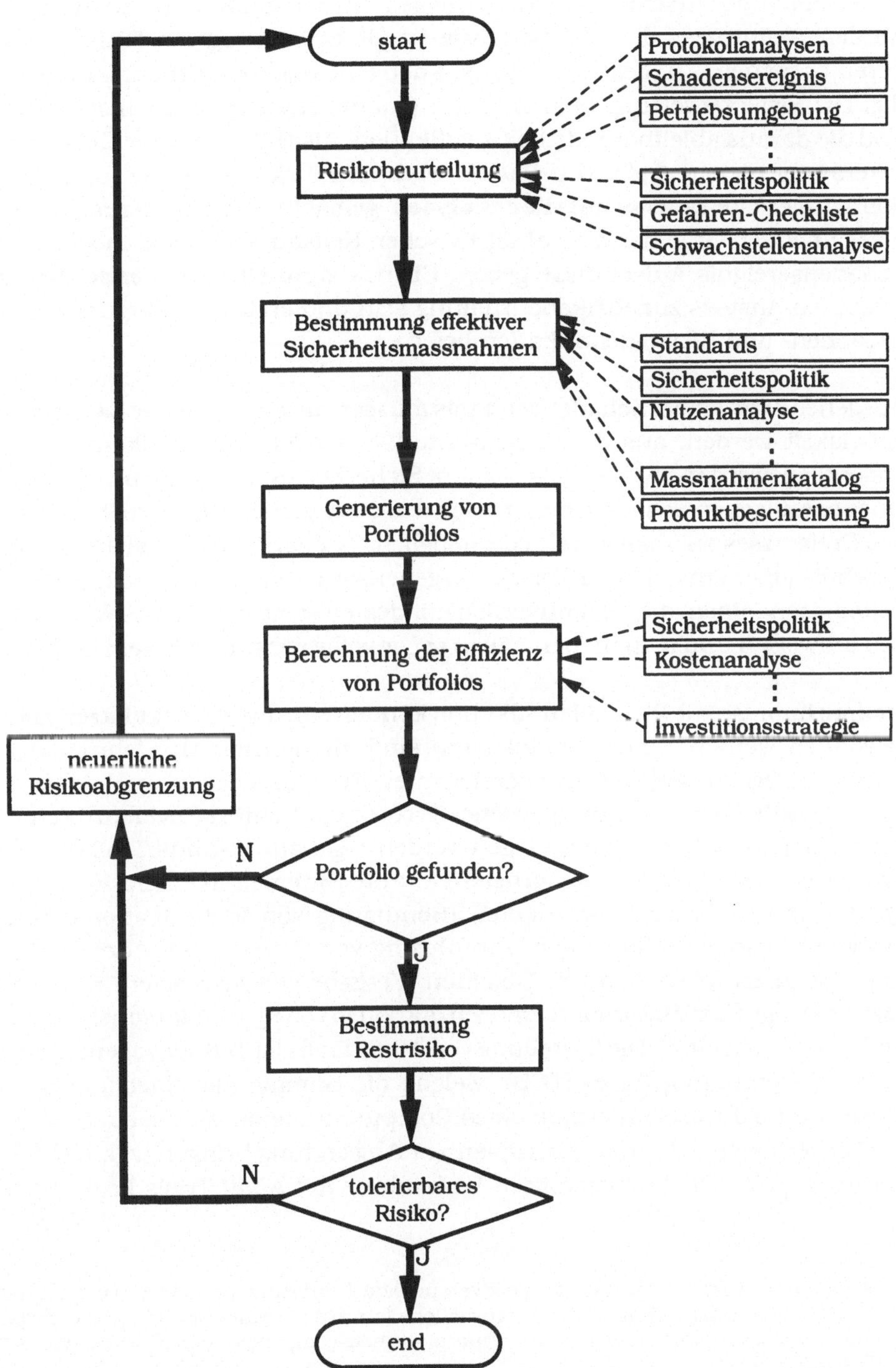

Abb. 4-7:   Schritte zur Entscheidungsfindung im Sicherheitsbereich

In der Phase der Risikobeurteilung müssen Risiken analysiert und bewertet werden. Teilprozess der Risikoanalyse ist die Erkennung von Risiken und deren Ursachen. Zu diesem Zweck ist auch eine Risikoabgrenzung notwendig. Die Risikobewertung beinhaltet die Quantifizierung der Risikofaktoren und die daraus ableitbare Risikoklassifikation. Als Hilfsmittel zur Gefahrenerkennung dienen **Gefahren-Checklisten**, zur Erkennung der Ursachen können gezielte **Schwachstellenanalysen** gemacht werden, deren Ergebnisse über den Grad der Kausalität zwischen Risikoursache und möglichem Schadensereignis Aufschlüsse geben. Ebenso kann ein **Schadensereignis** selbst ein Anstoss zur Risikobeurteilung sein und erste Anhaltspunkte zur Ursachen- und Risikoidentifikation liefern.

Ausgehend von einem Schadensereignis müssen unterschiedliche **Szenarien** entwickelt werden, aus denen bedrohte Werte oder neue Risikoursachen ersichtlich werden. Keinesfalls sollten Sicherheitsmassnahmen aufgrund eines spezifischen Schadensereignisses realisiert werden, ohne die **Ursachen** des Ereignisses zu analysieren oder mögliche Szenarien zu entwickeln. Das Ergebnis einer ereignisorientierten Vorgehensweise sind punktuelle Sicherheitsmassnahmen, die gesamtheitlich mindestens eine verringerte Wirksamkeit aufweisen und in manchen Fällen sogar völlig wirkungslos sein können.

Weitere Impulse zur Risikoidentifikation können z.B. aus **Protokollanalysen** gewonnen werden. Unter «Protokollen» sind alle Formen der (chronologischen) Aufzeichnung sicherheitsrelevanter Ereignisse zu verstehen (z.B. handschriftliche Aufzeichnungen eines Torpostens, Schlüsselevidenzen etc.). Beim Betrieb grosser Rechenanlagen werden sogenannte «Audit Trails»[1] oder «Log-files» verwendet, um sicherheitsrelevante Aktionen in einem Rechnersystem protokollarisch festzuhalten (Benutzung von Identifikations- und Authentifikationsmechanismen, Einführung von Objekten im Adressraum eines Benutzers, Löschen von Objekten, Vergabe von Privilegien, Schreib- bzw. Lesezugriffe auf bestimmte Dateien, Aktionen von Systemadministratoren und Operatoren etc.[2]). Die Erstellung von Audit Trails ist Teil der sogenannten «Trusted Computing Base» (TCB), welche die Summe aller Mechanismen (Hard- und Software) innerhalb eines Computersystems ist, die ein System von Sicherheitsregeln und -prinzipien zur Anwendung bringen [vgl. LEE89, lecture 3, p. 7]. Die Problematik in Verbindung mit Audit Trails liegt in der

---

[1] „Audit Trail - A set of records that collectively provide documentary evidence of processing used to aid in tracing from original transactions forward to related records and reports, and/or backwards from records and reports to their component source transactions." [DOD85, p. 111]

[2] [vgl. DOD85, p. 48]

schwierigen Handhabung grosser anfallender Datenmengen und der Aufbereitung dieser Datenmengen für Kontrollzwecke[1] (vgl. Kap. 4.2.2.1).

Weitere Anlässe zur (neuerlichen) Risikobeurteilung sollen alle **Änderungen der Betriebsumgebung** sein. Veränderungen der Betriebsumgebung können gleichzeitig eine Veränderung bestehender oder Schaffung neuer Risikofaktoren bedeuten.

Welche Ereignisse eine (neuerliche) Risikobeurteilung zwingend nach sich ziehen, muss in der Sicherheitspolitik festgelegt werden. Ebenso muss die Sicherheitspolitik dem Entscheidungsträger Hilfestellung bei der Quantifizierung der Risikofaktoren bieten (Vorgabe der Bewertungsmethode, Schwerpunkte). Es müssen ferner Kriterien und Grenzwerte vorgegeben werden, die es dem Entscheidungsträger ermöglichen, ein erkanntes Risiko einer bestimmten Risikoklasse zuzuordnen.

In der nächsten Phase, bei der Bestimmung effektiver Sicherheitsmassnahmen, können **Massnahmenkataloge** und **Produktbeschreibungen** wertvolle Anregungen bei der Suche nach möglichen Massnahmenalternativen und der Bestimmung kausaler Zusammenhänge bieten. **Standards** und andere **Bewertungshilfen** (z.B. IT-Sicherheitskriterienkatalog) unterstützen den Entscheidungsträger bei der Beurteilung von Sicherheitsmassnahmen und der Bewertung, in welcher Weise bestimmte Massnahmen einem geforderten Anspruchsniveau gerecht werden.

Ergebnisse von gezielten **Nutzenanalysen** unter Berücksichtigung des geplanten Anwendungsgebietes erlauben eine sehr gute Schätzung des Restrisikos und somit der Effektivität einzelner Massnahmen. Aber auch Vorgaben in der **Sicherheitspolitik** können die Bestimmung effektiver Massnahmen beeinflussen. Dies kann durch Festlegung einer unteren Grenze der Risikoreduktion geschehen, die bei Realisierung einer Sicherheitsmassnahme mindestens erreicht werden muss.

In der Phase der Effizienzberechnung für die einzelnen Portfolios beeinflussen budgetäre Vorgaben, bzw. die Methode des anzuwendenden **Kostenansatzes** die Entscheidung zur Auswahl eines Portfolios. Auch in dieser Phase gibt es Einflüsse durch die **Sicherheitspolitik**, indem die Auswahlkriterien und die Nebenbedingungen zur Portfolioauswahl angegeben werden (Nutzenmaxi-

---

[1] „...it is important that a journal be kept of all security-related events, and that there be an analysis of the journal both real time and historically. It is probably more important to know that security has been violated that it is to prevent the violation." [LEE89, lecture 3, p. 10]

mierung innerhalb eines Budgets, Kostenminimierung bei vorgegebenem Restrisiko, Vorgabe einer Rendite). Die Beeinflussung durch die betriebliche **Investitionsstrategie** sollte bereits durch die Vorgaben in der Sicherheitspolitik stattfinden. Es ist jedoch aus Gründen der langfristigen Gültigkeit einer Sicherheitspolitik eine Referenzierung in der Sicherheitspolitik auf die Investitionsstrategie möglich.

Eine Gliederung des Entscheidungsprozesses, wie sie in Abb. 4-7 gezeigt wird, führt durch iterative Anwendung der Teilschritte zur Senkung des Restrisikos auf ein in der Sicherheitspolitik festgelegtes Mass, nämlich das des tolerierbaren Risikos.

Da der Aufwand zur Berechnung der Effizienz und die Ermittlung passender Portfolios sehr umfangreich sein kann, soll die Menge der Alternativen möglichst früh eingeschränkt werden. Zu diesem Zweck beinhaltet der Entscheidungsvorgang vier «Filter», welche die Menge der Handlungsalternativen schrittweise auf die effizienten Alternativen reduzieren, indem Massnahmen, die bestimmten Bedingungen nicht genügen, ausgeschlossen werden. Im folgenden werden die Schritte zur Entscheidungsfindung verfeinert. Zu diesem Zweck wird der logische Aufbau des Phasenschemas aus Abb. 4-7 übernommen und gleichzeitig die Ansiedlung der vier Filter gezeigt.

1.   Risikobeurteilung (vgl. Kap. 4.2.1.1)
    1.1 Risikoanalyse
        1.1.1. Risikoidentifikation
        1.1.2. Risikoabgrenzung
        1.1.3. Bestimmung der Risikofaktoren
    1.2. Risikobewertung
        1.2.1. Quantifizierung der Risikofaktoren
        1.2.2. Risikoklassifikation

2.   Bestimmung effektiver Sicherheitsmassnahmen (vgl. Kap. 4.2.1.3)
    2.1. Massnahmenalternativen suchen
    2.2. Kausale Zusammenhänge bestimmen   **1. Filter**
    2.3. Restrisiko schätzen
    2.4. Effektivität berechnen   **2. Filter**

3.   Generierung von Portfolios (vgl. Kap. 4.2.1.4)   **3. Filter**

4.   Berechnung der Effizienz von Portfolios (vgl. Kap. 4.2.1.5)
    4.1. Fixe und variable, Anschaffungs- und laufende Kosten bezüglich Rechnungsperiode berechnen und abzinsen
    4.2. Effizienz bestimmen   **4. Filter**

Bei der Bestimmung der Kausalität (1. Filter) werden jene Massnahmen verworfen, die keine Risikoeinflussfaktoren verändern und daher auch zu keiner Risikominderung führen können. Eine weitere Reduktion der Massnahmenkandidaten erfolgt im Zuge der Bestimmung effektiver Massnahmen (2. Filter), wobei jene Alternativen ausgeschlossen werden, die Risikofaktoren so verändern, dass das Risiko nicht oder nicht in ausreichendem Masse gesenkt wird. Als dritter Filter wirken Kriterien zur Erstellung von Massnahmenkombinationen, sogenannter Massnahmen-«Portfolios». Es sollen nur «sinnvoll einander ergänzende» Massnahmen erwogen werden und nicht sämtliche möglichen Kombinationen. So ist es z.B. meist nicht zielführend, Massnahmen miteinander zu kombinieren, die substitutiv an denselben Risikofaktoren Veränderungen bewirken, solange andere bedeutende Risikofaktoren noch unverändert bleiben. Solche Portfolios sind redundant und nützen durch ihre Kombination nur soviel, wie die «nützlichste» ihrer Einzelmassnahmen. Schliesslich werden in einem vierten Filter bei der Bestimmung der Effizienz jene Massnahmen ausgeschlossen, deren Kosten-Nutzen-Verhältnis den Ansprüchen der Unternehmung nicht gerecht wird. So kann z.B. die Erreichung einer bestimmten Rendite oder Marge[1] als Anspruchsniveau vorgegeben werden, das bei Realisierung einer Massnahme mindestens erreicht werden muss.

4.2.1   Die Auswahl von Sicherheitsmassnahmen

4.2.1.1 Risikobeurteilung

Die beiden Hauptelemente der Risikobeurteilung sind die Elemente **Analyse** und **Wertung** [ZIM84]. Hertz unterstreicht die zentrale Bedeutung der Risikoanalyse: „Risk analysis has a valuable role to play in the management of the strategic process through its input into such areas as: *forecasting and planning, risk positioning* for the firm, *scanning* of the uncertain business environment, *scenario development* in relation to potential social, political, economic, and technological futures, and in the *handling of risk and uncertainty,* which are increasingly stressed in modern strategic management paradigms,..." [HER84].

Im Rahmen der Risikobeurteilung werden Risiken identifiziert und der mögliche unternehmensinterne Gültigkeitsbereich des Risikos abgegrenzt. Die Risikoabgrenzung soll anfangs weit gefasst sein und erst eingeschränkt werden, wenn im betrachteten Rahmen keine Massnahmen gefunden werden

---

[1] Als Marge wäre z.B. das Verhältnis zwischen Kosten der Massnahme und Ausmass der durch sie erreichten Risikominderung denkbar.

können[1]. Dieses Postulat soll eine Präferenz von Massnahmen gewährleisten, die auf sehr breiter Basis zur Anwendung kommen und daher kostenoptimal eingesetzt werden können. Wenn das Restrisiko nicht unter das vorgegebene Niveau eines tolerierbaren Risikos abgesenkt werden kann, muss der Risikobereich durch schrittweise Modularisierung neu abgegrenzt und eingeengt werden[2]. Durch die iterative Anwendung des beschriebenen Verfahrens auf die jeweiligen Restrisiken können Risikopotentiale schrittweise bis auf ein für die Unternehmung vertretbares Mass (tolerierbares Risiko) gesenkt werden.

Die Bestimmung, welches Optimierungskriterium anzuwenden ist, bedarf der Feststellung, ob und in welchem Ausmass eine bestimmte Bedrohung für die Unternehmung relevant ist, um eine Einordnung in eine der Risikoklassen vornehmen zu können. Dies erfolgt durch Schätzung der Eintrittswahrscheinlichkeit des Schadensfalls und Schätzung der möglichen Schadenshöhe, gemäss der in der Sicherheitspolitik festgelegten Kriterien. Abbildung 4-8 zeigt einen Raster, auf dem verschiedene Risiken eingetragen werden können, und der so ihre Bedeutung für die Unternehmung und ihre Relativierung veranschaulicht.

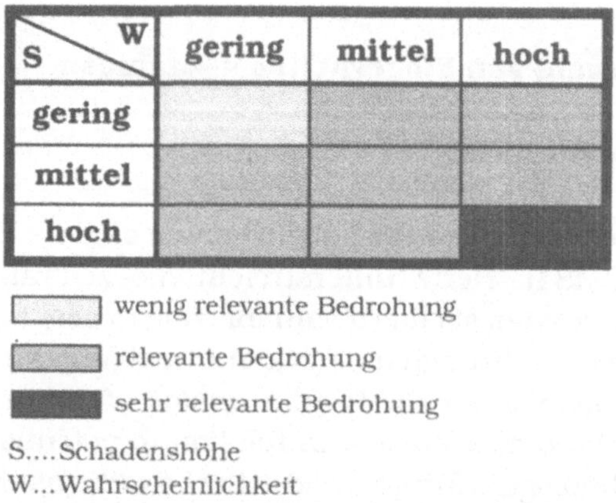

S \ W	gering	mittel	hoch
gering			
mittel			
hoch			

- wenig relevante Bedrohung
- relevante Bedrohung
- sehr relevante Bedrohung

S....Schadenshöhe
W...Wahrscheinlichkeit

Abb. 4-8:   Feststellung der Relevanz einer Bedrohung für die Unternehmung

---

[1] So kann z. B. unternehmensweit der Zutritt zum Betriebsgelände durch Torposten kontrolliert werden. Der Zutritt zu bestimmten Räumlichkeiten wird jedoch zusätzlich durch den Vergleich biometrischer Daten geregelt.

[2] Zur Bewältigung des Risikos «unbefugter Datenzugriff» sei z.B. unternehmensweit ein Passwortmechanismus effizient, dennoch sei das verbleibende Restrisiko nicht tolerierbar. Der Suchvorgang terminiert, da keine effizienten Massnahmen mehr gefunden werden. Der betrachtete Bereich «Daten» soll nun unterteilt werden (z.B. nach dem Kriterium der Vertraulichkeit - Forschungsdaten, Verwaltungsdaten, Kundendaten, öffentliche Daten) und für jeden Teilbereich wird der Massnahmensuchprozess neu durchgeführt.

Voraussetzung einer aussagekräftigen Risikoanalyse ist die Risikoidentifikation. „Im Sinne einer prozessorientierten Betrachtungsweise kann die Identifikation von Informationsrisiken auch als erste Phase des Gestaltungsprozesses von Informationsschutz-Systemen angesehen werden" [WER87, p. 51]. Das Ziel der Risikoidentifikation ist die Erstellung eines Risikoinventars, aus dem hervorgeht, welche Risiken in welchem Ausmass bereits bestehen, sowie die Erkennung möglicher zukünftiger Risiken und die damit verbundenen Konsequenzen für die Unternehmung. Die Risikoidentifikation unterliegt zwei widersprüchlichen Forderungen: einerseits sollen die Risiken vollständig erfasst werden, andererseits soll die Komplexität des Problems reduziert werden (vgl. Kap. 4.1.2).

Als Hilfsmittel zur vollständigen Risikoerkennung dienen Schwachstellenanalysen, Checklisten[1], Schadensfälle, Erfahrungsaustausch[2], Produktbeschreibungen, Ergebnisse der Revision und des Auditings (vgl. Abb. 4-7). Die erwähnten Hilfsmittel können jedoch niemals eine vollständige Risikoidentifikation gewährleisten, sondern können lediglich Impulse für eine umfassende Risikobetrachtung liefern.

Eine vorteilhafte Begleiterscheinung einer sorgfältigen Risikoanalyse ist die Verbesserung des Sicherheitsbewusstseins bei allen Organisationsmitgliedern, die an dieser Analyse mitarbeiten und deren Ergebnisse erfahren. Ferner werden durch die Risikoanalyse Vermögenswerte und Schwachstellen der Unternehmung identifziert, und die Effizienz von Kontrollvorgängen wird neu hinterfragt. Letztlich können die Ergebnisse einer genauen Risikoanalyse zur Rechtfertigung der Investitionen im Sicherheitsbereich herangezogen werden [vgl. PFL89, p. 458].

Bei vielen Autoren wird die Identifikation von Bedrohungen als zweiter Schritt nach der Identifikation und Bewertung der Vermögenswerte genannt [vgl. COO89, pp.19]. Dieses Vorgehen kann die Ergebnisse einer exakten Analyse allerdings dann einschränken, wenn kein systematischer Zugang gewählt wird (vgl. Exkurs C).

4.2.1.2 Massnahmenbeurteilung

Der Auseinandersetzung mit der Risikosituation folgt die Beurteilung von Massnahmen zur Risikobewältigung, die für eine Realisierung in einem passenden Portfolio in Frage kommen.

---

[1] [vgl. BAEo.J., KRA77, WEC84, pp. 46, WOO87, ZIM84, pp. 380]

[2] Damit verbunden ist jedoch die Gefahr, dass isoliert Sicherheitsmassnahmen gesetzt werden, weil sich diese in anderer Umgebung bewährt haben. Es ist unbedingt notwendig, die betrieblichen Nebenbedingungen zu hinterfragen.

4.2.1.2.1 Massnahmenklassifikation

Um den Entscheidungsprozess bezüglich Realisierung von Sicherheitsmassnahmen steuern zu können, bedarf es einer Klassifikation von Sicherheitsmassnahmen, sowie einer Definition der Klassen. Im folgenden werden einige
Massnahmenkategorien aus der Literatur beschrieben und diskutiert.

Die sehr allgemein gehaltene Klassifikation von Sicherheitsmassnahmen
sieht eine Unterteilung nach dem Kriterium ihrer Wirkung in «Preloss»- und
«Postloss»-orientierte Massnahmen vor. Mehr und Hedges führen diese
Termini zur Spezifikation des Zielsystems des Risk Managements [MEH74]
ein. «Preloss»-Ziele steuern das Verhalten des Risk Managements gegenüber
der Gefahr möglicher Verluste, beinhalten allgemeine Wirtschaftlichkeitsziele
und vermeiden „unsicherheitsbedingte Ängste" [IMB83]. Der Abbau dieser
Ängste entspricht einem Streben nach formeller oder kognitiver Sicherheit
[vgl. MUG79, pp. 69]. «Postloss»-Ziele hingegen steuern die Aktivitäten einer
Unternehmung im Fall eines tatsächlichen Schadensereignisses.

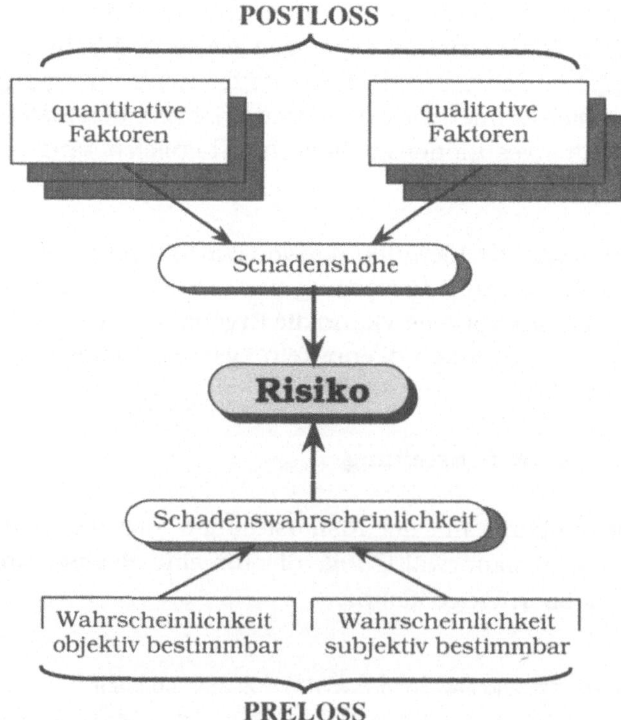

Abb. 4-9:   Wirkungsbereich von «Preloss»- und «Postloss»- Massnahmen

Massnahmen zur Risikobewältigung können daher in «Preloss»- und «Postloss»-Massnahmen unterteilt werden. **«Preloss»-Massnahmen** sind prophylaktische Massnahmen zur Reduktion der Schadenswahrscheinlichkeit, während **«Postloss»-Massnahmen** die Verluste im Schadensfall begrenzen.

Auch Cooper unterscheidet nach ähnlichen Kriterien, verwendet jedoch andere Bezeichnungen: „'Protective measures' are security features that are incorporated to minimize vulnerabilities and/or risk. 'Responses' are security moves after an incident. These may be the form of corrective measures, analysis, or necessary actions (prosecution, recovery)" [COO89, pp. 12].

Wehrhahn spricht von «ursachenbezogenen» und «wirkungsbezogenen» Massnahmen. Zu den ursachenbezogenen Massnahmen zählt er alle Massnahmen der Risikovermeidung und -reduktion; zu den wirkungbezogenen zählen Massnahmen zur Begrenzung der Folgen und Massnahmen zur Überwälzung der Risikofolgen [WEH87, pp. 187].

Abb. 4-9 zeigt in Anlehnung an Abb. 2-4, auf welche Risikodeterminanten die jeweilige Massnahmenkategorie wirkt. Aus der Darstellung geht hervor, dass sich die Anwendung von «Preloss»-Massnahmen vor allem bei Risiken mit hoher Schadenswahrscheinlichkeit anbietet, während «Postloss»-Massnahmen eher auf Risiken mit hohen Schadenssummen anzuwenden sind. Diese Schlussfolgerung kann jedoch nur als Faustregel gelten. Abb. 4-10 zeigt den Bezug der Risikokategorien (vgl. Abb. 4-8) zu den Massnahmenkategorien.

S \ W	gering	mittel	hoch
gering			
mittel			
hoch			

Kategorie

"Postloss"-Massnahmen

"Preloss"-Massnahmen

"Postloss"- und "Preloss"-Massnahmen-Mix

Finanzierung durch Eigen-/Fremdkapital

S....Schadenshöhe
W...Wahrscheinlichkeit

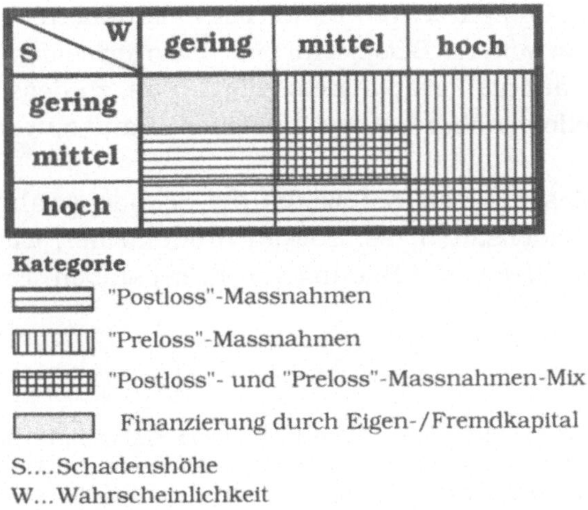

Abb. 4-10: Massnahmenkategorien bezüglich Wirkung

Tolerierbare Risiken, bei denen sowohl die Schadenswahrscheinlichkeit als auch die Schadenshöhe gering sind, erfordern keine risikobeeinflussenden Massnahmen, sondern nur Vorsorge zur Finanzierung dieser Schäden und Schaffung von Reserven. Die Finanzierung erfolgt bilanziell durch die Bildung von Rückstellungen (Fremdkapital) oder durch verschiedene Formen der Aufbringung von Eigenkapitel (Eigenfinanzierung)[1].

Bei der Bewältigung von Risiken mit geringer Schadenshöhe, jedoch mittlerer bis hoher Schadenswahrscheinlichkeit, bzw. mittlerer Schadenshöhe und hoher Schadenswahrscheinlichkeit wird der Schwerpunkt der Massnahmensetzung auf «Preloss»-Massnahmen zu setzen sein. Bei Massnahmen gegen Risiken mit geringer Schadenswahrscheinlichkeit und mittlerem bis hohem Schadensausmass, sowie mittlerer Wahrscheinlichkeit und hohen möglichen Schäden müssen «Postloss»-Massnahmen gesetzt werden. Vor allem im Bereich der existenzgefährdenden Risiken werden beide Massnahmenklassen zur Risikobewältigung kombiniert. In Anhang A werden für die beiden Kategorien der «Preloss»- und «Postloss»-Massnahmen eine Reihe von Beispielen genannt und diskutiert.

In Abbildung 4-11 wird eine andere Sichtweise zur Massnahmenkategorisierung verwendet und die Zusammensetzung eines Sicherheitsdispositivs gezeigt, das durch Massnahmen aus den verschiedenen Kategorien ein ursprüngliches Risiko reduziert.

Massnahmen zur **Vermeidung** von Risiko sind meist mit Verzicht auf Funktionalität verbunden. So sind zum Beispiel die Entfernung der Diskettenstationen oder die Entkopplung von Netzen risikovermeidende Massnahmen gegen Computerviren, die mit einer Reduktion der Funktionalität verbunden sind. Ein weiteres Beispiel für eine risikovermeidende Massnahme wäre der Verzicht auf die Fertigung eines Produkts, zu dessen Herstellung entflammbare Stoffe benötigt werden, um einen Brand zu vermeiden.

Vermindernde Massnahmen reduzieren die Schadenswahrscheinlichkeit und/oder das Schadensausmass. Sowohl Brandmelder, wie auch Brandschutzzonen, aber ebenso die Bildung von Krisenstäben, Erarbeitung von

---

[1] Die Finanzierung durch Eigenkapital in der Form von Einlagen, Rücklagen oder nicht entnommenen Gewinn ist bei Einzelunternehmern problemlos möglich. Bei jeder Unternehmensrechtsform, bei der es Anspruchsberechtigte auf Gewinnverteilung gibt (AG, GmbH), ist dies schwieriger. Hier bietet sich die Finanzierung durch Fremdkapital in Form von Rückstellungen an. Dabei ist allerdings die Anerkennung durch den Fiskus fraglich, der diese Art von Rückstellungen als manipulierte Gewinnreduktion deuten könnte.

Katastrophenplänen und regelmässiges Training der Beteiligten zählen zu den vermindernden Massnahmen.

Alle Formen der Versicherung sind Massnahmen zur Risiko**überwälzung**. Ein eventueller Selbstbehalt ist ein Beispiel für ein Risiko, das die Unternehmung **selbst tragen** muss.

Sämtliche Massnahmen sind einer laufenden Überprüfung zu unterziehen (Abb.4-11).

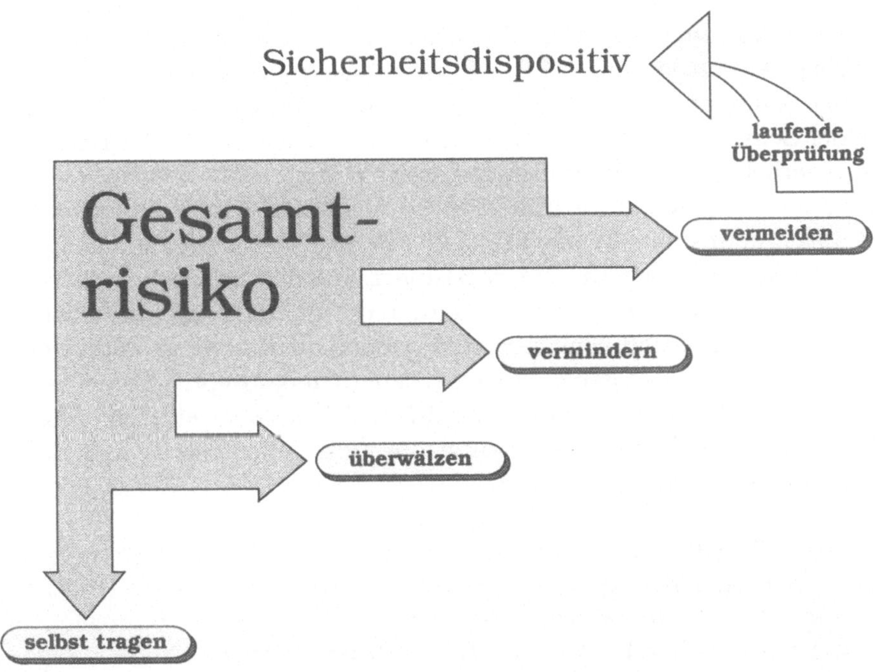

Abb. 4-11:   Massnahmenklassifikation bezüglich Risiko

Eine völlig andere Klassifikation, die vor allem im Datensicherheitsbereich Anwendung findet, geht von den Zuständigkeiten bei der Implementation aus. Stellvertretend für eine Reihe von Autoren seien Caflisch und Rueppel genannt, die eingeschränkt auf den Datensicherheitsbereich, zwischen physischen, logischen und administrativen bzw. organisatorischen Sicherheitsmassnahmen unterscheiden [CAF87].

Ein anderes Beispiel ist Lippold, der zum Teil ähnliche Bezeichnungen von Sicherheitsmassnahmen wählt. Er unterscheidet zwischen organisatorischen, technischen und personellen Massnahmen [LIP89].

Beide Autoren fassen Autorisation und die damit verbundene Rechteverwaltung, Bewachung und Überwachung, sowie Notorganisation unter dem Begriff «organisatorische Massnahme» zusammen. Die personellen Aspekte der Sicherheit finden bei Caflisch keine Berücksichtigung, während Lippold unter «technischen Massnahmen» sowohl physische (bauliche Gestaltung, Gerätekonstruktuion,..) als auch logische Massnahmen (Kryptographie, Auditing,..) zusammenfasst. Diese Art der Klassifikation ist jedoch nicht immer eindeutig und daher unpräzise.

Die meisten Autoren treffen eine Sicherheitmassnahmenklassifikation analog zur Klassifikation der Risiken. Diese Klassifikation der Massnahmen legt den falschen Schluss nahe, dass eine eindeutige Zuordnung von einer Massnahme zu einer Schwachstelle möglich sei[1]. Für die Anwendung in der Praxis wird eine neuerliche Funktionstrennung suggeriert, die letztlich wieder zu «misfits» an den Schnittstellen führen muss. Diese «misfits» sind Informationsverluste z.B. durch mangelnde Transparenz von Kenngrössen, die bei der Zusammenführung der Massnahmenbewertungen aus den unterschiedlichen Bereichen auftreten. Diese «misfits» könnten durch eine enge Formalisierung des Informationsaustauschs gemildert, jedoch nicht ausgeschaltet werden. Zur Abstimmung eines ganzheitlichen Sicherheitskonzeptes bedarf es nicht notwendigerweise Detailkenntnisse um die Funktionsweise einer Sicherheitsmassnahme, sondern es genügt die Fähigkeit, kosten- und nutzenrelevante Kennzahlen zu ermitteln.

Durch die Klassifikation von Sicherheitsmassnahmen soll erreicht werden, dass in der Sicherheitspolitik Vorgaben von Schwerpunkten und Stossrichtungen bei der Realisierung von Sicherheitsmassnahmen möglich sind. Abb. 4-12 zeigt im Überblick sämtliche beschriebene Massnahmenkategorien und deren Zusammenhang. Bei der Formulierung einer Sicherheitspolitik wird die Verwendung einer groben Klassifikation nach Wirkung der Sicherheitsmassnahme (z.B. Preloss/Postloss) einer feineren Unterscheidung (z.B. vermindern, vermeiden etc.) vorzuziehen sein, die erst bei Formulierung von Arbeitsanweisungen oder Instruktionen an Fachabteilungen zur Anwendung gelangen. Ergänzend zu den genannten Kategorien können Massnahmenklassen nach dem Kriterium der Zuständigkeit bei der Implementation sicher wertvoll sein.

---

[1] "...so kann beispielsweise einer organisatorischen Schwachstelle eventuell mit organisatorischen und auch anderen Massnahmen entgegengewirkt werden, andererseits kann eine Massnahme auch mehrere Schwachstellen beseitigen." [LIP89]

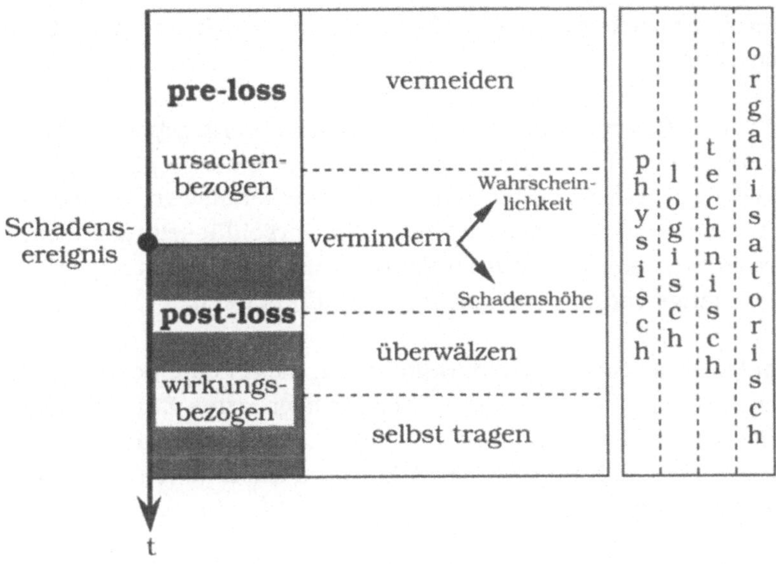

Abb. 4-12: Zusammenhänge der Massnahmenklassen

4.2.1.2.2   Merkmale von Sicherheitsmassnahmen

Während eine Klassifikation von Sicherheitsmassnahmen die Formulierung von Direktiven unterstützt, bedarf es präziser Bewertungskriterien für die eigentliche Massnahmenselektion. Sicherheitsmassnahmen lassen sich durch quantitative und qualitative Merkmale charakterisieren. **Quantifizierbare** Grössen zur Beurteilung von Sicherheitsmassnahmen sind:

- Ausmass der Senkung der Schadenswahrscheinlichkeit
- Ausmass der Schadensminderung
- Anschaffungskosten der Sicherheitsmassnahme
- Betriebskosten der Sicherheitsmassnahme
- Installationskosten der Sicherheitsmassnahme
- Einsatzdauer der Sicherheitsmassnahme
- Aufwand bei Anpassungen etc.

Sicherheitsmassnahmen weisen jedoch auch qualitative Merkmale auf, deren zusätzliche Berücksichtigung bei der Massnahmenselektion zu besseren Ergebnissen führt. Die Bestimmung der qualitativen Faktoren sowie deren Gewichtung ist anwendungsspezifisch.

- **Veränderlichkeit:** Es gibt Sicherheitsmassnahmen, die an eine bestimmte Umgebung angepasst werden, indem Parameter bei der

Installation verändert werden können. Im Gegensatz dazu gibt es
«starre» Sicherheitsmassnahmen, deren Effektivität nicht beeinflusst
werden kann.

Beispiel: Ein «Reference Monitor», der neben fest vorgegebenen Aktionen,
die in einem Log-file festgehalten werden, auch die Möglichkeit bietet,
eine Reihe zusätzlicher Aktionen als protokollierenswert zu definieren,
verfügt über hohe Veränderlichkeit. Ein Verschlüsselungstoken, das
nur einen bestimmten Chiffrieralgorithmus verwendet und eine feste
Schlüssellänge vorgibt, hat geringe Veränderlichkeit.

- **Kompatibilität:** Sicherheitsmassnahmen, die an eine bestimmte Umgebung gebunden sind und nur ein sehr begrenztes Einsatzspektrum
  aufweisen, sind nicht kompatibel. In hohem Masse kompatibel sind jene
  Sicherheitsmassnahmen, die ohne Aufwand auf andere Anwendungen
  übertragbar sind.

  Beispiel: Call-back-Modems haben hohe Kompatibilität, denn sie sind
  für viele Systeme verwendbar. Ein Benutzerverwaltungssystem, das nur
  für eine bestimmte Netzkonfiguration geschaffen wurde, hat geringe
  Kompatibilität.

- **Flexibilität**: Umgebungsunabhängige Sicherheitsmassnahmen, deren
  Effektivität über Parameter gesteuert werden kann, sind flexibel. Die
  Flexibilität einer Sicherheitsmassnahme wird durch die Kompatibilität
  und Veränderlichkeit bestimmt. Massnahmen mit hoher Kompatibilität
  K und hoher Veränderlichkeit V sind in hohem Masse flexibel, während
  Massnahmen mit geringer Kompatibilität K und geringer Veränderlich-
  keit auch nur wenig flexibel sind (Abb. 4-13).

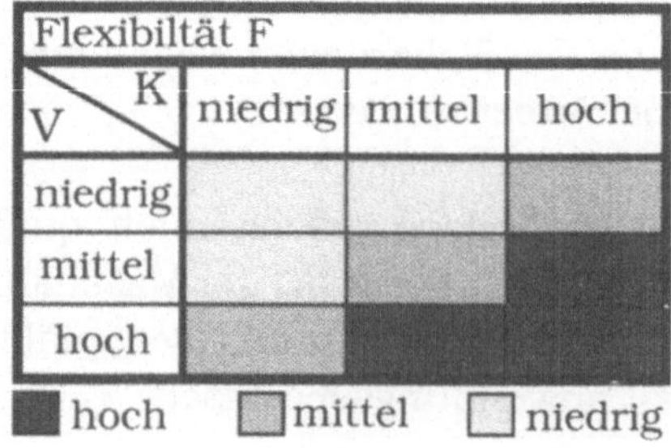

Abb. 4-13: Flexibiltät von Sicherheitsmassnahmen

- **Anwendungsbarrieren:** Sicherheitsmassnahmen, zu deren Anwendung der Benutzer eine Vielzahl komplizierter und nur schwer im Gedächtnis zu behaltender Teilschritte beherrschen muss, die eventuell unter Zeitdruck abgewickelt werden müssen, haben hohe Anwendungsbarrieren. Das gilt ebenso für Massnahmen, deren Aktivierung hohe Kosten verursacht oder schwerwiegende Konsequenzen hat, die vom Anwender gerechtfertigt werden müssen (Notbremse, Sirene, Löschanlagen). Sicherheitsmassnahmen, deren Anwendung einfach ist und bei denen Fehler in der Anwendung ohne schwerwiegende Konsequenzen bleiben, haben niedrige Anwendungsbarrieren.

  Beispiel: Ein System, das bei Bewegungen im Raum einen Alarm bei der nächsten Polizeistation auslöst und bewirkt, dass zwei Streifenwagen vorfahren, hat hohe Anwendungsbarrieren. Dieser negative Effekt wird noch verstärkt, wenn z.B. die Aktivierung des Alarmsystems über einen Ein/Aus-Schalter erfolgt und anschliessend ein neunstelliger Codes innerhalb von fünfzehn Sekunden auf einer sehr kleinen Konsole eingetippt werden muss. Eine Massnahme mit sehr ähnlicher Funktion, aber anderen Rahmenbedingungen (Aktivierung des Alarmsystems erfolgt mittels Knopfdruck und Fingerprint, Alarmierung hausinterner Wachposten), weist wesentlich geringere Anwendungsbarrieren auf.

- **Einsehbarkeit:** Sicherheitsmassnahmen, deren Bedeutung und Zweckmässigkeit für den Anwender verständlich im Sinne von einsehbar und annehmbar sind, weisen einen hohen Grad an Einsehbarkeit auf, während Massnahmen, die dem Benutzer unnötig, übertrieben oder nicht gerechtfertigt erscheinen, nur einen niedrigen Grad an Einsehbarkeit aufweisen.

  Beispiel: Die tägliche Anwendung von Virusdetektionsprogrammen in einer «geschlossenen» Betriebsumgebung, in der bisher kein Computervirus aufgetreten ist, hat erfahrungsgemäss niedrige Einsehbarkeit. Hingegen hat die Massnahme «Viruswächterprogramme installieren» hohe Einsehbarkeit in einer «offenen» Umgebung, in der Computerviren bereits Schäden angerichtet haben und diese Vorfälle den Benutzern bekannt sind.

- **Benutzerakzeptanz:** Sicherheitsmassnahmen, die dem Benutzer berechtigt erscheinen und gleichzeitig niedrige Anwendungsbarrieren aufweisen, erfahren hohe Benutzerakzeptanz. Mit wachsenden Anwendungsbarrieren A und sinkender Einsehbarkeit und Verständlichkeit E fällt auch die Benutzerakteptanz BA (Abb. 4-14).

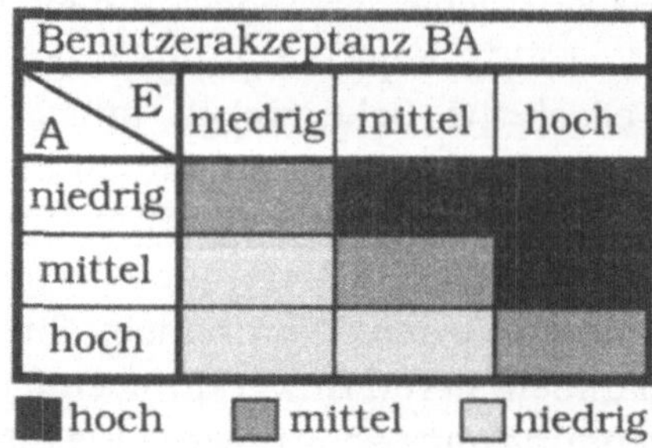

Abb. 4-14: Benutzerakteptanz von Sicherheitsmassnahmen

- **Sanktionsmöglichkeiten:** Die Qualität einer Sicherheitsmassnahme wird ferner von den Sanktionsmöglichkeiten bestimmt, die der Organisation bei Verstössen gegen ein Sicherheitsreglement zur Verfügung stehen. Damit eng verbunden ist das Vorhandensein von Mechanismen und Einrichtungen, die Verstösse festhalten und protokollieren, sowie eine Zuordnung von sicherheitsrelevanten Aktionen zu einem bestimmten Benutzer treffen können (z.B. Log-file-Einrichtungen in Kombination mit einem eindeutigen Identifikationsverfahren und einem fälschungssicheren Authentifikationsmechanismus). Diese eventuell auch in der Rechtsprechung anerkannten Verfahren sind Voraussetzung, dass Sanktionen gesetzt werden können.

  Die genannten Verfahren können jedoch nur dann ihren Zweck erfüllen, wenn die nötigen rechtlichen Voraussetzungen vorhanden sind, nämlich dass der Benutzer über seine Pflichten und die eventuellen Konsequenzen nachweislich informiert wurde und eine rechtswirksame Erklärung unterschrieben hat (z.B. Anstellungsvertrag, Benutzungsreglement und -vertrag).

- **Attraktivität**, eine Massnahme zu **umgehen:** Die Intensität des Anreizes, eine Sicherheitsmassnahme auszuschalten oder nicht anzuwenden, ist einerseits von der Benutzerakzeptanz, andererseits von den Sanktionsmöglichkeiten der Unternehmung abhängig. Sicherheitsmassnahmen mit geringer Benutzerakzeptanz sind in hohem Masse möglichen Umgehungsversuchen durch die Benutzer ausgesetzt, wenn gleichzeitig der Unternehmung die Handhabe zur Durchsetzung spürbarer Konsequenzen fehlt. Mit zunehmendem Ausmass der Sanktionen S, die ein Benutzer bei einem Verstoss gegen das Sicherheitsreglement befürchten muss, und mit zunehmender Benutzerakzeptanz BA sinkt der Anreiz zur Umgehung einer Sicherheitsmassnahme AU (Abb. 4-15).

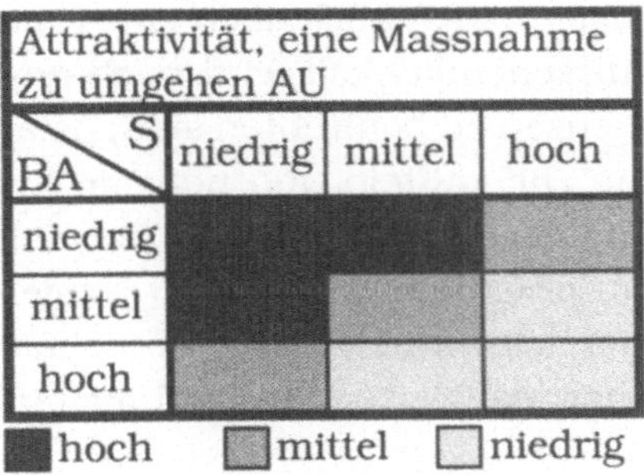

Abb. 4-15: Attraktivität, eine Sicherheitsmassnahme zu umgehen

- **Zugangsbarrieren zu Umgehungshilfsmitteln:** Die Umgehung von Sicherheitsmassnahmen bedarf meist spezifischen Fachwissens, besonderer Insider-Informationen oder spezieller Hilfsmittel. Je leichter und einfacher der Erwerb der nötigen Informationen und je problemloser der Zugang zu den nötigen Hilfsmitteln ist, wie z.B. «Passwort-Dictionaries» [vgl. SPA88, p. 30 - 32], Dechiffrierprogramme oder spezielle Hardware, umso eher wird ein Benutzer tatsächlich eine Umgehung einer Massnahme versuchen. Je mehr Aufwand dem Benutzer abverlangt wird, um die Voraussetzungen für eine Massnahmenumgehung zu schaffen, umso weniger wahrscheinlich wird ein Versuch.

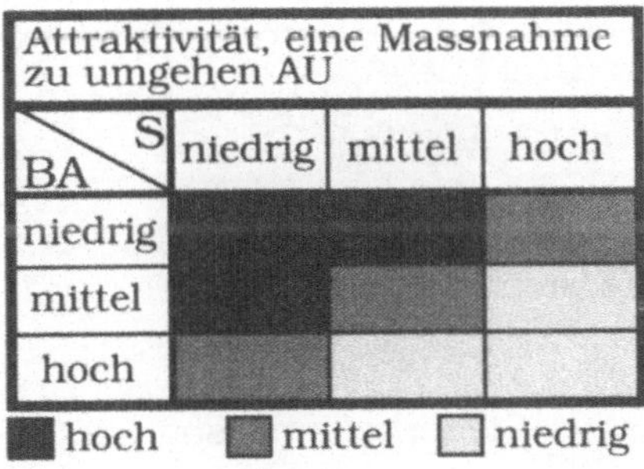

Abb. 4-16: Wahrscheinlichkeit eines Umgehungsversuchs

- **Wahrscheinlichkeit eines Umgehungsversuchs:** Die Wahrscheinlichkeit eines Umgehungsversuchs UV wird zum einen von der Attraktivität bestimmt, eine Massnahme zu umgehen (AU), und zum anderen von den Zugangsbarrieren zu den Umgehungshilfsmitteln (Z). Je einfacher der Zugang zu dem Wissen und den Hilfsmitteln ist, die notwendig sind, um eine «lästige» Sicherheitsmassnahme zu umgehen, umso höher ist die

Wahrscheinlichkeit, dass tatsächlich eine Kompromittierung versucht wird. Diese Wahrscheinlichkeit wird noch grösser, wenn keine ernsthaften Konsequenzen zu befürchten sind. Je aufwendiger hingegen die Beschaffung von Hilfsmitteln und nötigem Know-how zur Umgehung einer Sicherheitsmassnahme ist und je weniger Anreiz eine Sicherheitsmassnahme dem Benutzer zu ihrer Umgehung bietet, umso geringer ist die Wahrscheinlichkeit eines Versuchs zur unerlaubten Ausserkraftsetzung einer realisierten Massnahme (Abb. 4-16).

Es gibt Massnahmen, die nicht umgehbar sind (Verwendung bestimmter Chiffrieralgorithmen) und derartige Überlegungen überflüssig machen.

- **Qualität einer Sicherheitsmassnahme:** Die Qualität einer Sicherheitsmassnahme kann als Ergebnis aus ihrer Flexibiltät F und der Wahrscheinlichkeit eines Umgehungsversuchs UV interpretiert werden. Die Qualität einer Massnahme ist umso höher, je höher ihre Flexibilität und je geringer die Wahrscheinlichkeit eines Umgehungsversuchs ist (Abb. 4-17).

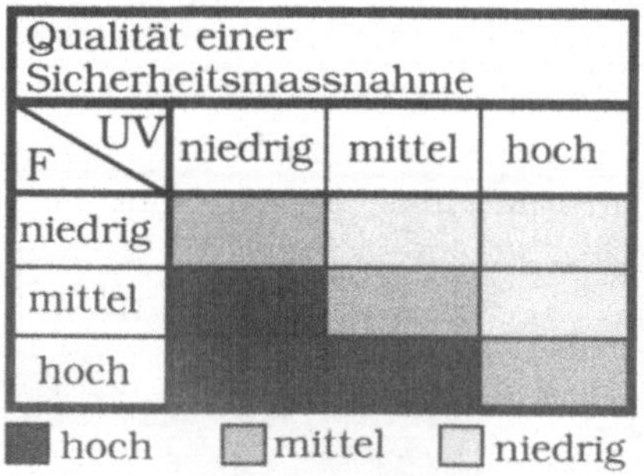

Qualität einer Sicherheitsmassnahme			
F \ UV	niedrig	mittel	hoch
niedrig			
mittel			
hoch			

■ hoch   ▣ mittel   □ niedrig

Abb. 4-17: Qualität einer Sicherheitsmassnahme

Abb. 4-18 zeigt die Zusammenhänge der hier beispielhaft ausgewählten qualitativen Merkmale von Sicherheitsmassnahmen. Die Bedeutung der Qualität von Sicherheitsmassnahmen, sowie die Qualitätsfaktoren und deren Gewichtung sind in hohem Mass von der Anwendung abhängig. Es können daher anwendungsspezifische Qualitätskriterien definiert werden (z.B. Auswirkungen auf das Image der Unternehmung, Auswirkungen auf die Motivation der Mitarbeiter etc). Ebenso können Gewichtungen einzelner Qualitätsfaktoren vorgenommen werden, indem eine andere Klassenbildung gewählt wird und/oder die Verknüpfungsregeln geändert werden.

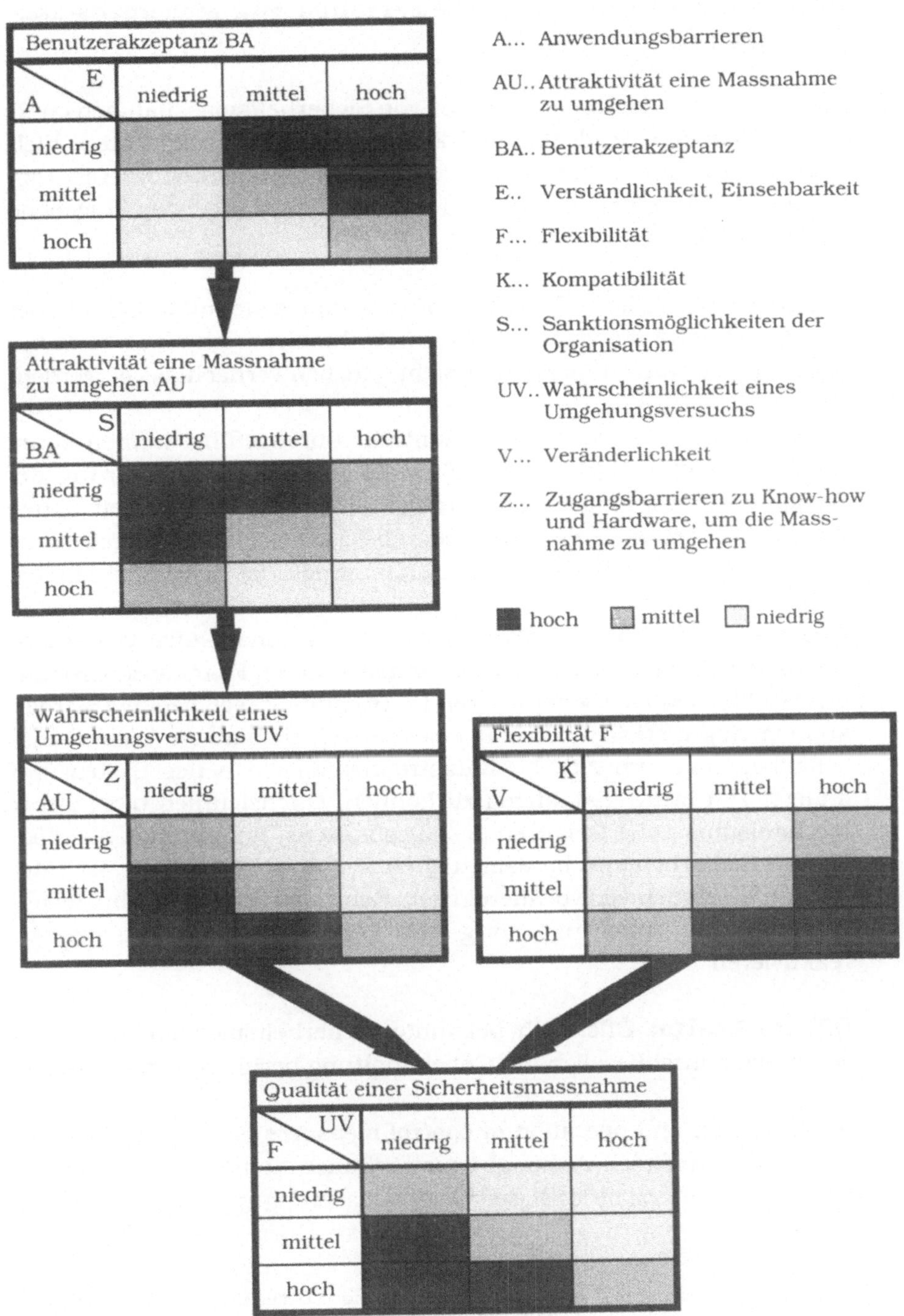

Abb. 4-18: Interdependenzen qualitativer Merkmale von Sicherheitsmassnahmen

4.2.1.2.3 Grundsätze bei der Implementation von Sicherheitsmassnahmen

Beim Design und bei der Implementation von Sicherheitsmassnahmen im IT-Bereich sind einige Grundsätze und Zusammenhänge zu beachten. Viele Sicherheitsmassnahmen beruhen auf Kontrollmechanismen[1], deren Umsetzung nach bestimmten Regeln erfolgen soll, die im folgenden eingehend behandelt werden.

1. **Effizienz:** Kontrolle soll nicht mehr kosten, als sie nützt. Obwohl der durch die Kontrolle erzielbare Nutzen manchmal nur schwer abschätzbar ist, sollte die Nutzenüberlegung nicht gänzlich vernachlässigt werden.

2. **Einfachheit:** Je einfacher eine Kontrolle durchgeführt werden kann, umso kostengünstiger ist der Entwurf und die Durchführung der Sicherheitsmassnahme. Auch wird die Wirkungsweise einer einfachen Kontrolle vom Management und anderen Personen, deren Unterstützung zur Realisierung der Sicherheitsmassnahme nötig ist, besser verstanden.

3. **Aussetzung, Reinitialisierung:** Sicherheitsmechanismen müssen in Ausnahmesituationen ausgesetzt werden können. Es müssen z.B. Eingangsschleusen zu Rechenzentren im Brandfall rasch geöffnet werden können. Zugriffsrestriktionen in einer Grossrechenanlage müssen ausschaltbar sein, um z.B. im Katastrophenfall ein neues System auf anderer Hardware installieren zu können. Offensichtlich birgt dieser Mechanismus neue Gefahren des Missbrauchs, jedoch ohne die Möglichkeit Sicherheitsmechanismen auch aussetzen zu können, ist jeder Recovery-Versuch von vornherein zum Scheitern verurteilt. Eine Reset-Funktion ist unbedingt nötig, um Sicherheitsmechanismen zu reaktivieren.

4. **Offenes Design:** Öffentlich bekannte Sicherheitsmechanismen sind jenen, die ausschliesslich auf Geheimhaltung beruhen, vorzuziehen.

   „Overt design and operation of control measures is to be preferred to secrecy in and of itself. Although it may enhance security when combined with other controls, by itself, secrecy is not a strong approach to securing

---

[1] In dieser Arbeit werden die Ausdrücke «Kontrolle» und »Überprüfung» bewusst differenziert. **Kontrollen** sind in vielen Fällen Teilmechanismen von Sicherheitsmassnahmen. Die Einhaltung von Sicherheitsmassnahmen und die Feststellung ihrer tatsächlichen Effektivität sind selbst wieder Gegenstand von Kontrollen. Für die Kontrolle von Sicherheitsmassnahmen wird in dieser Arbeit der Terminus **Überprüfung** verwendet.

systems" [WOO90]. Die Güte einer Sicherheitsmassnahme soll hauptsächlich vom Mechanismus der Sicherheitseinrichtung und weniger vom Grad der Geheimhaltung abhängig sein. Jede Sicherheitseinrichtung, die auf Geheimhaltung beruht, ist umgehbar, bietet sogar einen zusätzlichen Anreiz, sie zu umgehen und ist letztlich von der Integrität der Personen, denen diese geheimen Informationen zugänglich sind, abhängig[1]. Eine Abhängigkeit der Unternehmung von nicht quantifizierbaren und nur ungenau beeinflussbaren Grössen, wie Motivation der Mitarbeiter, Identifikation des Personals mit den Unternehmenszielen, Verlässlichkeit der Mitarbeiter, ist nicht wünschenswert und daher zu vermeiden.

5. **Vergabe von möglichst geringen Privilegien:** Die Rechtevergabe sollte nur soweit erfolgen, als dieses Recht für den Anwender unbedingt notwendig ist («Need-to-know»-Prinzip). Das gilt im besonderen für Zugriffsrechte im IT-Bereich, hat aber auch in anderen Sicherheitsbereichen Gültigkeit. Über Universalschlüssel sollten nur wenige Mitarbeiter verfügen, bzw. sollten in einem Rechnersystem nur wenige Mitarbeiter hohe Privilegien in Form von Schreibrechten auf Betriebssystemebene haben. Der Nachteil bei übertriebener Anwendung dieses Prinzips ist Demotivation der Mitarbeiter, Hemmung wichtiger Informationsflüsse und Einschränkung der betrieblichen Flexibilität.

Dieses Prinzip des «Need-to-know» kommt aus dem militärischen Bereich, dessen Zweck die Aufrechterhaltung einer staatlichen Sicherheit sein kann, und wo Fragen der Sicherheit anders gehandhabt werden als in Geschäftsbereichen. Unternehmensziele sind Gewinn, Wachstum und Produktivität; der Zielerreichungsprozess wird unterstützt, wenn den Organisationsmitgliedern möglichst viel Information zur Verfügung steht. Parker [PAR90] meint, im Geschäftsbereich müsse ein Prinzip des «Need-to-withhold» gelten. Das «Need-to-know»-Prinzip verlangt nach einer expliziten Festlegung, welche Zugriffe auf welche Objekte dem jeweiligen Benutzer **erlaubt** sind, während bei Anwendung des «Need-to-withhold»-Prinzips festgelegt wird, welche Zugriffe auf welche Objekte dem Benutzer **verboten** sind.

---

[1] Dazu ein Beispiel aus der Kryptographie: ein Verschlüsselungsalgorithmus, dessen Funktionsweise geheimgehalten wird, kann nicht auf seine Stärke überprüft werden. Der Benutzer neigt daher eher zur Benutzung öffentlich bekannter Chiffrierverfahren. Das gilt z.B. für den DES-Algorithmus, der vom NBS (National Bureau of Standards) 1977 als «federal information processing standard» angenommen wurde [DES77]. Obwohl die Güte des Algorithmus heftig diskutiert wurde, wird der DES in der Praxis häufig verwendet. Hingegen findet der STEN-Algorithmus, dessen Funktionsweise vom Hersteller geheimgehalten wird, vergleichsweise seltene Anwendung [WOO90].

6. **Fallen:** Die Einrichtung bestimmter Prozesse kann dazu beitragen, interne oder externe Personen zu identifizieren, die sicherheitsgefährdende Aktionen tätigen wollen. Zu diesen Einrichtungen zählen z.B. spezielle Programme, die Hacker solange beschäftigen, dass die Rückverfolgung des Anschlusses, über den in den Rechner unberechtigt eingedrungen wurde, möglich wird.

7. **Funktionstrennung:** Die Implementation von Kontrollmechanismen darf nicht von Personen vorgenommen werden, die anschliessend durch diesen Mechanismus überwacht werden sollen.

8. **Ausnahmslose Anwendung:** Sicherheitsmechanismen sollen in allen Bereichen auf alle Personen in gleicher Weise zur Anwendung gelangen. Abholpflicht in einem Rechenzentrum muss ausnahmslos für jeden Betriebsfremden bestehen, ob er nun an einer Sitzung mit dem Rechenzentrumsleiter teilnimmt oder einen Servicetermin mit einem Operator wahrnimmt.

9. **Benutzerakzeptanz:** Sicherheitsmassnahmen müssen von den Betroffenen als notwendig erkannt und angenommen werden. Der Benutzer wird versuchen Sicherheitsmassnahmen, deren Zweckmässigkeit für ihn nicht erkennbar ist, zu umgehen oder ausser Kraft zu setzen. Die Einbeziehung der Betroffenen in den Planungs- und Entscheidungsprozess ist auch hier wichtig. Eine ablehnende Haltung der Betroffenen führt zu Demotivation und verzögerten Arbeitsabläufen.

10. **Langfristige Gültigkeit:** Dieses Prinzip beinhaltet Flexibilität und Adaptabilität. Sicherheitsmassnahmen, die schon in der Phase der Implementation dieses Ziel berücksichtigen, können neuen Anforderungen leichter und daher kostengünstiger angepasst werden.

11. **Überprüfbarkeit:** Es muss überprüfbare Unterlagen geben, die belegen, ob die Sicherheitsmassnahme ihren Zweck erfüllt. Diese Unterlagen können Protokolle oder Berichte sein.

12. **Verantwortlichkeit:** Sicherheitsmassnahmen sind nur sinnvoll, wenn Aktionen genau zugeordnet werden können und Kompetenzen definiert wurden. Auch die Überprüfung der Sicherheitsmassnahmen selbst soll im Bereich eines bestimmten Verantwortlichen sein.

13. **Abwehrtiefe:** Besserer Schutz ist gewährleistet, wenn verschiedene Sicherheitsmassnahmen auf dasselbe Objekt angewandt werden. Dabei ist zu beachten, dass kombinierte, hintereinander zu bewältigende

Mechanismen wirksamer sind als parallele[1]. Das Prinzip der Abwehrtiefe ist auf Redundanz der Massnahmen und Bildung mehrerer «Sicherheitsringe» abgestimmt (vgl. Abb. 1-2).

14. **Isolation:** Das Prinzip der Isolation soll Wertekonzentrationen durch Aufteilung und Streuung unterbinden. Je mehr z.B. Produktionsmittel oder Informationen verteilt sind, umso grösser ist die Chance für das Unternehmen, plötzliche negative Ereignisse zu verkraften.

15. **Unabhängigkeit der Kontrollmechanismen:** Dieses Prinzip versucht einerseits zu verhindern, dass die Ordnungsmässigkeit einer Sicherheitsmassnahme vom Funktionieren anderer Massnahmen abhängig gemacht wird und dass von verschiedenen Bereichen gemeinsam Sicherheitsmechanismen genützt werden. Andererseits wird damit auch die wünschenswerte Verschiedenartigkeit von Sicherheitsmechanismen angesprochen.

16. **Abschirmung:** Um Schäden zu verhindern, muss der Zutritt, der Zugang und Zugriff **verhindert** werden. Das kann physisch durch Zäune oder Mauern oder aber auch logisch durch verschiedene Mechanismen der Zugriffskontrolle[2] geschehen.

17. **Vollständigkeit, Konsistenz:** Gute Sicherheitsmechanismen sind gänzlich spezifiziert, ausgetestet und konsistent in ihrer Anwendung. Regelmässige und gewissenhafte Kontrollen sind qualitativ besser als Stichproben oder zeitweise Anwendung.

18. **Ablehnung im Zweifelsfall:** Sicherheitsmassnahmen sollen so konzipiert werden, dass bei einem Ausfall eines Sicherheitsmechanismus z.B. der Zutritt verwehrt wird, die Datei nicht geöffnet wird, kein Betrag

---

[1]   Das Beispiel der Zutrittskontrolle zu einem Raum illustriert diese Ausführungen: ein Raum mit zwei parallelen, wenn auch kontrollierten Eingängen bietet weniger Sicherheit als die sequentielle Anordnung dieser beiden Kontrollen. Im ersten Fall kann der eine oder der andere Eingang benutzt werden und nur eine Kontrolle ist zu passieren, während im zweiten Fall nur ein Eingang vorhanden ist, an dem zuerst die erste Kontrolle positiv ausfallen muss, um überhaupt zur zweiten zu gelangen [WOO90].

[2]   Ein gutes Beispiel für eine **Verhinderung** des Zugriffs sind die verschiedenen Arten von Virus-Wächterprogrammen. Es gibt Virus-Wächterprogramme, die dem Benutzer eine eventuelle Virusinfektion erst mitteilen **nachdem** diese stattgefunden hat. Bessere Virus-Wächterprogramme verhindern einen Schreibzugriff und lassen die Infektion nicht zu, sondern bauen mit dem Benutzer **vor** dem kritischen Schreibzugriff einen Dialog auf. Die erstgenannte Art von Virus-Wächterprogrammen ist zwar nicht ideal, aber immer noch besser als gar keine Gegenmassnahme. (Bei häufiger Programmiertätigkeit wird die erstgenannte Art von Virus-Wächterprogrammen sogar bevorzugt, da der Programmierer die oftmaligen Dialoge störend empfindet.)

ausbezahlt wird etc. Wenn es keine Möglichkeit gibt, zwischen Berechtigten und Unberechtigten zu unterscheiden, müssen alle Zugriffsversuche abgewiesen werden[1]. Beim Design von Sicherheitsmechanismen sollte man berücksichtigen, dass das Abschalten eines Sicherheitsmechanismus immer einfacher sein soll als dessen Umgehung.

19. Parametrisierung: Sicherheitsmassnahmen sollen über variable Parameter, die zufällig oder explizit gewählt werden können, steuerbar sein und nicht ausschliesslich feste Werte berücksichtigen. So hat sich z.B. im Bankenbereich der obligate Unterschriftenvergleich auf allen Zahlungsanweisungen ab einem bestimmten Zahlungsverkehrsaufkommen nicht mehr bewährt. In Online-Systemen ist eine Betragsgrenze vorgegeben, bis zu welcher nur dann ein Unterschriftenabgleich notwendig wird, wenn dies der Rechner nach einem Zufallsprinzip explizit verlangt. Für Zahlungsanweisungen, welche diese Betragsgrenze überschreiten, ist der Unterschriftenvergleich obligatorisch. Eine weitere Betragsgrenze erfordert gar das Vier-Augen-Prinzip. Im Zeitablauf werden die Betragsgrenzen langsam erhöht.

20. Worst-Case-Annahme: Solange nichts Gegenteiliges bekannt ist, soll bei der Entwicklung von Sicherheitsmechanismen von der Annahme ausgegangen werden, dass sie in schlechtesten Umweltbedingungen funktionieren müssen. Es sollen keine besonderen Fähigkeiten der Benutzer (Reaktionszeiten, Ausbildungsniveau, Denkfähigkeit etc.) vorausgesetzt werden.

21. Einbezug des Menschen: In kritischen und sehr wichtigen Situationen kann auf die Entscheidungsfähigkeit des Menschen nicht verzichtet werden. Zwar sind bekanntlich auf dem Gebiet der Künstlichen Intelligenz grosse Fortschritte erzielt worden, dennoch werden bei der Verwendung von Kontrollsystemen immer wieder nichtantizipierbare Situationen auftreten, in denen formalisierbare Entscheidungsregeln nicht ausreichen. Intuition und menschliche Wertung sind nicht gänzlich automatisierbar. Formalisierte Vorgänge werden immer wieder zu Ergebnissen führen, die falsch oder nicht in die Praxis umsetzbar sind.

---

[1] Authentifikationstoken funktionieren z.B. nach diesem Prinzip. Diese Hardware führt bestimmte Funktionen auf Informationen aus, die vom System vorgegeben werden. In vielen Fällen sind Authentifikationstoken auch mit kryptographischen Funktionen ausgerüstet. Versuche, ein Token zu öffnen oder im Fall von Chipkarten, Informationen aus gesperrten Speicherbereichen auszulesen, enden mit völliger Sperre aller Funktionen oder Zerstörung des Token [vgl. SPE87].

22. Image: Nach aussen hin sollte immer versucht werden, einen «sicheren» Eindruck zu vermitteln[1]. Fehlende Absicherungen und Zur-Schau-Stellung von Werten verleiten zu Übergriffen.

23. Zurückhaltung: Vorsichtige Vorgehensweise ist sowohl bei Hinweisen auf Wertebestände als auch bei Informationen über Kontrollergebnisse angebracht. Rechenzentren nicht explizit für Aussenstehende durch Wegweiser und Hinweistafeln kenntlich zu machen, hat sich bereits durchgesetzt. Das Vorhandensein von Kontrollmechanismen wäre zwar in manchen Fällen besser zu verschweigen, ist aber nicht immer vom Gesetz erlaubt und kann die Betroffenen demotivieren. In jedem Fall sind jedoch Ergebnisse und Details konkreter Kontrollen zurückzuhalten, um keinen Anreiz zu bieten, diese Kontrollen ausser Kraft zu setzen[2] [WOO90].

4.2.1.3 Bestimmung effektiver Sicherheitsmassnahmen

Nach erfolgter Feststellung der Relevanz bestimmter Bedrohungen (Kap. 4.2.1.1) wird in einem zweiten Schritt die Effektivität (E) einzelner Massnahmen (M_i) bestimmt. Um eine Menge von Massnahmen zu finden, die auf ihre Effektivität hin zu überprüfen sind, dienen Produktbeschreibungen, Massnahmenkataloge[3] und Erfahrungsaustausch als Anregung. Die zur Kenntnis gelangten Massnahmen werden zuerst auf ihre Kausalität hin überprüft. Eine Massnahme, die keinen Risikofaktor verändert, steht in keinem direkten Zusammenhang mit dem Risiko[4].

---

[1] Image und Sicherheit sind besonders im Bankenbereich eng verbunden. Technische Probleme dürfen keinesfalls in Hörweite des Kunden erörtert werden. Sollte sich die Thematik in einem Kundengespräch nicht vermeiden lassen, so sind Fachausdrücke zu vermeiden und der Sachverhalt allgemein verständlich darzustellen.

[2] So wurden z.B. in an der Universität Zürich bei der Realisierung eines Konzeptes zur Vermeidung und Bekämpfung von Computerviren nur wenige Informationen an den Benutzerkreis «Studenten» weitergegeben. Erklärungen über die Funktionsweise von Computerviren und der Gegenmassnahmen wurden nur in dem Umfang gegeben, wie sie zur Befolgung der Kontrollmassnahme notwendig waren. Bei ausführlicheren Informationen war zu befürchten, dass einige Benutzer erst dadurch angeregt worden wären, Virusprogramme zu implementieren und versuchen würden, die Sicherheitsmassnahmen zu umgehen oder ausser Kraft zu setzen.

[3] [vgl. BAEo.J., KRA89, pp. 85]

[4] Um den Suchprozess nach passenden Massnahmen zu beschleunigen und zu verhindern, dass Massnahmen, die in gar keinem kausalen Zusammenhang zum Risiko stehen, unnötig auf ihre Effektivität hin untersucht werden, sollte ausgehend von den Risikofaktoren über einen funktionalen Ansatz (vgl. Exkurs C) nach passenden Massnahmen gesucht werden.

Um die Effektivität einer Massnahme M festzustellen, wird das Restrisiko
R(M) abgeschätzt, das nach Realisierung der jeweiligen Massnahme voraussichtlich verbleibt. Eine Risikominderung wird als Nutzen interpretiert und
kann als Differenz zwischen Erwartungswert des Risikos vor Realisierung der
betrachteten Massnahme und Restrisiko nach Realisierung der Massnahme
interpretiert werden.

Die Effektivität einer Sicherheitsmassnahme sei durch

$$E(M) \quad = \quad \mu(R) \quad - \quad \mu(R(M))$$

definiert.

Eine Sicherheitsmassnahme ist effektiv, wenn der mittlere Schaden des
Restrisikos nach Realisierung der Massnahme (R(M)) geringer ist als der
mittlere Schaden des Risikos (R) vor Realisierung der Massnahme.

Für indizierte Massnahmen M_i schreiben wir kürzer

$$R_i \text{ statt } R(M_i) \text{ und } E_i \text{ statt } E(M_i)$$

Eine Massnahme M_1 ist bezüglich eines bestimmten Risikos effektiver als eine
Massnahme M_2, wenn das Restrisiko nach Realisierung der Massnahme M_1
kleiner ist als das Restrisiko nach Realisierung der Massnahme M_2.

$$E(M_1) \quad > \quad E(M_2) \quad \Leftrightarrow \quad \mu(R(M_1)) \quad < \quad \mu(R(M_2))$$

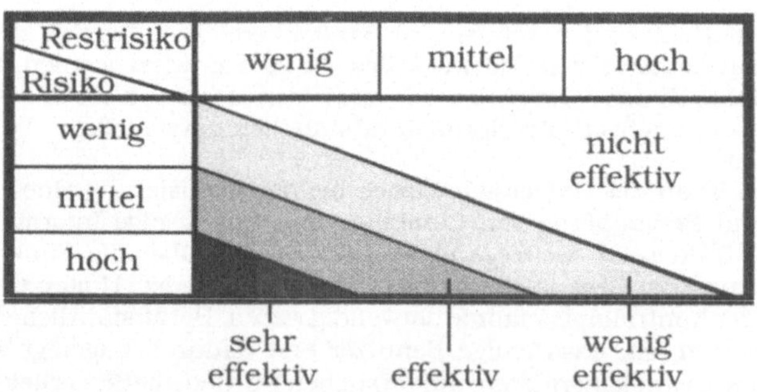

Abb. 4-19: Bestimmung effektiver Massnahmen

Nicht-effektive Massnahmen sind jene, die das Risikopotential erhöhen oder
unverändert lassen, statt es zu schmälern (Abb. 4-19), für die also gilt:

$$\mu(R) \quad - \quad \mu(R(M_j)) \quad \leq \quad 0$$

Im Rahmen der Sicherheitspolitik kann eine Mindestanforderung an die Risikoreduktion von Sicherheitsmassnahmen festgesetzt werden[1].

4.2.1.4 Generierung von Portfolios

In einem weiteren Schritt werden verschiedene Kombinationen von Massnahmen, sogenannte «Portfolios» gebildet. Die Idee der Portfoliotheorie, dass das Gesamtrisiko durch Streuung in ein Anlagenbündel gemindert werden kann [MAR59], ist sehr gut auf Investitionen im Sicherheitsbereich übertragbar. Da keine Massnahme völlige Sicherheit bieten kann, werden im Falle des Versagens einer einzeln realisierten Massnahme die gesamten ursprünglich gefährdeten Werte exponiert. Wurde jedoch ein Massnahmenmix (Portfolio) angewendet, bieten im Falle des Versagens einer einzelnen Massnahme aus dem Massnahmenbündel die restlichen Vorkehrungen ein reduziertes ursprüngliches Risiko.

Die in einem Portfolio realisierten Massnahmen können im Zusammenwirken zu unterschiedlichen Resultaten führen. Deshalb sollen die folgenden Ausführungen die theoretischen Grundlagen für eine Hilfestellung zur Beurteilung von Portfolios bilden.

Falls keine zuverlässigen Annahmen über die gegenseitige Wirkungsweise von Massnahmen getroffen werden können, sollen wenigstens optimistische und pessimistische Szenarien skizziert werden können, indem obere und untere Schranken der gemeinsamen Wirkungsweise angegeben werden. Im folgenden sollen die idealtypischen Arten des Zusammenwirkens verschiedener Massnahmen näher behandelt werden.

4.2.1.4.1 Substitutive Portfolios

Definition: Ein Portfolio habe **substitutiven** Charakter in bezug auf ein Elementarereignis (oder eine Gruppe von Elementarereignissen), falls die Wirkung des Portfolios mit der Wirkung einer der im Portfolio vertretenen Massnahmen übereinstimmt.

Das substitutive Zusammenwirken zweier Massnahmen kann sich im Portfolio als die Wirkung der jeweils schlechteren Massnahme oder der jeweils

---

[1] Eine Mindestanforderung könnte z.B. nur Massnahmen effizient erscheinen lassen, die eine Risikoschmälerung von mindestens 10% bewirken. Die Trennlinie zwischen nicht-effizienten und wenig effizienten Massnahmen rückt dann in der Abb. 4-26 nach rechts oben.

besseren Massnahme herausstellen. In der Regel liegt die Gesamtwirkung eines Portfolios zwischen diesen beiden genannten Extremen[1].

Für Massnahmen M_1, M_2 und den zugehörigen Restrisiken R_1, R_2 sei

$$R_{1v2} = \max (R_1, R_2) \quad \text{bzw.}$$
$$R_{1\wedge 2} = \min (R_1, R_2)$$

R_{1v2} beschreibt jene Kombination der Massnahmen, bei der die jeweils schlechtere wirkt.

$R_{1\wedge 2}$ beschreibt jene Kombination der Massnahmen, bei der die jeweils bessere wirkt.

$$R_{1\wedge 2} = \min (R_1, R_2) \leq R_1, R_2 \leq R_{1v2} = \max (R_1, R_2)$$
$$\mu(R_{1\wedge 2}) \leq \mu(R_1), \mu(R_2) \leq \mu(R_{1v2})$$
$$E(R_{1v2}) \leq \min (E(R_1), E(R_2)) \leq \max (E(R_1), E(R_2)) \leq E(R_{1\wedge 2}),$$

wobei $E(R_{1v2})$ die untere Schranke, $E(R_{1\wedge 2})$ die obere Schranke für die Effektivität eines substitutiven Portfolios ist.

$$R_1 + R_2 = R_{1v2} + R_{1\wedge 2}$$
$$E(R_1) + E(R_2) = E(R_{1\wedge 2}) + E(R_{1v2})$$

Falls die minimale Wirkung im Einzelfall grösser als 0 ist, gilt:
$$E(R_{1\wedge 2}) < E(R_1) + E(R_2) \quad \text{(subadditiv).}$$

Falls $E(R_{1v2}) = 0$ gilt Gleichheit
$$E(R_{1\wedge 2}) = E(R_1) + E(R_2) \quad \text{(additiv).}$$

---

[1] An dieser Stelle sollen zwei kleine Beispiele für **Ausnahmen** dieser generellen Annahme genannt werden:

a) Massnahme 1 sei die Ausstattung einer Aufsichtsperson während der Nacht mit einer Faustfeuerwaffe, Massnahme 2 sei die Ausstattung einer Aufsichtsperson während der Nacht mit Munition. Massnahme 1 für sich allein hat bestenfalls abschreckende Wirkung, wenn ein Eindringling annehmen muss, dass die Waffe geladen ist; Massnahme 2 für sich allein ist völlig wirkungslos. Effektiv ist erst die Kombination beider Massnahmen, wobei abzuwägen ist, welchen Wert das zu schützendende Objekt repräsentiert und welche berechtigten Forderungen an die Unternehmung von Dritten gestellt werden können, falls unsachgemässer Umgang mit der Waffe nachgewiesen werden kann.

b) Der Einsatz eines Sicherheitsbeamten als Massnahme 1 bedeutet eine bestimmte Effektivität E. Der Einsatz von gleichzeitig zwei Sicherheitsbeamten bedeutet nicht unbedingt die doppelte Effektivität 2E. Unter bestimmten Voraussetzungen - eine Aufsichtsperson alleine wäre wachsam gewesen, zwei Aufsichtspersonen spielen während der Dienstzeit miteinander Karten - sinkt die Effektivität sogar unter E.

Von **additiven** Massnahmen spricht man, falls $E(R_{1+2}) = E(R_1) + E(R_2)$, z.B. $R_1 \vee R_2 = R$ ist, bzw. die Massnahmen auf disjunkten Fällen wirken[1].

In den folgenden Abbildungen wird die Menge der Schadensfälle Ω als Intervall $[0,1]$ dargestellt. Vereinfachend wird in manchen Darstellungen angenommen, die Schadenshöhe S betrage immer 1.

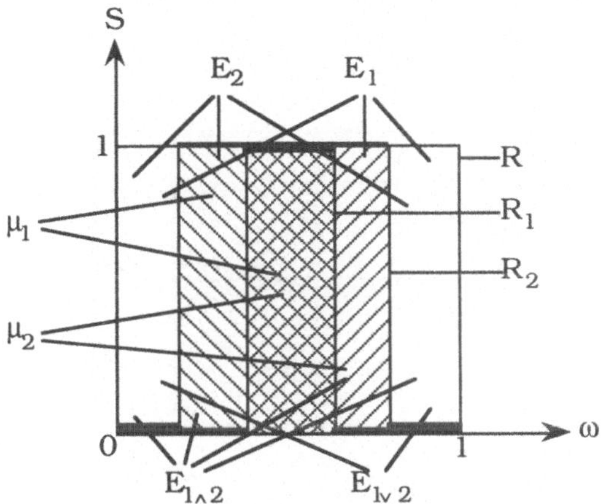

Abb. 4-20: substitutive Massnahmen (allgemeiner Fall)

$$E(R_{1\wedge 2}) + E(R_{1\vee 2}) = E(R_1) + E(R_2) \quad \text{(Abb. 4-20)}$$

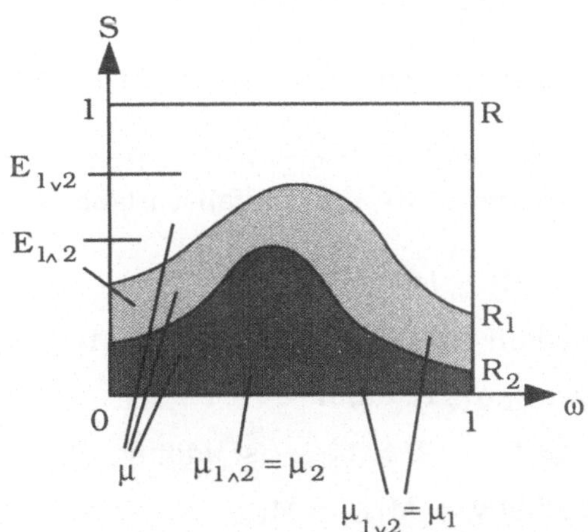

Abb. 4-21: substitutive Massnahmen (Spezialfall: $R_1 > R_2$)

---

[1] Ein anschauliches Beispiel für disjunkte Fälle ist eine bestimmte Form A von Brandschutz während der Wochentage und eine andere Form des Brandschutzes B während des Wochenendes.

Falls gilt $R_1 > R_2$, dann

$$
\begin{aligned}
R_{1 \wedge 2} &= \min(R_1, R_2) = R_2 \\
R_{1 \vee 2} &= \max(R_1, R_2) = R_1 \\
E_{1 \wedge 2} &= E_2 = \mu - \mu_2 = \max(E_1, E_2) \\
E_{1 \vee 2} &= E_1 = \mu - \mu_1 = \min(E_1, E_2) \quad \text{(Abb. 4-21)}
\end{aligned}
$$

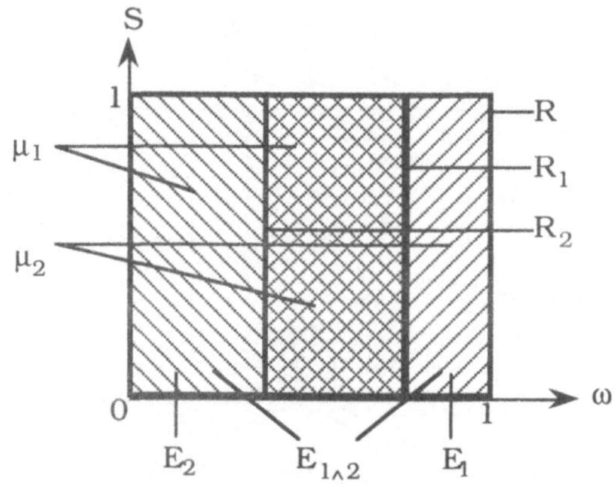

Abb. 4-22: substitutive und additive Massnahmen (Spezialfall: $R_{1 \vee 2} = R$)

Da $E(R_{1 \vee 2}) = 0$ gilt, ist die maximale Wirkung additiv.
$E(R_{1 \wedge 2}) = E(R_1) + E(R_2)$ (Abb. 4-22)

Die folgenden Ableitungen beschreiben additive Massnahmen.

Für Massnahmen M_1, M_2 mit Zufallsvariablen R_1, R_2 und einem substitutiven Portfolio dieser Massnahmen M_{1+2} mit Zufallsvariable R_{1+2} gilt:

i) $E_{1 \vee 2} = 0 \Leftrightarrow M_{1 \wedge 2}$ ist additiv.

ii) $M_{1 \wedge 2}$ ist additiv $\Rightarrow$ (M_{1+2} ist additiv $\Rightarrow M_{1+2} = M_{1 \wedge 2}$)

Falls R_1, $R_2 \leq R$ bzw. $R_{1 \vee 2} \leq R$, dann

iii) $R_{1 \vee 2} = R \Leftrightarrow E_{1 \vee 2} = 0 \Leftrightarrow M_{1 \wedge 2}$ ist additiv.

iv) M_{1+2} ist additiv $\Rightarrow M_{1+2} = M_{1 \wedge 2}$

Beweis:

i)   allgemein gilt: $E_{1 \wedge 2} = E_1 + E_2 - E_{1 \vee 2}$
      M additiv: $E_{1 \wedge 2} = E_1 + E_2$
      daher $E_{1 \wedge 2} = E_1 + E_2 \Leftrightarrow E_{1 \vee 2} = 0$ $\square$

ii)   Zu zeigen ist: $M_{1\wedge2}$, M_{1+2} additiv $\Rightarrow R_{1\wedge2}= R_{1+2}$
$E_{1\wedge2} = E_{1+2} = E_1 + E_2$
allgemein gilt: $R_{1\wedge2} \leq R_{1+2}$ nach Definition
indirekt angenommen: $R_{1\wedge2} < R_{1+2}$
$\Rightarrow \mu_{1\wedge2} < \mu_{1+2}$ (der Mittelwert als Funktion ist streng monoton)
$\mu - \mu_{1+2} < \mu - \mu_{1\wedge2}$
$E_{1+2}   < E_{1\wedge2}$ Widerspruch zu $E_{1\wedge2} = E_{1+2}$
$\Rightarrow R_{1\wedge2} = R_{1+2}$ $\square$

iii)   i) voraussetzend genügt es zu zeigen:
$R_{1v2} = R \Leftrightarrow M_{1\wedge2}$ ist additiv.
$R_{1v2} = R \Rightarrow E_{1v2} = 0 \Rightarrow M_{1\wedge2}$ ist additiv (vgl. i).
$M_{1\wedge2}$ ist additiv $\Rightarrow E_{1v2} = 0$ (vgl. i).
Nach Voraussetzung $R_{1v2} \leq R$
Indirekt angenommen: $R_{1v2} < R$
$\qquad\qquad\quad \mu_{1v2} < \mu$
$\qquad\qquad\quad \mu - \mu_{1v2} > 0$
$\qquad\qquad\quad E_{1v2} > 0$ Widerspruch zu $E_{1v2} = 0$
$\qquad\qquad\quad$ daher gilt $R_{1v2} = R$ $\square$

iv)   ii) voraussetzend genügt es zu zeigen:
M_{1+2} additiv $\Rightarrow M_{1\wedge2}$ ist additiv
nach Voraussetzung gilt: $R_{1v2} \leq R$
$\Rightarrow E_{1v2} \geq 0$
M_{1+2} additiv $\Rightarrow E_{1+2} = E_1 + E_2 \leq E_{1\wedge2}$
$\qquad\qquad\qquad\quad E_1 + E_2 \leq E_1 + E_2 - E_{1v2}$
$\qquad\qquad\qquad\quad 0 \qquad\quad \leq - E_{1v2}$
$\qquad\qquad\qquad\quad E_{1v2} \quad \leq 0$
$\qquad\qquad\qquad\quad \Rightarrow E_{1v2} = 0$
Nach i) folgt $M_{1\wedge2}$ ist additiv $\square$

Exkurs D: Diskussion

Offensichtlich ist die Aussage iv) stärker als die Aussage ii). Dass iv) ohne die Voraussetzung $R_{1v2} \leq R$ im allgemeinen nicht gilt, zeigt folgendes Beispiel.

Es werden zwei Massnahmen betrachtet, die einerseits zu einer Schadensreduktion auf den Wert Null für die Hälfte der Schadensereignisse führt und gleichzeitig die Schadenshöhen für die anderen Schadensereignisse erhöht. Ferner seien die Schadensfälle «komplementär» (Abb. 4-23).

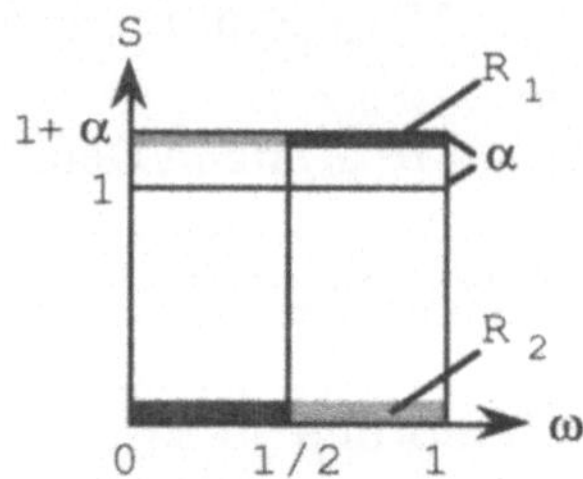

Abb. 4-23:   Massnahmen mit Nebeneffekten

$$R_1(\omega) = \begin{cases} 0 \text{ für } \omega < 1/2 \\ \\ 1+\alpha \text{ sonst} \end{cases} \qquad R_2(\omega) = \begin{cases} 1+\alpha \text{ für } \omega < 1/2 \\ \\ 0 \text{ sonst} \end{cases}$$

Dann ist R_{1+2} $=$ 0 und

$\quad E_1, E_2 \quad = \quad 1/2 \bullet 1 - 1/2 \bullet \alpha$, also

$\quad E_1 + E_2 \quad = \quad 1 - \alpha$

$\quad E_{1 \wedge 2} \quad = \quad 1$

M_{1+2} ist also nicht additiv.

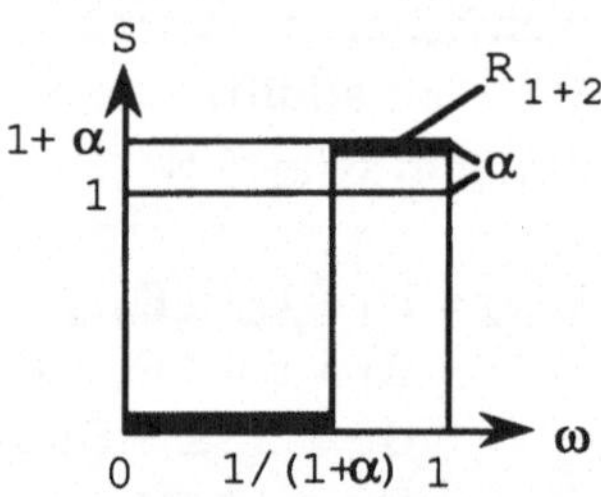

Abb. 4-24:   Substitutives und additives Portfolio

Das Portfolio in Abb. 4-24 R_{1+2}, mit

$$R_{1+2}(\omega) = \begin{cases} 0 \text{ für } \omega < 1/(1+\alpha) \\ \\ 1+\alpha \text{ sonst} \end{cases}$$

ist substitutiv und, wie man nachprüfen kann, additiv.

$\quad E \quad = \quad 1/(1+\alpha) \bullet 1 - (1 - 1/(1+\alpha)) \bullet \alpha \quad =$

$\qquad\qquad 1/(1+\alpha) - \alpha + \alpha/(1+\alpha) \ = (1+\alpha)/(1+\alpha) \bullet \alpha = 1 - \alpha = E_1 + E_2$

Ende Exkurs D

4.2.1.4.2 Simultane Portfolios

Definition: Ein Portfolio habe **simultanen** Charakter in bezug auf ein Elementarereignis (oder eine Gruppe von Elementarereignissen), falls in diesen Fällen alle der im Portfolio vertretenen Massnahmen wirken (Abb. 4-25).

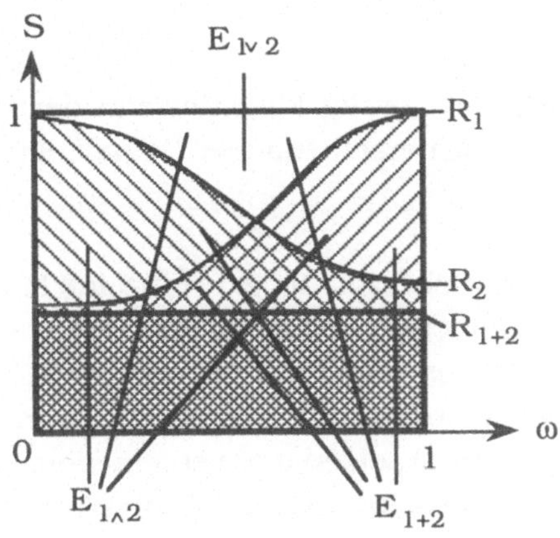

Abb. 4-25: Simultane Portfolios

$$E_{1+2} > E_{1\wedge 2} > \bar{E}_{1v2}$$

Wenn alle Massnahmen in einem Portfolio bei einem bestimmten Schadensereignis wirksam werden, spricht man von simultanen Portfolios. Das Zusammenwirken mehrerer Massnahmen führt zu Synergieeffekten, die für den Einzelfall berücksichtigt werden müssen und in kein allgemeingültiges Schema gefasst werden können.

Abgesehen von den erwähnten Synergieeffekten wirkt in simultanen Portfolios unter anderem die beste Massnahme (weil ja alle Massnahmen per definitionem wirken). Als untere Schranke für die Effektivität des Portfolios kann daher das Maximum der Effektivitäten der einzelnen im Portfolio vertretenen Massnahmen angenommen werden.

$$
\begin{aligned}
R_{1+2} &\leq R_{1\wedge 2} \leq R_1, R_2 \\
-R_{1+2} &\geq -R_{1\wedge 2} \geq -R_1, -R_2 \\
R - R_{1+2} &\geq R - R_{1\wedge 2} \geq R - R_1, R - R_2 \\
\mu(R - R_{1+2}) &\geq \mu(R - R_{1\wedge 2}) \geq \mu(R - R_1), \mu(R - R_2) \\
E(R_{1+2}) &\geq E(R_{1\wedge 2}) \geq E(R_1), E(R_2) \\
E(R_{1+2}) &\geq \max(E(R_1), E(R_2))
\end{aligned}
$$

Ein sehr einfaches Beispiel macht den Unterschied zwischen simultanen und substitutiven Portfolios deutlich. Wenn zwei Versicherungen abgeschlossen wurden und eine Ersatzleistung im Schadensfall von beiden Versicherern geleistet wird, dann haben die beiden Versicherungen simultanen Charakter (z.B. mehrfache Lebensversicherungen). Eine Zusatzkrankenversicherung, die jene Kosten übernimmt, welche durch eine Pflichtversicherung nicht gedeckt sind, bildet mit der Pflichtversicherung ein substitutives Portfolio.

In der Praxis sind Portfolios häufig Mischformen der hier beschriebenen Idealtypen, können also auf unterschiedlichen Schadensursachen substitutiv oder simultan wirken.

Die Effektivität muss also nicht nur für jede einzelne Massnahme, sondern für jede mögliche Massnahmenkombination ermittelt werden. Zwar erscheinen besonders jene Portfolios effektiv, die nicht dieselben Risikofaktoren senken. Es kann jedoch in bestimmten Anwendungen durchaus sinnvoll sein, bewusst Schwerpunkte zu setzen und verschiedene Massnahmen in ein Portfolio aufzunehmen, die dieselben Risikofaktoren reduzieren. So kann z.B. der Rechnerzugang durch eine Kombination von Passwortmechanismus und Token (z.B. Smart Card) geregelt sein. Jede Massnahme für sich ändert den Risikofaktor «Wahrscheinlichkeit eines unberechtigten Rechnerzugangs», in Kombination haben die beiden Massnahmen simultanen Charakter. Hingegen ist es nicht sinnvoll die Massnahmen «physischer Schreibschutz» und «Anwendung von Anti-Virus-Programmen» auf dieselben Datenbestände anzuwenden. Da eine Infektion schreibgeschützter Programme nicht möglich ist, wird die Suche nach infizierten Programmen immer negative Ergebnisse liefern[1]. Diese Massnahmen haben substitutiven Charakter, im Gegensatz zu den erstgenannten simultanen Massnahmen. Besonders günstige Nutzeneffekte erzielen Portfolios, die durch ihre kombinierte Anwendung einen grösseren Nutzeneffekt erzielen als die Summe der Nutzen der Einzelmassnahmen.

4.2.1.5 Berechnung der Effizienz von Portfolios

Im nächsten Schritt finden die Kosten der Portfolios Berücksichtigung. Es werden dabei die Kosten zur Realisierung einer Massnahme und das Ausmass der Risikominderung, die diese Massnahme bewirkt, einander gegenüber-

---

[1] Die Anwendung von Anti-Virus-Programmen vor Installation oder nach Aufhebung des Schreibschutzes kann durchaus wieder sinnvoll sein, da zu diesem Zeitpunkt die andere Massnahme ausser Kraft gesetzt ist. Im genannten Fall gilt, dass der physische Schreibschutz effektiver ist als ein Anti-Virus-Programm, jedoch nicht immer durchführbar ist, da in vielen Anwendungen Änderungen an den gespeicherten Daten notwendig sind.

gestellt. Die Differenz aus Effektivität (E) und Kosten (C) einer Massnahme (M_1) wird Effizienz (e) genannt.

$$e(M_1) = E(M_1) - C(M_1)$$

Eine Massnahme M_1 ist effizienter als eine Massnahme M_2, wenn die Differenz zwischen Effektivität und Kosten der Massnahme 1 grösser ist als die Differenz zwischen Effektivität und Kosten der Massnahme 2, wobei die Effektivität, wie bereits erwähnt, das Ausmass der Risikominderung zum Ausdruck bringt (Abb. 4-26).

$$e(M_1) > e(M_2) \quad \Leftrightarrow \quad (E(M_1) - C(M_1)) > (E(M_2) - C(M_2))$$

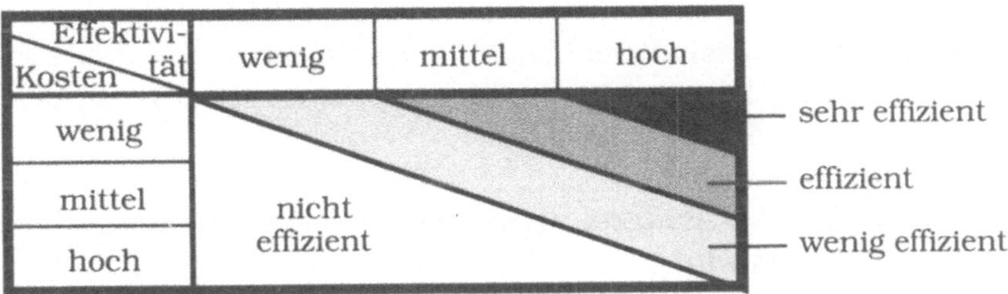

Abb. 4-26: Bestimmung effizienter Massnahmen

Ein weiterer wesentlicher Vorteil der hier erörterten Methode ist die Berücksichtigung von Synergieeffekten der Kosten[1] der Massnahmen im Portfolio. Zu solchen vorteilhaften Portfolios zählen Massnahmenbündel, die im Portfolio weniger Kosten verursachen, als jede Massnahme verursachen würde, wäre sie allein realisiert, für die also gilt:

$$C(M_i) + C(M_j) > C(M_{ij})$$

Können keine Massnahmen für einen betrachteten Risikobereich gefunden werden - sei es, weil keine effektive Massnahme gefunden wird, sei es, weil die effizienten Massnahmen ein gesetztes Mindestmass nicht erreichen -, muss das Risiko neu abgegrenzt und für jedes Teilrisiko ein neuerlicher Suchprozess begonnen werden.

---

[1] So ist z.B. die Massnahme «Sonderzeichenzwang bei der Passwortwahl» u.U. mit aufwendiger Systemprogrammierung verbunden. Die Massnahme «Zwang zum Passwortwechsel in bestimmten zeitlichen Abständen» bzw. «Vorgabe des Passwortes durch das System» erfordert ebenfalls die Lösung von Programmieraufgaben auf Systemniveau. Der gemeinsame Kostenanteil bei Realisierung der genannten Massnahmen ist hoch.

4.2.1.6 Auswahl des optimalen Portfolios

Bei der Auswahlentscheidung zugunsten eines bestimmten Portfolios gelangen unterschiedliche Entscheidungskriterien, die in der Sicherheitspolitik festgelegt wurden, zur Anwendung. Es werden zwei Grundformen von Entscheidungsstrategien unterschieden:

- Kostenminimierung
- Nutzenmaximierung

Durch Verwendung dieser Kriterien und durch Formulierung bestimmter Nebenbedingungen können verschiedene Strategien entwickelt werden, z.B.:

- Vorgabe eines Sicherheitsniveaus, das erreicht werden muss; bei mehreren Massnahmenkandidaten: Entscheidung unter kostenminimierenden Gesichtspunkten (anzuwenden z.B. bei der Erfüllung behördlicher Auflagen)

- Vorgabe eines Budgets, in dessen Rahmen nutzenmaximierend vorgegangen wird

- Vorgabe eines Restrisikos, das unterschritten werden muss; bei mehreren Massnahmenkandidaten: Entscheidung zugunsten jenes Portfolios, das grösste Rendite (Nutzen pro investierter Geldeinheit) aufweist

- Vorgabe einer Mindestrendite, bei mehreren Massnahmenkandidaten: kostenminimierende Vorgehensweise

- Vorgabe einer Mindestrendite, bei mehreren Massnahmenkandidaten: nutzenmaximierende Vorgehensweise

Eventuell kann bei bestimmten Anwendungen auch die Vorgabe einer bestimmten Diversifikationstiefe sinnvoll sein (Anwendung von z.B. mindestens drei Sicherheitsmassnahmen zur Abdeckung eines bestimmten Risikos). Bei Vorhandensein mehrerer Massnahmenkandidaten könnte unter kostenminimierenden oder nutzenmaximierenden Kriterien entscheiden werden.

4.2.1.7 Nebeneffekte

Schon bei der Berechnung der Effektivität von Massnahmen und Portfolios muss beachtet werden, dass Nebeneffekte auftreten können. Damit sind Nutzeneffekte gemeint, die ausserhalb des betrachteten Risikobereichs anfallen. Diese Nutzeneffekte können positiv oder negativ sein. So kann z.B. die Einrichtung eines Notausgangs einen bestimmten Nutzenwert ergeben, da im Brandfall die Gefährdung von Menschenleben herabgesetzt wird. Die Anbringung eines Notausgangs in einem Raum, der nur durch ein doppeltes Schleusensystem zugänglich ist, hat jedoch zur Folge, dass die Schleuse ad absurdum geführt wird. Der Notausgang würde vom Personal wahrscheinlich benutzt werden, um das aufwendige Passieren des Schleusensystems zu umgehen. Ein versperrter Notausgang entspräche jedoch nicht den gesetzlichen Regelungen und würde darüber hinaus den Nutzen des Notausganges wieder zunichte machen. Das genannte Beispiel beschreibt einen **negativen Nutzennebeneffekt**.

Ein **positiver Nutzennebeneffekt** hingegen entsteht z.B., wenn als Massnahme gegen das Risiko «Hardwarediebstahl» eine effiziente Schlüsselverwaltung in Betracht gezogen wird. Durch diese Massnahme werden nicht nur Hardwareeinrichtungen besser geschützt, sondern auch anderes, in den fraglichen Räumlichkeiten befindliches Inventar.

Auch im Kostenbereich entstehen Nebeneffekte, die sich auf die Effizienz von Portfolios auswirken. **Positive Kostennebeneffekte** können z.B. bei Erweiterung von Sicherheitsmassnahmen entstehen, die in Teilbereichen der Unternehmung bereits realisiert wurden. Gewährung von Rabatten bei Folgekäufen sind denkbar. Ein weiterer positiver Kostennebeneffekt sind Prämiennachlässe bei abgeschlossenen Versicherungen, wenn der Versicherer die zusätzlichen Sicherheitsvorkehrungen als risikomindernd anerkennt.

Negative Kostennebeneffekte können z.B. entstehen, wenn die Beschaffung einer bestimmten Massnahme zur Folge hat, dass ein anderer Lieferant seine Kundendiensttätigkeit einstellt oder mit der Beschaffung einer Massnahme vertragliche Auflagen verletzt werden und dadurch Bussgelder anfallen.

4.2.2   Überprüfung des implementierten Portfolios

Risk Management ist ein informationsverarbeitender Prozess, der auf Prognose zukünftigen Geschehens und Antizipation zukünftiger Zustände basiert. Bei unvollkommener Voraussicht können diese Antizipationen von den tatsächlichen späteren Ereignissen abweichen. Man darf also nicht von statischen Risikobedingungen ausgehen, sondern muss die dynamischen Änderungen der Risikosituationen, denen eine Unternehmung ausgesetzt ist, berücksichtigen. Ausserdem könnten auch Fehler im Entscheidungs- oder Implementationsprozess selbst aufgetreten sein, die korrigiert werden müssen.

Daher bedarf es einer laufenden Überprüfung des implementierten Portfolios. Ziel einer derartigen Überprüfung ist die Feststellung, ob die tatsächliche Effektivität und Effizienz der Sicherheitsmassnahmen den Erwartungen entspricht, und ob der Entscheidungsprozess und die Implementation gemäss den Vorgaben durchgeführt wurden. Die Überprüfung soll in erster Linie Informationen über den Erfolg der Sicherheitspolitik und des Risk Managements im Sinne einer Erreichung angenommener Sollwerte liefern. Die Überprüfung ist jedoch nur ein Instrument; der Zweck ist letztlich die Möglichkeit, Erkenntnisse aus den Überprüfungsergebnissen abzuleiten und so einen Lerneffekt zu erzielen. Die Überprüfung als Rückkopplung ermöglicht dem Entscheidungsträger Anpassungen in Form von Korrekturen und Modifikationen. Hier können besonders Abweichungsanalysen dienlich sein, welche die Ursachen der Abweichungen aufdecken.

Es müssen alle betrachteten Risiken, auch jene, die im Augenblick als für die Unternehmung nicht relevant eingestuft wurden, nach Ablauf einer zeitlichen Frist wieder auf ihre Bedeutung für das Unternehmen überprüft werden. Das Risikoinventar ist dahingehend zu führen und zu erweitern, dass neuerliche Überprüfungstermine festgesetzt werden müssen[1].

Die Überprüfung implementierter Sicherheitmassnahmen stellt selbst wieder eine Sicherheitsmassnahme dar. Daher gelten grundsätzlich auch für diese Anwendung die in Kap. 4.2.1.2.3 genannten Prinzipien beim Design von Sicherheits- und Kontrollmechanismen.

Es werden im folgenden jene Prinzipien, die für die Überprüfung von Sicherheitsmassnahmen in besonderem Masse zutreffen, herausgegriffen und in diesem speziellen Zusammenhang kurz erörtert.

4.2.2.1 Grundsätze bei der Überprüfung von Portfolios

1. **Effizienz:** Die Kosten einer Überprüfung des Portfolios sollen nicht höher sein, als die Verbesserung, die diese Überprüfung bewirken kann. Wie bereits an anderen Stellen dieser Arbeit erwähnt (Kap. 4.1.2, Kap. 4.2.1.2.3.), ist diese Nutzenerwägung a priori nicht immer möglich.

Beispiel: Zur Überprüfung implementierter Sicherheitsvorkehrungen gegen Computerviren ist die Disassemblierung von Programmteilen nur dann

---

[1]   So wird z.B. im allgemeinen die neuerliche Schätzung des Risikos der Entwendung von Datenträgerabfall oder der unbefugten Verwertung von Bildschirmabstrahlung in zeitlich grösseren Abständen erfolgen als die neuerliche Schätzung des Insider-Risikos.

gerechtfertigt, wenn eine Infektion wahrscheinlich ist, und die Kosten der eventuell verursachten Schäden höher sind als die Kosten der Disassemblierung. Aufzeichnungen über die getroffenen Annahmen zur Schätzung des Risikos durch Computerviren, sowie Produktbeschreibungen der verwendeten Antivirenprogramme können den Überprüfungsvorgang erheblich vereinfachen.

2. **Kenngrössen:** Durch die Festlegung von Kenngrössen bereits in der Phase der Bewertung und Implementation von Portfolios kann der Aufwand zur Überprüfung des Portfolios erheblich reduziert werden. Die Kenngrösse soll ein Indikator für das Funktionieren des Portfolios im erwarteten Ausmass darstellen.

Beispiel: In einer grossen Organisation wird ein Portfolio zur Vermeidung von Computerviren realisiert. Eine zentrale Stelle, deren Aufgabe die Benutzerbetreuung ist, verzeichnete vor Realisierung des Portfolios pro Woche 15 Anfragen wegen Computerviren, nach Realisierung des Portfolios sinkt die Anzahl der Anfragen auf 2. Ein Ansteigen auf 7 oder mehr Anfragen pro Woche wird als Indikator für eine neuerliche Überprüfung des Portfolios festgelegt [vgl. BAS89].

3. **Einfachheit:** Je einfacher ein Portfolio überprüft werden kann, umso kostengünstiger ist der Entwurf und die Durchführung des Überprüfungsmechanismus. Ein Portfolio ist einfach überprüfbar, wenn es nur aus wenigen, voneinander unabhängigen Massnahmen besteht und auf einen Risikobereich angewendet wird, der gut prognostizierbar ist. Die Überprüfung eines Portfolios, das in ein mathematisches Modell abgebildet werden und computergestützt kalkuliert werden kann, ist einfacher, als ein Portfolio, das etliche qualitative Merkmale berücksichtigt.

Beispiel: Ein Portfolio zum Risiko «Hacking», das in ein mathematisches Modell abgebildet wurde und computergestützt kalkuliert werden kann, ist einfacher überprüfbar als ein Portfolio gegen Computerviren, bei dem qualitative Aspekte im Vordergrund stehen (vgl. Kap. 5 und 6).

4. **Dokumentation:** Die Kosten einer Überprüfung sind durch Dokumentation der Risikoschätzungen und Aufzeichnungen über Massnahmenbewertungen (Portfolio-Tabellen) reduzierbar. Statistiken oder Produktbeschreibungen, die als Entscheidungsgrundlagen herangezogen werden, sollen zugänglich bleiben oder in Kommentaren referenziert werden. Gute Dokumentation unterstützt die nötigen Effizienzüberlegungen, die einer Überprüfung vorausgehen müssen.

Beispiel: In einer bestimmten Umgebung wurde bei der Abschätzung des Risikos «Computerviren» von der Annahme ausgegangen, ein infiziertes Programm müsse vom Benutzer aktiv gestartet werden, um eine Infektion zu verursachen. Aus Berichten der Fachpresse ist zu entnehmen, dass es bereits Viren gibt, die schon allein durch Einsichtnahme in das Directory und ohne Aktivierung eines Programms verbreitet werden können. Die Wahrscheinlichkeit einer unbewussten Einbringung eines Computervirus ist daher unter den neuen Aspekten höher, als ursprünglich angenommen.

5.   Offenheit: Die Überprüfung der Einhaltung von Sicherheitsmassnahmen sollte üblicherweise nicht ohne Wissen der Benutzer erfolgen. Das Wissen um einen vorhandenen Kontrollmechanismus und um Sanktionen im Fall eines Verstosses zwingt den Benutzer zur Anwendung der Sicherheitsmassnahmen. Ausserdem würde eine versteckte Überprüfung zu Demotivation beim Anwender führen. Der Benutzer reagiert auf Kontrollmechanismen oft ablehnend. Diese Ablehnung resultiert aus der Angst persönlichen Freiraum zu verlieren und völlig überwacht zu werden. Er interpretiert die Kontrolle als Vertrauensentzug, die Fiktion des «gläsernen Mitarbeiters» verstärkt seine Ablehnung. Der frühzeitige Einbezug des Anwenders und die Mitberücksichtigung seiner Argumente fördern bei der Realisierung von Kontrollmechanismen die Benutzerakzeptanz. Abhängig von der betrieblichen Umgebung wird dieser Einbezug des Benutzers jedoch nicht immer möglich sein.

Beispiel: Ein Portfolio, das vom Benutzer die Veränderung seines Passworts in bestimmten zeitlichen Intervallen, sowie die Verwendung von Sonderzeichen verlangt, kann durch einen automatischen Mechanismus überprüft werden. Wird das Passwort trotz mehrmaliger Hinweise nicht bis zu einem bestimmten Datum geändert, wird der Datenzugriff für diesen Benutzer unterbunden. Das Vorhandensein des Mechanismus kann und soll dem Benutzer bewusst sein. Wenn in diesem Portfolio eine weitere Massnahme aufscheint, nämlich eine kurze Anleitung, wie solche Passwörter vom Benutzer erfunden werden können und welche Gedankenstützen verwendet werden sollen, ist die Akzeptanz durch den Benutzer eher gegeben.

6.   Funktionstrennung: Die Implementation von Überprüfungsmechanismen darf nicht von Personen vorgenommen werden, welche die zu überprüfenden Massnahmen eines Portfolios ausführen.

Beispiel: Ein Torposten, der Besucher nur nach Eintragung in eine Besucherliste und bei Abholung durch einen Mitarbeiter passieren lassen soll, darf die Besucherliste nicht selbst auf Vollständigkeit hin überprüfen.

Ein zentrales Problem der Überwachung ist die Schätzung der Wirtschaftlichkeit des Überwachungsvorgangs selbst, wie dies im ersten Grundsatz bei der Überprüfung von Portfolios bereits erwähnt wurde. Wieviel Überwachung muss betrieben werden, um Sicherheitsmassnahmen effizient zu gestalten? Ab wann wird Überwachung zum Selbstzweck? Dieses Problem wird besonders deutlich bei der Auswertung der «Audit Trails» und «Log-files», die das Resultat von Zugriffsüberwachungssystemen sind. Bei Grossrechenanlagen und Netzwerken werden Sicherheitskomponenten installiert, die sämtliche sicherheitsrelevanten Aktionen aufzeichnen; dazu zählen Operationen wie das Öffnen bestimmter Dateien, Rechtevergabe oder Schreiboperationen auf bestimmte Datenbestände. Diese Aufzeichnungen werden meist zeitlich entkoppelt (am folgenden Tag) «ausgewertet».

Der Umfang der Aufzeichnungen lässt in vielen Fällen eine genaue Analyse nicht zu. So dienen die Log-files bestenfalls bei Eintritt eines offensichtlichen Schadensereignisses zur Rückverfolgung von Aktivitäten eines bestimmten Benutzers oder zur nachträglichen Überprüfung der getätigten Aktionen auf bestimmten Datenbeständen. Die Ursache für die enormen Datenmengen liegen in den anwendungsunabhängigen und starr definierten Regeln, nach denen diese Protokolle erstellt werden. Wünschenswert sind vielmehr Protokollmechanismen, die aus einem kleinen Teil vordefinierter Operationen bestehen, die tatsächlich anwendungsunabhängig sind (z.B. Änderungen am Betriebssystem, Rechtevergabe auf einer hohen Privilegienstufe etc.), und die darüber hinaus dem Benutzer Möglichkeiten einräumen, selbst Objekte oder Subjekte oder Zugriffsarten als «sicherheitsrelevant» zu definieren. In einer nächsten Phase sollten dem Benutzer Optionen bei der Festlegung des Protokollmodus zur Verfügung stehen («alles aufzeichnen» oder z.B. «Stichproben» nach Zufallsprinzip). Ein weiterer Schritt wäre die Implementation eines «Real-time»-Alarms, der an einem bestimmten Anschluss eine Nachricht ausgibt, wenn besonders sicherheitskritische Aktionen durchgeführt werden, unter gleichzeitiger Angabe des Benutzers und des Anschlusses.

4.2.2.2 Konsequenzen aus Überprüfungstätigkeiten

Als Resultat der Überprüfungstätigkeit können Fehler bei der Risikoschätzung ersichtlich werden. Fehler bei der Schätzung eventueller Schadenshöhen im Schadensfall können durch Heranziehung von Buch- oder Verkehrswerten oder aufgrund von Schätzgutachten, die von externen Fachleuten erstellt wurden, aufgedeckt werden. Fehler bei der Häufigkeitsschätzung sind ungleich schwieriger zu erkennen (vgl. Kap. 2.4.3); hier können Statistiken und Expertengutachten als Grundlage für die Überprüfung dienen. Die Konsequenz der Entdeckung von Fehlern bei der Risikoschätzung ist eine neuerliche Risikoanalyse und in weiterer Folge eine neuerliche Anwendung der in diesem Kapitel gezeigten Portfolio-Methode.

Fehler im Entscheidungsprozess können durch Überprüfung der Entscheidungskriterien entdeckt werden. Sollten die Ergebnisse des Entscheidungsprozesses trotz Konformität mit den Vorgaben nicht befriedigend sein, ist der Inhalt und die Form der geleisteten Vorgaben zu überprüfen. Eventuell müssen sogar Anpassungen der Vorgaben, die aus der Sicherheitspolitik abgeleitet wurden, vorgenommen werden. Ferner muss der Entscheidungsspielraum des Entscheidungsträgers korrigiert werden.

Fehler bei der Implementation von Sicherheitsmassnahmen können durch Tests und Interviews mit den Benutzern erkannt werden. Als Konsequenz können z.B. Massnahmen zur Anhebung der Benutzerakzeptanz (Schulung, Information) oder Änderungen der Sanktionen, die an eine Missachtung bestimmter Massnahmen geknüpft sind, notwendig werden.

4.3   Zusammenfassung

Das vierte Kapitel befasste sich mit der Operationalisierung der Portfolio-Methode für den Sicherheitsbereich. Ausgehend von Grundsätzen, die der Formulierung einer Sicherheitspolitik zugrunde liegen sollen, wird die Aufbereitung von notwendigen Informationen zur Entscheidungsfindung - nämlich die konkrete Zusammensetzung eines Portfolios - und deren Reduktion auf einige überschaubare Kenngrössen ausführlich beschrieben. Zur Verdeutlichung der Wechselwirkungen von Sicherheitsmassnahmen wurden idealtypische Portfolios skizziert und ihre Eigenschaften formal beschrieben. Abschliessend wurden die Zielsetzungen und möglichen Konsequenzen von Überprüfungsaktivitäten im Sicherheitsbereich diskutiert.

5 Fallstudie I: «Hacking» in einem Local Area Network – Ein quantitativer Ansatz

Im folgenden Fallbeispiel wird das Risiko eines erstmaligen, erfolgreichen Einbruchs durch «Hacking»[1] in ein Local Area Network einer Unternehmung aus dem Dienstleistungsbereich betrachtet, die mit nicht-sensitiven Datenbeständen arbeitet. Das Risiko wird unter Verwendung der im vierten Kapitel beschriebenen Methode **quantifiziert**, und es werden Portfolios zur Risikoreduktion unter Beachtung wirtschaftlicher Randbedingungen erwogen.

5.1 Risikobeurteilung

5.1.1 Risikoanalyse

5.1.1.1 Risikoidentifikation

«erstmaliger, erfolgreicher Hackingversuch»

5.1.1.2 Risikoabgrenzung

Umgebung:

LAN mit 24 Workstations

3 Server

Verbindung zu einem organisationsinternen Breitbandnetzwerk

Verbindung zu Internet

ca. 100 Benutzerkonten

3 Superuser-Konten pro Server

Back-up-Intervall: einmal täglich

Back-ups aller benötigten Programme sind vorhanden

---

[1] Unter «Hacking» im engeren Sinne werden unberechtigte Zugriffsversuche auf geschützte Datenbestände verstanden. Oft bedient sich ein Hacker Einrichtungen der öffentlichen Datenübertragung, um Zugang zu den meist entfernten Rechnern und der von ihnen verwalteten Daten zu erlangen. Merkmal eines «Hacks» ist die Überwindung logischer Zugriffsbarrieren, wie z.B. eines Passwortmechanismus, durch Unbefugte. «Hacking» im weiteren Sinne meint jeden Überwindungsversuch einer logischen Barriere, also z.B. auch die Anstrengungen eines Benutzers an Daten eines abwesenden Kollegen zu gelangen, die er dringend zur Fortführung seiner Arbeit benötigt. Im gewählten Beispiel wird jedoch die Sichtweise des «Hackings im engeren Sinne» herangezogen.

Die Motivation eines Hackers für eine Einbruchsaktion in fremde Datenbestände kann die intellektuelle Herausforderung sein, der Wunsch nach Anerkennung Gleichgesinnter, Prestigedenken, krimineller Trieb, Vergeltung, Rache, «Leistungsdruck» durch Hackervereinigungen oder die Hoffnung auf eine Laufbahn als «Computer security consultant» [vgl. BAI87, BEI90, CCC88, LAN85, STO88, WON86]. Die bekannteste Hackervereinigung im deutschen Sprachraum ist der Computer Chaos Club mit Sitz in Hamburg.

5.1.1.3 Bestimmung der Risikofaktoren

* Anzahl der Benutzer-Accounts

* Anzahl der Superuser-Accounts

* Anzahl der Workstations

* Anzahl der Server

* Häufigkeit erfolgreicher Hacks pro Benutzer-Account und Jahr

* Häufigkeit erfolgreicher Hacks pro Superuser-Account und Jahr

* Anzahl der Stunden, die nötig sind, um die Daten, die auf einer Workstation seit dem letzten Back-up erstellt wurden, zu rekonstruieren

* Anzahl der Stunden, die nötig sind, um die Daten, die auf einem Server seit dem letzten Back-up erstellt wurden, zu rekonstruieren

* Stundenlohn einer Fachkraft

* Stundenlohn einer hochqualifizierten Fachkraft

* Fixe Kosten pro Hack auf Benutzerebene

* Fixe Kosten pro Hack auf Superuser-Ebene

5.1.1.4 Diskussion

Als «Worst case» wird hier der Fall angenommen, dass ein Hacker sämtliche Daten löscht, auf die er zum Zeitpunkt seines Einbruchs Schreibzugriff hat. Diesbezüglich gibt es geteilte Ansichten: vor allem aus der Sicht eines Systemadministrators erscheint die Installation einer «Trap door»[1] gefährlicher. Mit einer kleinen Routine kann der Hacker, dem einmal der Zugang zu einem System auf Administratorebene gelingt, sicherstellen, dass er auch in Zukunft - und dann auf einfache Art und Weise - Zugang zum System erhält. In der betrachteten Umgebung geht man davon aus, dass allein die Tatsache, dass ein unberechtigter Zugang zum System stattgefunden hat, noch kein Schadensereignis darstellt.

---

[1] „A feature built into a program such that the provision of specific input data allows the process executing the program to overcome the security policy, usually by directly returning to the calling program, completely bypassing all security guards." [LEE89].

Betrachtet man die Einbringung eines Virusprogramms, das meist mit einer Zerstörungsfunktion ausgestattet ist, als «Worst case», so bedeutet das nur eine zeitliche Verzögerung des hier besprochenen Schadensfalls.

Es wäre auch denkbar, dass ein Hacker den «geknackten» Anschluss dazu verwendet, kostenpflichtige Dienste in Anspruch zu nehmen und «Remote jobs» zu starten. Im vorliegenden Fall kann man jedoch davon ausgehen, dass im Zuge der laufenden Kostenkontrolle erhöhte Gebühren umgehend auffallen würden und weitere Aktivitäten rasch unterbunden werden könnten.

5.1.2   Risikobewertung

5.1.2.1   Quantifizierung der Risikofaktoren

- Anzahl der Benutzer-Accounts (ua) 100

- Anzahl der Superuser-Accounts (SUa) 3

- Anzahl der Workstations (WS) 24

- Anzahl der Server $(Serv)$ 3

- Häufigkeit erfolgreicher Hacks pro Benutzer-Account und Jahr (f) 0.03

- Häufigkeit erfolgreicher Hacks pro Superuser-Account und Jahr (F) 0.03

- Anzahl der Stunden, die nötig sind, um die Daten, die auf einer Workstation seit dem letzten Back-up erstellt wurden, zu rekonstruieren $(PhWS)$ 24

- Anzahl der Stunden, die nötig sind, um die Daten, die auf einem Server seit dem letzten Back-up erstellt wurden, zu rekonstruieren (PhS) 64

- Stundenlohn einer Fachkraft $(hw1)$ sFr. 150.-

- Stundenlohn einer hochqualifizierten Fachkraft $(hw2)$ sFr. 200.-

- Fixe Kosten pro Hack auf Benutzerebene $(fc1)$ sFr. 200.-

- Fixe Kosten pro Hack auf Superuser-Ebene $(fc2)$ sFr. 400.-

Das Risiko wird getrennt für Benutzerebene (Ru) und Superuser-Ebene (Rsu) durch die maximalen Kosten im Schadensfall quantifiziert (d.i. der «Possible Maximum Loss»), gewichtet mit der Wahrscheinlichkeit des Ereignisses «erstmaliger, erfolgreicher Hack».

$$Ru \quad = \quad ua \cdot f \cdot (PhWS \cdot hw1 + fc1)$$
$$= \quad 100 \cdot 0.03 \cdot (24 \cdot 150 + 200) = 11.400$$

$$Rsu = \quad SUa \cdot F \cdot ((PhWS \cdot hw1 \cdot WS) + (PhS \cdot hw2 \cdot Serv) + fc2)$$
$$= \quad 3 \cdot 0.03 \cdot ((24 \cdot 150 \cdot 24) + (64 \cdot 200 \cdot 3) + 400) = 11.268$$

Das jährliche Gesamtrisiko (totr) ergibt sich aus der Summe der beiden Teilrisiken

$$totr \quad = \quad Ru + Rsu = 11.400 + 11.268 = 22.668$$

5.1.2.2   Risikoklassifikation

Das Risiko in dieser Grössenordnung stellt für die betreffende Organisationseinheit kein existenzbedrohendes Risiko dar. Die Budgetierung ist so gestaltet, dass Schadensfälle in diesem Ausmass problemlos abgedeckt werden könnten.

Andererseits ist aus Sicht der Unternehmung das Risiko aber auch nicht tolerierbar, denn die durch einen eventuellen Schadensfall benötigten Geldmittel könnten andernorts sicher sinnvoller eingesetzt werden. Das Risiko ist also in die Klasse der mittleren Risiken einzustufen, für die im konkreten Fall vorgesehen ist, dass innerhalb eines Budgets nutzenmaximierend entschieden werden soll.

5.2   Bestimmung effektiver Massnahmen

5.2.1   Suche nach Massnahmenalternativen

Massnahme 1
Strengere Regelung zur Benutzung von Passwörtern, z.B. Zwang zur monatlichen Passwortänderung

Massnahme 2
Strengere Regelung bei der Wahl des Passworts, z.B. Zwang zur Verwendung von Sonderzeichen und Ziffern im Passwort, Vorgabe einer Mindestlänge, zentrale Überwachung, ob das Passwort oder ein Teil davon wieder verwendet wird

Massnahme 3
Back-up Intervalle halbieren

Massnahme 4
Anzahl der Workstations reduzieren

Massnahme 5
Anzahl der Accounts reduzieren

Massnahme 6
Konkrete Suche nach der Sicherheitslücke und Behebung der Mängel

Massnahme 7
Anhebung des Sicherheitsniveaus durch zusätzliche Systemkomponenten,
in der Art, wie vom Hersteller vorgesehen

Massnahme 8
Rechnersplit in drei LANs zu je 8 Workstations mit je einem Server

5.2.2   Bestimmung kausaler Zusammenhänge

Die Bestimmung der kausalen Zusammenhänge und die Betrachtung der
Massnahmenalternativen nach ihrer organisatorischen Machbarkeit wirken
als erster Filter und schränken die Menge der zu bewertenden Massnahmen ein.

Massnahme 1 ändert keinen der Risikofaktoren. Beim Angriff eines Hackers
präsentiert sich das System in einem bestimmten Zustand mit Passwörtern
bestimmter Qualität. Der Umstand, dass sämtliche Passwörter erst vor kurzem
geändert wurden oder sämtliche Passwörter seit längerer Zeit unverändert
geblieben sind, ändert nichts an der Wahrscheinlichkeit, dass der Hack gelingt.

Massnahmen 4 und 5 (Reduktion der Workstations bzw. der Accounts) sind
aus organisatorischen Gründen nicht durchführbar.

Es verbleiben die Massnahmen 2, 3, 6, 7 und 8 zur näheren Betrachtung.

5.2.3   Schätzung des Restrisikos

Massnahme 2 reduziert die Häufigkeit erfolgreicher Hacks sowohl auf
Benutzerebene, wie auch auf Superuser-Ebene auf die Hälfte, ändert die
Risikofaktoren F und f auf 0,015.

Massnahme 3 halbiert die Stundenanzahl, die maximal nötig ist, um alle
Datenänderungen, die seit dem letzten Back-up vorgenommen wurden, zu
wiederholen, ändert daher den Risikofaktor PhWS von 24 auf 12.

Massnahme 6 verringert die Häufigkeit eines erfolgreichen Hacks auf Be-
nutzer- und auf Superuser-Ebene um ein Drittel, ändert die Risikofaktoren
F und f auf 0,02.

Massnahme 7 senkt die Anzahl erfolgreicher Hacks auf Benutzer-Ebene (f) auf 0.02 und auf Superuser-Ebene (F) auf 0.01.

Massnahme 8 reduziert die Anzahl der Workstations, deren Daten im Falle eines erfolgreichen Hacks mit einem Superuser-Account wiederhergestellt werden müssen, auf ein Drittel. Sollte es einem Hacker möglich sein, Privilegien eines Superusers zu erlangen, hat er nach einem Rechnersplit in der beschriebenen Art nur noch Schreibzugriff auf einen Teil der insgesamt vorhandenen Rechner. Der Risikofaktor WS wird von 24 auf 8 reduziert.

5.2.4   Berechnung der Effektivität

Die Effektivität der einzelnen Massnahmen wird errechnet, indem vom ursprünglichen Risiko das geschätzte Restrisiko nach Implementation der Sicherheitsmassnahme abgezogen wird. Das Restrisiko einer Massnahme wird ermittelt, indem der veränderte Risikofaktor in der Berechnung des Risikos berücksichtigt wird.

Im Falle der Realisierung von Massnahme 7 ergibt sich ein Restrisiko totrr(M7) in folgender Höhe:

$$
\begin{aligned}
\text{rr-user(M7)} \quad &= \text{ua} \bullet \text{f} \bullet (\text{PhWS} \bullet \text{hw1} + \text{fc1}) \\
&= 100 \bullet 0.02 \bullet (24 \bullet 150 + 200) = 7.600 \\
\text{RR-SU(M7)} \quad &= \text{SUa} \bullet \text{F} \bullet ((\text{PhWS} \bullet \text{hw1} \bullet \text{WS}) + (\text{PhS} \bullet \text{hw2} \bullet \text{Serv}) + \text{fc2}) \\
&= 3 \bullet 0.01 \bullet ((24 \bullet 150 \bullet 24) + (64 \bullet 200 \bullet 3) + 400) = 3.756 \\
\text{totrr(M7)} \quad &= \text{rr-user(M7)} + \text{RR-SU(M7)} = 7.600 + 3.756 = 11.356
\end{aligned}
$$

Die Effektivität ergibt sich aus der Senkung des ursprünglichen Risikos von 22.668 auf nur 11.356 und beträgt daher 11.312.

Tab. 5-1 zeigt die Restrisiken sämtlicher Massnahmen M_i, sowie ihre Effektivität (effect). Als Zwischenergebnisse sind die Risiken für jedes Privilegienniveau und ihre Summe ersichtlich.

M_i	rr-ua(M_i)	RR-SU(M_i)	totrr(M_i)	effect(M_i)
2	5.700	5.634	11.334	11.334
3	6.000	7.380	13.380	9.288
6	7.600	7.512	15.112	7.556
7	7.600	3.756	11.356	11.312
8	11.400	6.084	17.484	5.184

Tab. 5-1:   Restrisiken und Effektivität von Massnahmen

Aus Tab. 5-1 ist ersichtlich, dass die effektivste Massnahme die strengere Regelung bei der Passwortwahl ist (Massnahme 2). Als fast ebenso effektiv erweist sich die Anhebung des Sicherheitsniveaus durch zusätzliche Systemkomponenten, in der Art, wie vom Hersteller vorgesehen (Massnahme 7). Da eine übertriebene Zahlengläubigkeit bei dem verwendeten Verfahren nicht angebracht ist, dürfen die beiden Massnahmen als gleich effektiv betrachtet werden. Die schwächste Massnahme hinsichtlich Effektivität ist der Rechnersplit, der nur eine Risikoreduktion von sFr. 5.184,- bewirkt.

In dieser Phase der Massnahmenbewertung tritt ein zweites Filter in Kraft, das ineffektive Massnahmen aussondert. Ineffektive Massnahmen sind jene, die das ursprüngliche Risiko unverändert lassen oder sogar erhöhen (vgl. Kap. 4.2.1.3). In der vorliegenden Fallstudie wurden von Anfang an keine ineffektiven Massnahmen in Betracht gezogen. Bei komplexen Problemstellungen ist es jedoch durchaus denkbar, dass Massnahmen erwogen werden, deren Ineffektivität nicht schon vor der Berechnung der Effektivität offensichtlich ist.

An dieser Stelle könnten weitere Vorgaben der Sicherheitspolitik zum Tragen kommen. Durch Vorgabe einer Mindesteffektivität in der Sicherheitspolitik würde die Menge der möglichen und weiter zu beurteilenden Massnahmenkandidaten weiter eingeschränkt.

5.3   Generierung von Portfolios

Bei der Generierung der Portfolios müssen die Kosten- und Nutzeneffekte für jedes Portfolio neu bedacht werden. Möglichst früh sollten Massnahmenkombinationen, die aus organisatorischen oder sicherheitspolitischen Gründen nicht wünschenswert sind, aus den weiteren Berechnungen ausgeklammert werden, da der Rechenaufwand in manchen Fällen nicht unerheblich ist.

Im ersten Teil des gezeigten Beispiels soll eine konkrete Suche nach der Sicherheitslücke (Massnahme 6) nur mit Massnahmen kombiniert werden, die nicht dieselben Risikofaktoren wie Massnahme 6, nämlich F und f, verändern. Kombinationen der Massnahme 6 mit den Massnahmen 2 und 7 werden vorläufig ausgeschlossen. Im zweiten Teil des Beispiels werden andere Restriktionsformen gezeigt.

5.3.1   Überprüfung auf Vollständigkeit

Die Vollständigkeit der betrachteten Portfolios ist rechnerisch zu überprüfen. Für das Zählmass # gilt i), bzw. i'). Die Menge der hier zu betrachtenden Portfolios unter den genannten Bedingungen beträgt 19 und ist folgendermassen überprüfbar:

$$\text{i)} \quad \#(A) + \#(B) = \#(A \cup B) + \#(A \cap B)$$

$$\text{i')} \quad \#(A \cup B) = \#(A) + \#(B) - \#(A \cap B)$$

$$M = \{2, 3, 6, 7, 8\}$$

$$A = (6, 7)$$

Alle Teilmengen mit 6 und 7 als Elemente

$$B = (2, 6)$$

Alle Teilmengen mit 2 und 6 als Elemente

$$A \cap B = (2, 6, 7)$$

Alle Teilmengen mit 2, 6 und 7 als Elemente

$$\text{i'')} \quad \#(P(M) - [A \cup B]) = \#(P(M) - [(6, 7) \cup (2, 6)])$$
$$= \#(P(M)) - \#((6, 7) \cup (2, 6))$$

Der zweite Term kann weiter zerlegt und umgeformt werden unter Verwendung der unter i') vermerkten Beziehung

$$\#((6, 7) \cup (2, 6)) = \#(6, 7) + \#(2, 6) - \#(2, 6, 7)$$
$$= 2^3 + 2^3 - 2^2$$

Durch Einsetzen in i'') erhält man

$$\#(P(M) - [A \cup B]) = 2^5 - (2^3 + 2^3 - 2^2)$$
$$= 32 - (8 + 8 - 4)$$
$$= 20$$

Da dieses Ergebnis auch die leere Menge beinhaltet, ist die Menge der zu betrachtenden Portfolios 19.

5.3.2 Auflistung der Portfolios

Tab. 5-2 listet jene 19 Portfolios auf, die Gegenstand weiterer Bewertungen sein werden.

x = 1	x = 2	x = 3	x = 4
2	2+3	2+3+7	2+3+7+8
3	2+7	2+3+8	
6	2+8	2+7+8	
7	3+6	3+6+8	
8	3+7	3+7+8	
	3+8		
	6+8		
	7+8		

Tab. 5-2:   Liste der Portfolios, die x Massnahmen enthalten

5.4   Berechnung der Effizienz

5.4.1   Bestimmung der Anschaffungs- und laufenden Kosten

Um die Effizienz der Portfolios bestimmen zu können, müssen die Kosten jeder Massnahme bekannt sein, sowie die Synergieeffekte bezüglich Kosten bzw. Nutzen. Bei den betrachteten Massnahmen wird aus Gründen der Verständlichkeit angenommen, alle Massnahmen hätten eine erwartete Einsatzdauer von 3 Jahren. Aus demselben Grund wird auf eine Abzinsung der anfallenden Kosten verzichtet[1] und angenommen, die Anschaffungskosten würden zu Beginn der Zeitperiode anfallen. Die jährlichen Gesamtkosten (jGK) einer Massnahme ergeben sich aus den Anschaffungkosten (Ankost.) geteilt durch die Anzahl der betrachteten Zeitintervalle, im Beispiel sind das 3 Jahre, zuzüglich der laufenden Kosten (lauf.Ko.). Die Kosten der Massnahmen 2, 3, 6, 7 und 8 zeigt Tab. 5-3.

Portfolio	Ankost.	lauf. Ko.	jGK
2	15.000	0	5.000
3	0	3.000	3.000
6	15.000	0	5.000
7	1.600	80.000	80.533
8	30.000	10.000	20.000

Tab. 5-3:   Kosten der effektiven Massnahmen

Bei Portfolios, die mehr als eine Massnahme enthalten, sind eventuell **Kostensynergien in den Anschaffungskosten** zu berücksichtigen. Im vorliegenden Beispiel entstehen Kostensynergien bei Kombinationen mit Massnahme 8. So betragen die gemeinsamen Anschaffungskosten der Massnahmen 2 und 8 sFr. 5.000.-, der Massnahmen 6 und 8 sFr. 10.000.- und der Massnahmen 7 und 8 sFr. 1.600.-. Diese Synergieeffekte beruhen auf der Tatsache, dass ein Rechnersplit (Massnahme 8) sehr hohen Aufwand bei der Neuinstallation der Teilnetze bedeutet. Im Zuge dieser Umstellung fallen Tätigkeiten an, die auch bei der Einführung einer strengeren Regelung bei der Wahl des Passworts (Massnahme 2) vonnöten sind. Ähnliche Überschneidung an Arbeitsschritten bestehen bei der Implementation zusätzlicher vom Her-

---

[1]   Als traditionelle Anfangswert-Methoden bieten sich hier die Kapitalwertmethode, Methode des Internen Zinsfusses und die Pay-back-Methode an.

steller angebotenen Sicherheitsfeatures (Massnahme 7). Hier werden besonders aufwendige Änderungen am Betriebssystem durchzuführen sein.

Ferner treten **Kostensynergien in den laufenden Kosten** bei der Kombination der Massnahme 3 (Halbierung der Back-up Intervalle) und der Massnahme 7 (Anhebung des Sicherheitsniveaus) in der Höhe von sFr. 3.000.- auf. Ebenso bei der Kombination der Massnahmen 7 mit 8 in der Höhe von sFr. 10.000.-.

Portfolio	Ankost.	gemeinsame Ankost.	lauf. Ko.	gemeinsame lauf. Ko. p.a.
2+8	40.000	5.000	10.000	0
6+8	35.000	10.000	10.000	0
7+8	30.000	1.600	80.000	10.000
3+7	1.600	0	80.000	3.000

Tab. 5-4:   Kostensynergien

Tab. 5-4 gibt einen Überblick über sämtliche Synergieeffekte auf der Kosten-seite. Bezüglich der Nutzeneffekte gibt es in diesem Beispiel kein Massnah-menpaar, das gemeinsam eine höhere Risikoreduktion erreicht, als die Summe der Risikoreduktion jeder einzelnen Massnahme.

5.4.2   Bestimmung der Effizienz

Zur Bestimmung der Effizienz werden die Kosten, die durch die Implementation und den laufenden Betrieb einer Sicherheitsmassnahme entstehen, und der Nutzen, der in Form einer Risikoreduktion quantifizierbar ist, betrachtet. Wirtschaftlich sinnvoll sind Massnahmen, deren Risikoreduktion grösser ist als die durch sie verursachten Kosten. Zur Errechnung des Nettoertrags werden die jährlichen Gesamtkosten (jGK) von der jährlichen Risikoreduktion (effect) subtrahiert. Massnahmen, die eine positive Netto-Kostenreduktion (NKR) aufweisen, sind effizient. Tab. 5-5 zeigt die Effizienzberechnungen für die in dieser Fallstudie betrachteten Einzelmassnahmen sowie für jene Kombinationen, die eine positive Netto-Kostenreduktion haben.

Positive Nettoerträge weisen die Einzelmassnahmen 2, 3 und 6 auf. Die Massnahmen 7 und 8 sind durch ihre hohen Kosten nicht effizient. Das findet auch in sämtlichen Portfolios, die diese Massnahmen einschliessen, seinen Niederschlag (vgl. Tab. 5-7). Durch die Restriktionen bei der Bildung von Portfolios gibt es nur zwei Portfolios, die positive Nettoerträge aufweisen, das sind die Portfolios 2+3 und 3+6.

Portfolio	effect	jGK	NKR
2	11.334	5.000	6.334
3	9.288	3.000	6.288
6	7.556	5.000	2.556
7	11.312	80.533	-69.221
8	5.184	20.000	-14.816
2+3	15.978	8.000	7.978
3+6	13.748	8.000	5.748

Tab. 5-5:   Berechnung des Nettoertrags der einzelnen Portfolios

Auch die Errechnung einer Marge ist zur Portfoliobeurteilung von Vorteil. So ergibt der Quotient aus der Risikoreduktion und den jährlichen Gesamtkosten (inkl. linearer Abschreibung) einen Evaluationsfaktor, der in Anlehnung an die betriebswirtschaftliche Rentabilitätskennzahl im folgenden als ROI (Return on Investment) bezeichnet wird. Dieser gibt den Nutzenzuwachs pro investierter Geldeinheit an (vgl. Tab. 5-6).

Im vorliegenden Beispiel wird angenommen, der jährliche Nutzen eines Portfolios sei gleich gross. Dies ist eine vereinfachende Annahme; tatsächlich sinkt im allgemeinen der Nutzen eines Portfolios im Zeitablauf.

Portfolio	effect	jGK	ROI
2	11.334	5.000	2.27
3	9.288	3.000	3.10
6	7.556	5.000	1.51
7	11.312	80.533	0.14
8	5.184	20.000	0.26
2+3	15.978	8.000	2.00
3+6	13.748	8.000	1.72

Tab. 5-6:   Nutzenzuwachs je investierter Geldeinheit

Portfolio	rr-user	RR-SU	totrr	effect	Ankost.	lauf.Ko.	jGK	NKR	ROI
2	5.700	5.634	11.334	11.334	15.000	0	5.000	6.334	2.27
3	6.000	7.380	13.380	9.288	0	3.000	3.000	6.288	3.10
6	7.600	7.512	15.112	7.556	15.000	0	5.000	2.556	1.51
7	7.600	3.756	11.356	11.312	1.600	80.000	80.533	-69.221	0.14
8	11.400	6.084	17.484	5.184	30.000	10.000	20.000	-14.816	0.26
2+3	3.000	3.690	6.690	15.978	15.000	3.000	8.000	7.978	2.00
2+6									
2+7	5.700	3.756	9.456	13.212	16.600	80.000	85.533	-73.321	0.15
2+8	5.700	3.042	8.742	13.926	40.000	10.000	23.333	-9.407	0.60
3+6	4.000	4.920	8.920	13.748	15.000	3.000	8.000	5.748	1.72
3+7	4.000	2.460	6.460	16.208	1.600	80.000	80.533	-64.325	0.20
3+8	6.000	4.788	10.788	11.880	30.000	13.000	23.000	-11.120	0.52
6+7									
6+8	7.600	4.056	11.656	11.012	35.000	10.000	21.667	-10.655	0.51
7+8	7.600	2.028	9.628	13.040	30.000	80.000	90.000	-76.960	0.14
2+3+7	3.000	2.460	5.460	17.208	16.600	80.000	85.533	-68.325	0.20
2+3+8	3.000	2.394	5.394	17.274	40.000	13.000	26.333	-9.059	0.66
2+7+8	5.700	2.028	7.728	14.940	41.600	80.000	93.867	-78.927	0.16
3+6+8	4.000	3.192	7.192	15.476	35.000	13.000	24.667	-9.191	0.63
3+7+8	4.000	1.596	5.596	17.072	30.000	83.000	93.000	-75.928	0.18
2+3+7+8	3.000	1.596	4.596	18.072	41.600	83.000	96.867	-78.795	0.19

Tab. 5-7: Überblick, Kennzahlen

Tab. 5-7 gibt einen gesamthaften Überblick über die bisher getätigten
Berechnungen und Bewertungen. Dabei gelten folgende Bezeichnungen und
Zusammenhänge:

rr-user....   Restrisiko auf Benutzerebene
RR-SU ....   Restrisiko auf Superuser-Ebene
totrr ....   gesamtes Restrisiko (hier gilt: totrr = rr-user + RR-SU)
effect ......   Effektivität (effect = totr - totrr, wobei totr für das ursprüngliche
                Gesamtrisiko steht und 22.668 beträgt, vgl. Kap. 5.1.2.1)
Ankost....   Anschaffungskosten, Installationskosten eines Portfolios
lauf.Ko. ..   laufende Kosten eines Portfolios
jGK.........   jährliche Gesamtkosten eines Portfolios
                (hier gilt: jGK = Ankost./3 + lauf.Ko.)
NKR........   Netto-Kostenreduktion pro Jahr (NKR = totrr - jGK)
ROI.........   Return on Investment, jährlicher Nutzen pro investierter Geldheit
                (hier gilt: ROI = effect/jGK inkl. linearer Abschreibung)

5.5   Interpretation der Ergebnisse

Bei einem Budget von sFr. 9.000.- für Sicherheitsvorkehrungen gegen Hacker kann dieser Betrag sinnvoll in die Portfolios 2, 3, 6, 2+3, oder 3+6 investiert werden. Um aus der Menge der Portfolio-Kandidaten eine optimales Portfolio bestimmen zu können, wäre die Regel, jenes Portfolio mit dem kleinsten Restrisiko auszuwählen, denkbar. Im geschilderten Beispiel wäre dies das Portfolio 2+3.

Wäre andererseits das Restrisiko mit einer oberen Grenze von z.B. sFr. 7.000.- beschränkt, bieten sich die Portfolios 2+3, 3+7, 2+3+7, 2+3+8, 3+7+8, und 2+3+7+8 als mögliche Kandidaten an. Die Entscheidung fällt auch in diesem Fall zugunsten des Portfolios 2+3 aus, da es als einziges eine Rendite grösser 1 aufweist, nämlich 2.0.

Sollte als Entscheidungsregel gelten, dass das Portfolio mit der besten Rendite zu wählen ist, würde im vorliegenden Fall Portfolio 3 realisiert werden, das eine Rendite von 3.1 aufzuweisen hat. Wenn nicht besondere Kosten- oder Nutzenvorteile durch Kombinationen der Massnahmen zu erreichen sind, wird bei Anwendung dieses Entscheidungskriteriums sehr oft eine Einzelmassnahme zur Realisierung gelangen. Schon die Kombination mit einer Massnhme mit kleinerer Rendite schwächt das Ergebnis ab.

Im konkreten Fall wurde das Portfolio 2+3 empfohlen, da der Nettoertrag dieses Portfolios am grössten ist (sFr. 7.978.-) und diese Kenngrösse für die mittelfristige Planung Bedeutung hat. In der konkreten, sehr dynamischen Systemumgebung kann davon ausgegangen werden, dass durch laufende Neuanschaffungen und Ergänzungen des bestehenden Systems Verbesserungen im Zugriffsschutz kostengünstig erfolgen werden. Es fanden ausserdem Nebeneffekte besonders der Massnahme 2 Berücksichtigung, die dahingehend zu interpretieren sind, dass durch eine strengere Passwortregelung zusätzliche Nutzeneffekte entstehen. Diese können z.B. in der Tatsache gesehen werden, dass der sorglose Passwortumgang unter den Mitarbeitern selbst eingedämmt werden kann. Ferner wurde berücksichtigt, dass mit einer strengeren Passworthandhabung in einem bestimmten System eine Sensibilisierung bei den Benutzern erreicht werden kann und als Folge davon eine kritischere Passwortwahl vom Benutzer auch in anderen Systemen, die diese zusätzlichen Anforderungen an das Passwort nicht stellen, vorgenommen werden wird [vgl. BAS90].

5.6   Interaktive Optimierung

Das gezeigte Beispiel lässt richtig vermuten, dass der Rechenaufwand mit zunehmender Anzahl der zu betrachtenden Massnahmen stark steigt. Da ein

Bedürfnis für eine systematische Betrachtung der Portfolios besteht, ist die Verwendung eines Optimierungsprogramms naheliegend. Im folgenden soll anhand des eben skizzierten Szenarios beispielhaft die Modellierung der Problemstellung und die Umsetzung in einem Optimierungsprogramm gezeigt werden.

5.6.1   Portfolioberechnung unter Verwendung von GAMS

Das Programmpaket GAMS (General Algebraic Modeling System) [BRO88, KLM90] schien aus mehreren Gründen zur Modellierung des vorliegenden Optimierungsproblems besonders vorteilhaft. GAMS eignet sich besonders zur Modellierung von grossen, komplexen Problemen, deren mathematische Formulierung mit Hilfe algebraischer Ausdrücke möglich ist.

Im Gegensatz zu konventionellen, prozeduralen Programmiersprachen ist die deklarative Modellierungssprache[1] GAMS besonders benutzerfreundlich bei der Konstruktion von «What-if»-Situationen, wo der Benutzer rasch und mit wenig Aufwand ablesen kann, zu welchen neuen Ergebnissen Änderungen der Parameter, Einführung von neuen Variablen oder Änderungen der Modellgleichungen führen. In der Sprache GAMS wird das Modell algebraisch repräsentiert. Dabei sind Index-Strukturen zugelassen und die numerischen Datenstrukturen können in Tabellen angegeben werden. Für die Anwendung in diesem Beispiel ist vor allem die Möglichkeit von GAMS, auch nicht-lineare und gemischt-ganzzahlige Probleme zu behandeln von Interesse.

5.6.1.1 Modellierungssprachen

Modellierungssprachen unterscheiden sich von prozeduralen Sprachen vor allem durch die völlig getrennte Sichtweise von Modell und Daten. Zusätzliche, zu Beginn unberücksichtigt gelassene Aspekte können einfach in ein bereits bestehendes Modell eingebracht werden[2]. Es ist nicht notwendig eine Programmiersprache zu beherrschen.

Bei **Verwendung einer prozeduralen Sprache** wird ein Modell programmiert, das anschliessend mit verschiedenen Daten(sätzen) durchlaufen wird. Auf **ein Modell** werden **viele Datensätze** angewendet. Dieses Vorgehen birgt einige Nachteile:

---

[1] Andere bestehende Modellierungssprachen sind z.B. AMPL [vgl. FGK87] und LPL [vgl. HÜK88]. EMP [vgl. SCH86] ist ein Expertensystem, das implizit eine Modellierungssprache benützt.

[2] z. B. durch Einfügung einer zusätzlichen Restriktion in Form einer Ungleichung

- Programmierkenntnisse sind notwendig

- Es tritt meistens ein Zeitverlust ein, falls Programmierfehler auftreten. Diese werden anlässlich der Kompilierung (syntaktische Fehler) oder erst anlässlich des Test-Runs (semantische Fehler) gefunden und bedürfen sorgfältiger Korrektur.

- Es muss ausser dem Programm auch eine Dokumentation verfasst werden, da das Programm alleine nicht aussagekräftig genug und für jemand, der die Programmiersprache nicht beherrscht, meist unübersichtlich ist.

Bei **Verwendung einer Modellierungssprache**[1] können nicht nur auf ein einmal erstelltes Modell verschiedene Datensätze angewandt werden, sondern vor allem auf **einem Datensatz verschiedene Modelle** zur Anwendung gebracht werden. Es sind zur Erstellung des Modells keine besonderen Programmierkenntnisse notwendig, der Verfasser sollte allerdings mit der Vergabe und Anwendung von Indizes vertraut sein. Das Modell entsteht ausschliesslich durch die Formulierung der Bedingungen in Form von Gleichungen oder Ungleichungen, sowie aus der Deklaration der verwendeten Variablen, Skalare und Parameter. Es gibt keine Schleifen- oder Auswahlkonstrukte, wie dies in prozeduralen Sprachen üblich ist. Das auf diese Weise formulierte Modell dient gleichzeitig als Dokumentation[2].

Der logische Ablauf in GAMS:

- Ein Driver kontrolliert den gesamten im weiteren geschilderten Ablauf.

- Das formulierte Modell wird kompiliert. Ein lauffähiges Programm wird erzeugt.

- Logisch anschliessend findet eine Transformationsphase statt, während der das Modell so umgewandelt wird, dass eine Optimierung mit Hilfe eines Solvers möglich wird.

- Anschliessend wird der Solver gestartet. Das im Modell formulierte Problem wird gelöst.

---

[1] Jede Modellierungssprache ist deklarativ.

[2] Die Formulierung des vorliegenden Modells begann mit einem einfachen Kalkül zur Berechnung des Gesamtrisikos ähnlich einer Tabellenkalkulation. Dieses Kalkül wurde dann schrittweise zu einem Modell umgewandelt, in dem Faktoren durch Variablen ersetzt und Startwerte (z.B. f0) eingeführt wurden. Gleichzeitig mussten diese Variablen deklariert werden.

- Die errechneten Ergebnisse werden von einem Postprozessor gemäss den Angaben im Modell und gemäss den Wünschen des Benutzers umgewandelt.

5.6.1.2 Modellierung und Lösung

Eine naheliegende Möglichkeit zur Lösung eines Problems, wie es im Beispiel skizziert wurde, scheint die direkte Fortsetzung des in Kap. 5.4.2 gezeigten Lösungswegs, nämlich die Untersuchung aller möglichen Fälle[1]. Als Resultat entstehen Listen, die nach bestimmten Gesichtspunkten sortiert werden können (Kosten, Ertrag, ROI). In jeder dieser Listen wird anschliessend nach dem besten Ergebnis unter bestimmten Nebenbedingungen gesucht. Die Konsequenz eines derartigen Vorgehens sind Listen, die im Verhältnis zu den betrachteten Massnahmen exponentiell wachsen, sowie eine rechenintensive Listenerzeugung, denn für jede mögliche Kombination muss eine Berechnung angestellt werden. Die Listen müssen also erstens **erzeugt** und zweitens **durchsucht** werden.

Die zweite und hier bevorzugte Lösung ist die ausschliessliche Betrachtung günstiger Fälle. Ist ein «günstiger» Fall gefunden, wird ein noch besserer gesucht. Es werden lokale Optima gesucht, die von verschiedenen Startpunkten ausgehend gegeneinander abgewogen werden können.

Der Vorteil der hier gewählten Lösungsmethode liegt in der Erstellung eines individuellen, auf das Problem abgestimmten Modells, das die Verwendung von Standardsoftware, nämlich verschiedener Solver, ermöglicht. GAMS ermöglicht z.B. auch die Verwendung nicht-linearer Solver.

Zur Optimierung in der vorliegenden Fallstudie wurde als Methode zur Zielformulierung der Ansatz der **multikriteriellen Optimierung** gewählt. Die Idee dieses Teilgebiets der Optimierung ist es, bei Vorliegen mehrerer Zielfunktionen und bei Vorhandensein eines Zielkonflikts eine «gute» Lösung oder einen **Kompromiss** zu finden[2] [ZEL82]. Es handelt sich dabei

---

[1] Ausgehend von der Annahme, dass die Summe der Portfolios nicht durch Ausschliessung bestimmter Massnahmenkombinationen beschränkt werden kann, ergeben sich bei 4 Einzelmassnahmen 16 Kombinationsmöglichkeiten. Erhöht sich die Menge r der effektiven Einzelmassnahmen auf nur 10, so wächst die Menge der Kombinationsmöglichkeiten N auf 1.024; bei 15 zu beurteilenden Massnahmen, sind 32.768 Variationsmöglichkeiten zu betrachten; wenn 20 Einzelmassnahmen herangezogen werden, ergeben sich 1,048.576 Kombinationen. Es gilt die Beziehung $N = 2^r$.

[2] „Goal setting for satisficing solutions is defined as the procedure of identifying a satisficing set S such that, whenever the decision outcome is an element of S, the decision maker will be happy and satisfied and is assumed to have reached the optimal solution" [YU85, p. 56].

um ein «weiches» Modell, in dem ein Niveau definiert wird, das vom Entscheidungsträger als zufriedenstellend akzeptiert wird. Durch Bestimmung einer «Richtung» zur Optimierung erfolgt ein systematischer Zugang.

5.6.2   Das Modell

Abweichend vom Zahlenbeispiel, das in Kap. 5.1 bis 5.5 verwendet wurde, finden einige zusätzliche Massnahmen Berücksichtigung um die Komplexität zu steigern. Zur formalen Abgrenzung bleiben die Massnahmenpositionen, die im ersten Teil verworfen wurden, unbesetzt und werden stattdessen als Massnahmen 10 bis 14 deklariert. Diese Massnahmen bestehen aus folgenden Aktionen und haben im Detail folgende Konsequenzen:

Massnahme 10
Reduktion der Anzahl der Benutzerkonten von 100 auf 90 (verändert die Variable ua)

Massnahme 11
Reduktion der Anzahl der Superuser-Accounts von 3 auf 2 (verändert die Variable Sua)

Massnahme 12
Back-up Intervalle in zeitlichen Abständen von 6 Stunden (verändert die Variable PhWS)

Massnahme 13
Isolation von allen Netzen (senkt f, F auf 0.0005)

Massnahme 14
Einrichtung von Call-Back-Modems (senkt f, F auf 0.0006)

Das Modell wird vorwiegend anhand der Statements diskutiert. Ein vollständiges Listing des Modells ist im Anhang B zu finden.

- Massnahme: Massnahme1, ..., Massnahme R   R = 14

  Einige der Massnahmen müssen vom Standpunkt der Wirtschaftlichkeit und quantitativen Analyse verworfen werden.

  Massnahmen 1, 4 und 5 werden verworfen (vgl. Kap. 5.2.2), Massnahme 9 blieb unbesetzt

- Von den Massnahmen wird eine Untermenge zur detaillierten quantitativen Analyse ausgewählt. Die Anzahl der Massnahmen sei r und die zugehörigen Indizes $i_1, \dots, i_r$

$$r = 10 \qquad i_1 = 2, \qquad i_2 = 3, \qquad i_3 = 6, \qquad i_4 = 7, \qquad i_5 = 8,$$
$$i_6 = 10, \qquad i_7 = 11, \qquad i_8 = 12, \qquad i_9 = 13, \qquad i_{10} = 14$$

- Es werden binäre diskrete Variablen eingeführt.

$$\text{Massnahme } i_k \longrightarrow M(i_k) = \begin{cases} 1, \text{ falls } M(i_k) \text{ realisiert wird} \\[2em] 0 \text{ sonst} \end{cases}$$

$$k = 1, \dots, r$$

$$M(2), M(3), M(6), M(7), M(8), M(10), M(11), M(12), M(13), M(14)$$

Im Modell selbst wird eine Menge (SET) von zu berücksichtigenden, aktiven Massnahmen definiert:

```
Active measures.
SET I measures /2, 3, 6, 7, 8, 10, 11, 12, 13, 14/;
```

- Es werden die Auswirkungen eines Portfolios auf das Restrisiko (total residual risk), die jährlichen Gesamtkosten (total annual costs) und der Return on investment (ROI) berechnet. Auf diesen Variablen sind die Entscheidungskriterien definiert. Zu diesem Zweck werden die Wirkungen der Massnahme auf die einzelnen Kennzahlen festgehalten, und durch Einsetzen der geänderten Werte in die Risikoberechnung werden das neue Restrisiko (total residual risk), die jährlichen Gesamtkosten (total annual costs) und der Return on Investment (ROI) berechnet.

$$
\begin{aligned}
\text{total residual risk} \quad &= \quad \text{Totrr } (M(i_1), M(i_2), \dots, M(i_r)), \\
\text{costs of measure} \quad &= \quad \text{Cost } (M(i_1), M(i_2), \dots, M(i_r)), \\
\text{return on investment} \quad &= \quad \text{ROI } (M(i_1), M(i_2), \dots, M(i_r)) \quad = \\
&= \quad \frac{\text{Totr0 - Totrr } (M(i_1), M(i_2), \dots, M(i_r))}{\text{Cost } (M(i_1), M(i_2), \dots, M(i_r)))}
\end{aligned}
$$

- Ferner wird die Kostenstruktur der einzelnen Massnahmen getrennt nach Anschaffungs- und laufenden Kosten angegeben:

```
ACQ(I)acquisition costs
       /     2   15000
             3    1000
             6   15000
             7    1600
             8   12000
            10   10000
            11   12000
            12    3000
            13   12000
            14   15000   /
OPE(I)operating costs
       /     3    3000
             7   15000
             8    8000
            10    6000
            11    2500
            12    7000
            13   21000
            14   15500   /
```

- Sodann wird die Ermittlung der jährlichen Gesamtkosten festgelegt. Die Anschaffungskosten werden auf die voraussichtliche Lebensdauer der Massnahme aufgeteilt und die laufenden Kosten pro Jahr addiert:

```
TAC(I)total annual cost;
TAC(I) = ACQ(I)/3 + OPE(I);
```

- Die gemeinsamen Kosten von bestimmten Massnahmenpaaren (SET J) werden explizit angegeben. Abweichend von den im ersten Teil gezeigten Kostensynergien (Kap. 5.4.1) verfügen hier die Massnahmen 6 und 8 über gemeinsame Anschaffungskosten von sFr. 5.000.- und die Massnahmen 3 und 6 über gemeinsame Anschaffungskosten von sFr. 1.000.-.

```
SET J / 68, 36 /;
PARAMETER
    CAC(J)     common acquisition costs
       /    68    5000
            36    1000 /
```

Zum Zweck der Überprüfung wird pro Massnahmenpaar mit gemeinsamen Kosten eine Gleichung eingeführt. Diese Gleichung stellt sicher, dass bei Änderungen der Kostenstruktur und Unterlassung der Anpassung keine unrealistischen Werte entstehen. Die gemeinsamen Kosten können ja maximal so gross sein wie die geringeren Anschaffungskosten einer der beiden Massnahmen. Die hier formulierte Nebenbedingung verhindert, dass z.B. bei zwei Massnahmen A und B mit Anschaffungskosten von sFr. 10.000.- resp. sFr. 6.000.- gemeinsame Kosten von sFr. 7.000.- angenommen werden.

```
CCAC(J)                    checked common aquisition costs;
CCAC('68')       =         min(ACQ('6'),ACQ('8'),CAC('68'));
CCAC('36')       =         min(ACQ('3'),ACQ('6'),CAC('36'));
```

* Die Risikofaktoren müssen angegeben und mit Startwerten versehen werden. Diese Startwerte korrespondieren mit den ermittelten Grössen zur anfänglichen Risikoquantifizierung (vgl. Kap. 5.1.2.1) und werden getrennt nach Risiko auf Benutzer- und auf Superuser-Ebene angegeben.

```
SCALARS
*    Parameters for computing risk on user level.
     ua0    number of user accounts
     /100/
     f0     frequency of successful hacks on user level
     /0.03/
     PhWS0 maximum required personhours to restore a workstation
     /24/
     hw1    hourly wage of a lower qualified person: sFr
     /150/
     fc1    fixed cost per successful hack on a workstation: sFr
     /200/
*    Parameters for computing risk on superuser level.
     SUa0   number of superuser accounts
     /3/
     Ff0    frequency of successful hacks on superuser level
     /0.03/
     WS0    number of workstations
     /24/
     PhS    maximum required personhours to restore a server
     /64/
     hw2    hourly wage of a higher qualified person: sFr
     /200/
     Serv   number of servers
     /3/
     fc2    fixed cost per successful hack on a server: sFr
     /400/
```

- In einem nächsten Schritt werden die Reduktionen der Risikofaktoren, welche die jeweiligen Massnahmen bewirken, explizit angegeben.

```
*   Reduction achieved by measure.
    M2f        /0.5/
    M3PhWS     /0.5/
    M6f        /0.3333/
    M7f        /0.666666/
    M7Ff       /0.333333/
    M8WS       /0.666/
    M10ua      /0.1/
    M11SUa     /0.33333/
    M12PhWS    /0.75/
    M13f       /0.9833334/
    M13Ff      /0.9833334/
    M14f       /0.98/           .
    M14F       /0.98/
```

- Anschliessend werden die Teilrisiken und das Gesamtrisiko benannt und die Funktionen definiert:

```
Ru        risk on user level
Rsu       risk on superuser level
totr      total risk;
ru    =   ua0*f0*(PhWS0*hw1+fc1);
Rsu   =   SUa0*Ff0*((PhWS0*hw1*WS0)+(PhS*hw2*Serv)+fc2);
totr  =   ru+Rsu;
```

- Nach Festlegung der Skalare erfolgt die Deklaration der Variablen:

```
VARIABLES
ua        number of user accounts
SUa       number of superuser accounts
f         frequency of succesful hacks u-level
Ff        frequency of succesful hacks su-level
PhWS      max personhours to restore a workstation
WS        number of workstations
rru       residual risk on user level
RRsu      residual risk on superuser level
totrr     total residual risk
effect    effectiveness of portfolio
M(I)      measure
cost1
```

```
cost2(J)

Cost      costs of portfolio

ROI       return on investment;

POSITIVE VARIABLE M;
```

- Den Kern des Modells bilden die aufgestellten Gleichungen, die ebenfalls eingangs deklariert werden müssen und anschliessend einzeln angeführt werden:

```
EQUATIONS
     fdet,Ffdet,uadet,SUadet,PhWSdet,WSdet,RiskU,RiskSU,RiskT,
     Costs,costs1,costs2,costs3,diskr,eff,ROIeq,force,force2;
```

In diesen Gleichungen werden die Wirkungen der Portfolios beschrieben. Zu diesem Zweck müssen die Gesamtwirkung jedes möglichen Portfolios und die Synergieefekte bekannt sein. Die im folgenden betrachteten Portfolios sind substitutiv (vgl. Kap. 4.2.1.4.1).

- Massnahmen 2, 6, 7, 13 und 14 verändern die Häufigkeit erfolgreicher Hacks:

```
fdet    .. f      =E=  f0*(1-M2f*M('2'))*(1-M6f*M('6'))*(1-
                       M7f*M('7'))*(1-M13f*M('13'))*(1-M14f*
                       M('14'));

Ffdet   .. Ff     =E=  Ff0*(1-M2f*M('2'))*(1-M6f*M('6'))*(1-
                       M7Ff*M('7'))*(1-M13Ff*M('13'))*(1-
                       M14Ff*M('14'));
```

In beiden Fällen wirken die Massnahmen unabhängig voneinander. Die Gesamtwirkung des Portfolios ergibt sich als Produkt der Einzelwirkungen.

- Massnahme 10 senkt die Anzahl der Benutzerkonten:

```
uadet   .. ua     =E=  ua0*(1-M10ua*M('10'));
```

- Massnahme 11 sieht eine Reduktion der Superuser-Konten vor:

```
SUadet .. SUa     =E=  SUa0*(1-M11SUa*M('11'));
```

- Massnahmen 3 und 12 verändern die Anzahl der maximal benötigten Personenstunden, um einen «Workstation-restore» durchzuführen:

```
PhWSDet.. PhWS    =E=  PhWS0*(1-M3PhWS*M('3'))*(1-M12PhWS*
                       M('12'));
```

- Da eine Realisierung beider Massnahmen im selben Portfolio nicht wünschenswert ist, kann durch eine entsprechende Gleichung erzwungen werden, dass immer nur eine der beiden Massnahmen im Portfolio erscheint (Unvereinbarkeitsregel)[1]:

```
force .. 1              =G= M('3')+M('12');
```

- Dasselbe gilt für die Massnahmen 13 und 14:

```
force2 .. 1             =G= M('13')+M('14');
```

- Massnahme 8 (Rechnersplit) senkt die Anzahl der Rechner, auf denen im Fall eines erfolgreichen Hacks Programme und Daten neu zu installieren sind:

```
WSDet .. WS             =E= WS0*(1-M8WS*M('8'));
```

- In die Menge der relevanten Gleichungen müssen noch die Teilrisiken und das Gesamtrisiko aufgenommen werden:

```
RiskU .. rru            =E= ua*f*(PhWS*hw1+fc1);

RiskSU .. RRsu          =E= SUa*Ff*((PhWS*hw1*WS)+
                            (PhS*hw2*Serv)+fc2);

RiskT .. totrr          =E= rru+RRsu;
```

- Ebenso muss die Berechnung der Effektivität angegeben werden:

```
eff ..effect            =E= totr-totrr;
```

- Die Summe der Massnahmen im Portfolio muss grösser oder gleich eins sein:

```
diskr .. 1              =L= SUM(I,M(I));
```

- Zur Ermittlung der Kosten wird erst eine Summe über die Kosten aller Einzelmassnahmen gezogen:

```
costs1 .. cost1         =E= SUM(I,M(I)*TAC(I));
```

- Erst dann werden die Kostensynergien abgezogen:

```
costs2 .. cost2('68')   =E= CCAC('68')/3*M('6')*M('8');
costs3 .. cost2('36')   =E= CCAC('36')/3*M('3')*M('6');
Costs  .. Cost          =E= Cost1-cost2('68')-cost2('36');
```

---

[1] Massnahme 12 reduziert die Back-up-Intervalle von 24 auf 6 Stunden, während Massnahme 3 die Back-up-Intervalle von 24 auf 12 Stunden senkt. Die beiden Massnahmen schliessen einander aus. Ebenso würde Massnahme 13 (Isolation von allen Netzen) in Kombination mit Massnahme 14 (Call-Back-Modems) völlig sinnlos sein.

- Zuletzt wird die Berechnungsvorschrift zur Ermittlung der Marge vorgegeben:

```
ROIeq .. effect    =E=    ROI*Cost;
```

- Zur Formulierung der verschiedenen Restriktionen können schon im Modell «Platzhalter» definiert werden. Diese Grössen können vom Benutzer in den verschiedenen Optimierungsläufen je nach Optimierungspriorität verändert werden. Durch Voranstellung eines Asterisks (*) wird das Statement zu einem Kommentar und für den folgenden Optimierungslauf ausgeschaltet. Für die Festlegung von Nebenbedingungen stehen die Werte der Restrisikos (totrr), der Kosten (Cost) oder einer Marge (ROI) zur Auswahl. Ferner können in mehreren Optimierungsläufen jeweils verschiedene Startpunkte gewählt werden. Das System nimmt den Nullpunkt als Startwert, falls vom Benutzer keine anderen Angaben gemacht werden.

Die Verwendung unterschiedlicher Startpunkte ist bei diesem Ansatz der nicht-linearen Optimierung von Bedeutung, weil nur lokale Optima bestimmt werden; durch Auswahl eines anderen Startpunktes kann ein neues lokales Optimum gefunden werden. Die Bestimmung eines globalen Optimalpunktes ist theoretisch nicht ohne weiteres möglich. In einem heuristischen Ansatz kann man jedoch durch Auswahl verschiedener Startpunkte zu mehreren lokalen Optima gelangen, aus deren Menge man das beste Ergebnis als globale Lösung akzeptiert. Im Falle der **Kostenminimierung** als primäres Optimierungskriterium sehen die veränderbaren Grössen folgendermassen aus:

```
totrr.UP      =      5000;
*Cost.UP      =     25000;
ROI.LO        =       1.8;
M.L(I)        =         1;
```

In GAMS werden Variable mit einem Postfix versehen. Dabei bedeutet „.L" den Wert selbst, „.LO" eine untere Schranke und „.UP" eine obere Schranke.

Bei **Risikominimierung** als Optimierungskriterium wird folgende Tabelle dem Benutzer gezeigt:

```
*totrr.UP     =       800;
Cost.UP       =     15000;
ROI.LO        =       1.0;
M.L(I)        =         1;
```

Bei **Maximierung der Marge** als Optimierungskriterium kann der Benutzer folgende Nebenbedingungen verändern:

```
totrr.UP          =        100;
Cost.UP           =      28000;
*ROI.LO           =        1.2;
M.L(I)            =          1;
```

Eine Massnahme kann in einem Portfolio nur einmal realisiert werden:

```
M.UP(I)           =          1;
```

- Der nächste essentielle Schritt ist der Aufruf des Solvers und die Festlegung des Optimierungskriteriums (minimize totrr /minimize cost/ maximize ROI). Im vorliegenden Fall gibt es dafür drei Varianten:

```
SOLVE RISK  using  NLP  minimizing  cost;
SOLVE RISK  using  NLP  maximizing  ROI;
SOLVE RISK  using  NLP  minimizing  totrr;
```

- Abschliessend legt man fest, welche Werte im Ergebnis erscheinen sollen:

```
DISPLAY    „Results computed by nonlinear programming:";
DISPLAY    M.L;
DISPLAY    ru,Rsu,totr,rru.L,RRsu.L,totrr.L,Cost.L,effect.L, ROI.L;
```

- Um ganzzahlige Lösungen als Resultat zu erhalten, bedarf es des «Roundings». Da nicht nur einfach die Resultate der Optimierung auf- oder abgerundet werden können, ohne eventuell das Ergebnis zu verfälschen, müssen die nicht-ganzzahligen Ergebnisse nochmals überprüft werden.

```
M.L(I)        =     ROUND(M.L(I));
SCALARS
   Iua                 number of user accounts
   ISUa                number of superuser accounts
   If                  frequency of succesful hacks u-level
   IFf                 frequency of succesful hacks su-level
   IPhWS               max personhours
   IWS                 number of workstations
   Irru                residual risk on user level
   IRRsu               residual risk on superuser level
```

```
        Itotrr       total residual risk

        Ieffect      effectiveness of portfolio

        IROI         return on investment

        Icost1

        Icost3

        ICost        costs of portfolio

        ;


    PARAMETER Icost2(J);
        If           =   f0*(1-M2f*M.L('2'))*(1-M6f*M.L('6'))*
                         (1-M7f*M.L('7'))*(1-M13f*M.L('13'))*
                         (1-M14f*M.L('14'));

        IFf          =   Ff0*(1-M2f*M.L('2'))*(1-M6f*M.L('6'))*
                         (1-M7Ff*M.L('7'))*(1-M13Ff*M.L('13'))*
                         (1-M14Ff*M.L('14'));

        Iua          =   ua0*(1-M10ua*M.L('10'));

        ISUa         =   SUa0*(1-M11SUa*M.L('11'));

        IPhWS        =   PhWS0*(1-M3PhWS*M.L('3'))*(1-M12PhWS*
        M.L('12'));

        IWS          =   WS0*(1-M8WS*M.L('8'));

        Irru         =   Iua*If*(IPhWS*hw1+fc1);

        IRRsu        =   ISUa*IFf*((IPhWS*hw1*IWS)+(PhS*hw2* Serv)+fc2);

        Itotrr       =   Irru+IRRsu;

        Ieffect      =   totr-Itotrr;

        Icost1       =   SUM(I,M.L(I)*TAC(I));

        Icost2('68') =   CCAC('68')/3*M.L('6')*M.L('8');

        Icost2('36') =   CCAC('36')/3*M.L('3')*M.L('6');

        Icost        =   Icost1-Icost2('68')-Icost2('36');

        IROI         =   Ieffect/ICost;
    DISPLAY „Results computed with rounded values of M:";
    DISPLAY M.L;
    DISPLAY ru,Rsu,totr,Irru,IRRsu,Itotrr,ICost,Ieffect,IROI;
    DISPLAY CAC, CCAC;
```

5.6.3   Diskussion

Die konkurrierenden Zielfunktionen in der vorliegenden Fallstudie können
wie folgt beschrieben werden:

Problem 1:   Minimiere
              Totrr $(M(i_1), M(i_2), ..., M(i_r))$, das Gegenstand von
              Cost $(M(i_1), M(i_2), ..., M(i_r)) \leq$ Costlevel ist, wobei gilt:
              $M(i_1), M(i_2), ..., M(i_r) = 0 \vee 1$

Problem 2:   Minimiere
Cost $(M(i_1), M(i_2), ..., M(i_r))$, das Gegenstand von
Totrr $(M(i_1), M(i_2), ..., M(i_r)) \leq$ Risklevel ist, wobei gilt:
$M(i_1), M(i_2), ..., M(i_r) = 0 \vee 1$

Problem 3:   Maximiere
ROI $(M(i_1), M(i_2), ..., M(i_r))$,
Totrr $(M(i_1), M(i_2), ..., M(i_r)) \leq$ Risklevel,
Cost $(M(i_1), M(i_2), ..., M(i_r)) \leq$ Costlevel, wobei gilt:
$M(i_1), M(i_2), ..., M(i_r) = 0 \vee 1$

Die genannten Probleme 1 bis 3 sind reine, ganzzahlige $0 \vee 1$-Optimierungsprobleme (binäre Probleme) [vgl. NEM88].

In der Fallstudie sind   Tottr $(M(2), M(3), ..., M(14))$,
Cost $(M(2), M(3), ..., M(14))$ und
ROI $(M(2), M(3), ..., M(14))$

nicht-lineare Funktionen der Variablen $M(2), M(3), ..., M(14)$ und zwar Polynome. Die Standard-Optimierungs-Software für ganzzahlige Optimierung bietet vor allem für lineare Problemstellungen Lösungen an.

Im vorliegenden Fall wäre es zwar technisch möglich, durch Einführung neuer Variablen das Problem zu linearisieren. Dies birgt jedoch zwei Probleme:

1.   Die Anzahl der Binär-Variablen würde stark zunehmen.

2.   Die Transformationen müssen für jede einzelne Änderung in der Modellstruktur vorgenommen werden. Da es sich nicht um ein Standardmodell handelt, würden sich neue Ausdrücke in Abhängigkeit vom Modell ergeben. Die Transformationen finden ausserdem nur bei Polynomen Anwendung. Eine derartige Vorgehensweise würde zusätzliche Nebenbedingungen für das Modell bedeuten. Der Transformationsvorgang bedarf fundierter und detaillierter Fachkenntnisse.

Um einen Eindruck von der Zunahme der Variablen in Zuge einer Transformation zu geben, soll eine Transformation als kleines Beispiel gezeigt werden.

Es gilt:

i) $x_i = 0 \vee 1$, $y_i = 0 \vee 1$

ii) $2x_1 + 3x_2 + 5x_3 + 4x_1x_3 + 6x_1x_2x_3 \leq 25$

Im folgenden wird x_1x_3 durch y_1 ersetzt.

   iii) $2x_1 + 3x_2 + 5x_3 + 4y_1 + 6y_2 \leq 25$

Nebenbedingungen der Form

   iv) $y_1 \leq x_1$ und

   v) $y_1 \leq x_3$

erzwingen, dass y_1 dann und nur dann 1 sein kann, wenn x_1 **und** x_3 1 sind; y_1 soll Null werden, falls x_1 oder x_3 Null ist. Als dritte Restriktion wird

   vi) $y_1 + 1 \geq x_1 + x_3$

eingeführt, so dass y_1 1 sein muss, wenn x_1 und x_3 1 sind. Für den Fall, dass eines der beiden x den Wert 0 hat, ist die Restriktion immer erfüllt. In gleicher Weise ersetzt man den Ausdruck $x_1x_2x_3$ durch y_2 und restringiert ihn analog:

   vii) $y_2 \leq x_1$

   viii) $y_2 \leq x_2$

   ix) $y_2 \leq x_3$

sowie

   x) $y_2 + 2 \geq x_1 + x_2 + x_3$

Der Ausdruck unter ii) mit drei Variablen wird durch die Ausdrücke iii) bis x) ersetzt, die fünf Variablen aufweisen. Durch Hinzufügen neuer Restriktionen kann ein nicht-lineares Problem, das z.B. durch ein Polynom darstellbar ist, linearisiert und somit von einem 01-Solver gelöst werden. Bei grossen Problemstellungen steigt die Anzahl der Variablen und Restriktionen und dadurch auch die benötigte Rechenzeit sehr rasch.

Aus diesen Gründen gelangt im folgenden eine heuristische Lösungsmethode zur Anwendung.

5.6.4   Der Modellierungsvorgang

Zur quantitativen Modellierung wurde das System GAMS aus folgenden Gründen verwendet:

- GAMS ist eine deklarative Sprache und bedarf keiner speziellen Kenntnisse über prozedurale Programmiersprachen.

- Die Modellformulierung und die eigentlichen Daten sind klar getrennt. Es ist einfach Daten oder Modell (Zielfunktionen oder Nebenbedingungen) zu ändern.

- Das GAMS-file, welches das Modell enthält und vom Compiler erzeugt wird, kann direkt als Dokumentation verwendet werden. Das gleiche gilt für die Listings, welche als Dokumentation für die Berechnungen herangezogen werden können.

- Die Software ist sofort und «vorgefertigt» für Computer verschiedenster Leistungsfähigkeit mit unterschiedlichen Solvern erhältlich.

5.6.5   Ein heuristischer Ansatz

In den im Kapitel 5.6.3 unter 1) bis 3) genannten Problemen wird die Anforderung $M(i_1)$, $M(i_2)$, ..., $M(i_r) = 0 \vee 1$ ersetzt durch $0 \le M(i_1) \le 1$, ..., $0 \le M(i_r) \le 1$, wodurch Probleme der nicht-linearen Programmierung entstehen[1]. Die Lösung dieser nicht-linearen Problemstellung im Falle von Ganzzahligkeit (d.h. die Komponenten sind $0 \vee 1$) ist gleichzeitig auch eine gültige Lösung der entsprechenden binären ganzzahligen Problemstellung. Die verschiedenen Ebenen, die in den Problemen 1) bis 3) angeführt wurden (Totrr, Cost, ROI)[2], werden variiert, um ganzzahlige Lösungen zu finden. Nach jedem Optimierungslauf werden die erhaltenen Lösungen gerundet. Da es sich um ein nicht-konvexes[3] Optimierungsproblem handelt, muss der Benutzer einen anderen Startpunkt S ($0 \le S \le 1$) wählen, falls ihn das errechnete Ergebnis, das vorerst nur ein lokales Optimum ist, nicht zufriedenstellt.

Der hier beschriebene Ansatz kann als «interaktiv» bezeichnet werden, da der Benutzer aufbauend auf ein erhaltenes Resultat die Rahmenbedingungen (Levels) ändert und nach neuen Lösungsmöglichkeiten sucht. Um Interaktion im herkömmlichen Sinne zu erreichen, wäre der Aufbau eines interaktiven Interfaces vonnöten, das direkt auf GAMS aufsetzt. Dessen Realisierung sollte aufgrund der offenen Architektur von GAMS ohne grosse Schwierigkei-

---

[1] Für nicht-lineare Programmierung [vgl. BRO88].

[2] Es wurden daher drei Teilmodelle aufgestellt, MINRISK, MINCOST und MAXRATIO, die sich nur durch jeweils ein einziges Statement (Zeile 114, 117 bzw. 113, vgl. Anhang B) unterscheiden: „SOLVE RISK using NLP **minimizing totrr**" in MINRISK, bzw. „SOLVE RISK using NLP **minimizing Cost**" in MINCOST, und „SOLVE RISK using NLP **maximizing effr**" in MAXRATIO.

[3] Eine Funktion $f: I \to R$ (I echte Teilmenge von R) heisst **konvex**, wenn f für alle $x_1, x_2 \in I$ und alle λ mit $0 \le \lambda \le 1$ gilt: $f(\lambda x_1 + (1-\lambda) x_2) \le \lambda f(x_1) + (1 - \lambda) f(x_2)$. Ist f zweimal differenzierbar, so ist f genau dann konvex, wenn $f''(x) \ge 0$ für alle $x \in I$.

ten möglich sein. Ferner wäre ergänzend auch Window-Technik und Grafik wünschenswert.

Eine völlige Automatisierung eines so gearteten Problemlösungsprozesses ist aus zweierlei Gründen jedoch nicht möglich. Die Problemstellung ist

1)   nicht konvex

2)   nicht linear und ganzzahlig.

Im vorliegenden Beispiel werden nur lokale Optima gefunden; es könnte jedoch die Lösung auf ihre globale Gültigkeit hin überprüft werden, indem von mehreren Startpunkten ausgehend versucht wird, andere lokale Optima zu finden. Wenn dies nicht gelingt, kann daraus geschlossen werden, dass es sich bei der Lösung mit sehr hoher Wahrscheinlichkeit um ein globales Optimum handelt, auch wenn die Funktion nicht konvex ist. In diesem Zugang ist die Frage, ob es sich um ein lokales oder globales Optimum handelt, nicht entscheidend, da die Niveaus laufend verändert und die Ergebnisse überprüft werden.

5.7   Diskussion der Resultate

Die folgenden Optimierungsläufe der einzelnen Teilmodelle (MINRISK, MINCOST, MAXRATIO) sollen die Veränderungen der Ergebnisse als Reaktion auf modifizierte Nebenbedingungen deutlich machen. Zum Zwecke der Übersichtlichkeit werden nur jeweils die markanten Programmteile gezeigt und diskutiert.

5.7.1   Kostenminimierung unter Nebenbedingungen

Das Teilmodell, das als primäres Optimierungskriterium Kostenminimierung vorsieht, wird in einem ersten Lauf mit zwei Nebenbedingungen versehen: das Restrisiko soll sFr. 6.000.- nicht übersteigen und das Portfolio soll eine Rendite von mindestens 1.5 aufweisen.

```
158  totrr.UP      =     6000;
159  *Cost.UP      =    25000;
160  ROI.LO        =       1.5;
161  *M.L(I)       =         1;
166  SOLVE RISK using NLP minimizing cost;
RISK ANALYSIS
E X E C U T I N G
168  RESULTS COMPUTED NONLINEAR PROGRAMMING:
```

```
169  VARIABLE  M.L  MEASURE
2    0.999,       3  0.995,        6  0.322,       8  1.625969E-4
170  PARAMETER  RU       =      11400.000    RISK ON USER LEVEL
     PARAMETER  RSU      =      11268.000    RISK ON SUPERUSER LEVEL
     PARAMETER  TOTR     =      22668.000    TOTAL RISK
     VARIADLE   RRU.L    =       2690.682    RESIDUAL RISK ON USER LEVEL
     VARIABLE   RRSU.L   =       3309.318    RESIDUAL RISK ON SUPERUSER LEVEL
     VARIABLE   TOTRR.L  =       6000.000    TOTAL RESIDUAL RISK
     VARIABLE   COST.L   =       9815.686    COSTS OF PORTFOLIO
     VARIABLE   EFFECT.L =      16668.000    EFFECTIVENESS OF PORTFOLIO
     VARIABLE   ROI.L    =          1.698    RETURN ON INVESTMENT
212  RESULTS COMPUTED WITH ROUNDED VALUES OF M:
213  VARIABLE  M.L  MEASURE

2    1.000,       3  1.000

214  PARAMETER  RU       =      11400.000    RISK ON USER LEVEL
     PARAMETER  RSU      =      11268.000    RISK ON SUPERUSER LEVEL
     PARAMETER  TOTR     =      22668.000    TOTAL RISK
     PARAMETER  IRRU     =       3000.000    RESIDUAL RISK ON USER LEVEL
     PARAMETER  IRRSU    =       3690.000    RESIDUAL RISK ON SUPERUSER LEVEL
     PARAMETER  ITOTRR   =       6690.000    TOTAL RESIDUAL RISK
     PARAMETER  ICOST    =       8333.333    COSTS OF PORTFOLIO
     PARAMETER  IEFFECT  =      15978.000    EFFECTIVENESS OF PORTFOLIO
     PARAMETER  IROI     =          1.917    RETURN ON INVESTMENT
```

Als Ergebnis erscheint ein Portfolio, das aus den Massnahmen 2 und 3 besteht. Dieses Portfolio weist eine Rendite von 1.917 auf, die also um 0.417 besser ist, das heisst um fast 30% höher ist, als in der Nebenbedingung gefordert. Andererseits wird die Forderung nach einer Risikoobergrenze um sFr. 690.- verletzt: statt der geforderten sFr. 6.000.- wird das Restrisiko dieses Portfolios sFr. 6.690.- betragen, also um 11.5% höher liegen als ursprünglich gefordert.

Von diesem ersten Optimierungslauf werden auch die Zwischenergebnisse vor der Rundung auf 1 oder 0 gezeigt. Alle folgenden Beispiele zeigen nur mehr die gerundeten Endergebnisse.

In einem nächsten Optimierungslauf werden die Nebenbedingungen allgemein restriktiver: die Grenze für das tolerierbare Restrisko wird auf sFr. 5.000.- gesenkt, die Rendite des Portfolios soll mindestens bei 1.8 liegen.

```
158  totrr.UP    =    5000;
159  *Cost.UP    =   25000;
160  ROI.LO      =     1.8;
161  *M.L(I)     =       1;
166  SOLVE RISK using NLP minimizing cost;
212  RESULTS COMPUTED WITH ROUNDED VALUES OF M:


3    1.000,    6   1.000


214  PARAMETER RU       =     11400.000    RISK ON USER LEVEL
     PARAMETER RSU      =     11268.000    RISK ON SUPERUSER LEVEL
     PARAMETER TOTR     =     22668.000    TOTAL RISK
     PARAMETER IRRU     =      4000.200    RESIDUAL RISK ON USER LEVEL
     PARAMETER IRRSU    =      4920.246    RESIDUAL RISK ON SUPERUSER LEVEL
     PARAMETER ITOTRR   =      8920.446    TOTAL RESIDUAL RISK
     PARAMETER ICOST    =      8000.000    COSTS OF PORTFOLIO
     PARAMETER IEFFECT  =     13747.554    EFFECTIVENESS OF PORTFOLIO
     PARAMETER IROI     =         1.718    RETURN ON INVESTMENT
```

Das Ergebnis zeigt nun eine Veränderung im Portfolio: statt der Massnahmen 2 und 3 sollen nun die Massnahmen 3 und 6 realisiert werden. Es kann unter diesen strengen Restriktionen weder die geforderte Rendite von 1.8 erreicht werden - es fehlen ca. 4.5% -, noch das geforderte Sicherheitsniveau.

Die Kosten des Portfolios im zweiten Fall sind jedoch gegenüber der ersten Version gesunken. Ein Entscheidungsträger mit nur einigermassen flexiblen Ressourcen wird wahrscheinlich die erste Version des Portfolios (2 und 3) der zweiten Version (3 und 6) vorziehen, da nur ein geringer jährlicher Mehraufwand (weniger als 5%) ein deutlich verringertes Restrisiko und eine bessere Rendite erwarten lässt.

Ändert man den Startpunkt der Optimierung und versucht, vom Punkt 1 ausgehend ein Optimum zu finden, terminiert der Prozess und gibt die leere Menge als Ergebnis zurück. Darüber hinaus entsteht durch das «Rounding» ein undefiniertes Ergebnis, da eine Division durch Null versucht wurde.

```
158  totrr.UP    =    5000;
159  *Cost.UP    =   25000;
160  ROI.LO      =     1.8;
161  M.L(I)      =       1;
166  SOLVE RISK using NLP minimizing cost;
     RISK ANALYSIS
     E X E C U T I N G
```

```
168   RESULTS COMPUTED NONLINEAR PROGRAMMING:
169   VARIABLE  M.L  MEASURE

2     0.424,      3   0.397,      11   0.311

170   PARAMETER RU        =       11400.000   RISK ON USER LEVEL
      PARAMETER RSU       =       11268.000   RISK ON SUPERUSER LEVEL

      PARAMETER TOTR      =       22668.000   TOTAL RISK
      VARIABLE  RRU.L     =        2669.078   RESIDUAL RISK ON USER LEVEL
      VARIABLE  RRSU.L    =        2330.922   RESIDUAL RISK ON SUPERUSER LEVEL
      VARIABLE  TOTRR.L   =        5000.000   TOTAL RESIDUAL RISK
      VARIABLE  COST.L    =        5474.399   COSTS OF PORTFOLIO
      VARIABLE  EFFECT.L  =       17668.000   EFFECTIVENESS OF PORTFOLIO
      VARIABLE  ROI.L     =           2.795   RETURN ON INVESTMENT
****  EXECUTION ERROR AT LINE 210 .. DIVISION BY ZERO
212   RESULTS COMPUTED WITH ROUNDED VALUES OF M:


ALL    0.000


214   PARAMETER RU        =       11400.000   RISK ON USER LEVEL
      PARAMETER RSU       =       11268.000   RISK ON SUPERUSER LEVEL
      PARAMETER TOTR      =       22668.000   TOTAL RISK
      PARAMETER IRRU      =       11400.000   RESIDUAL RISK ON USER LEVEL
      PARAMETER IRRSU     =       11268.000   RESIDUAL RISK ON SUPERUSER LEVEL
      PARAMETER ITOTRR    =       22668.000   TOTAL RESIDUAL RISK
      PARAMETER ICOST     =           0.000   COSTS OF PORTFOLIO
      PARAMETER IEFFECT   =           0.000   EFFECTIVENESS OF PORTFOLIO
      PARAMETER IROI      =            UNDF   RETURN ON INVESTMENT
```

5.7.2   Maximierung der Rendite unter Nebenbedingungen

Ein anderes Teilmodell sieht als Strategie die Maximierung der Rendite vor. Der vorliegende Optimierungslauf zeigt Ergebnisse unter den Nebenbedingungen, dass das Restrisiko nicht grösser sein soll als sFr. 5.000.-. Der Kostenrahmen wird sehr hoch angesetzt und zwar mit sFr. 35.000.-.

```
158   totrr.UP    =      5000;
159   Cost.UP     =     35000;
160   *ROI.LO     =       1.2;
161   *M.L(I)     =         1;
166   SOLVE RISK using NLP maximizing ROI;
212   RESULTS COMPUTED WITH ROUNDED VALUES OF M:


2   1.000,      3   1.000,      6   1.000
```

```
214  PARAMETER RU       =      11400.000    RISK ON USER LEVEL
     PARAMETER RSU      =      11268.000       RISK ON SUPERUSER LEVEL
     PARAMETER TOTR     =      22668.000    TOTAL RISK
     PARAMETER IRRU     =       2000.100    RESIDUAL RISK ON USER LEVEL
     PARAMETER IRRSU    =       2460.123    RESIDUAL RISK ON SUPERUSER LEVEL
     PARAMETER ITOTRR   =       4460.223    TOTAL RESIDUAL RISK
     PARAMETER ICOST    =      13000.000    COSTS OF PORTFOLIO
     PARAMETER IEFFECT  =      18207.777    EFFECTIVENESS OF PORTFOLIO
     PARAMETER IROI     =          1.401    RETURN ON INVESTMENT
```

Das gerundete Ergebnis zeigt ein Portfolio der Massnahmen 2, 3 und 6. Das
Restrisiko wird durch das genannte Portfolio sogar bis auf sFr. 4.460.-
abgesenkt. Das ist um mehr als 10% besser, als eigentlich gefordert. Der ROI
liegt bei dieser sehr restriktiven Auflage des Restrisikos bei nur 1.4. Die
Kostenrestriktion hatte in diesem Fall keine Konsequenzen, denn das Portfolio
erreicht nur Kosten in der Höhe von sFr. 13.000.-.

Bei gelockerter Restriktion bezüglich Restrisiko, nämlich Anhebung auf sFr.
8.000.-, kann eine Massnahme, nämlich Massnahme 6, entfallen. Daher wird
die Marge durch die Kostensenkung auf fast 2.00 verbessert.

```
158  totrr.UP    =      8000;
159  Cost.UP     =     35000;
160  *ROI.LO     =        1.2;
161  *M.L(I)     =          1;
166  SOLVE RISK using NLP maximizing ROI;
212  RESULTS COMPUTED WITH ROUNDED VALUES OF M:


2     1.000,     3   1.000


214  PARAMETER RU       =      11400.000    RISK ON USER LEVEL
     PARAMETER RSU      =      11268.000    RISK ON SUPERUSER LEVEL
     PARAMETER TOTR     =      22668.000    TOTAL RISK
     PARAMETER IRRU     =       3000.000    RESIDUAL RISK ON USER LEVEL
     PARAMETER IRRSU    =       3690.000    RESIDUAL RISK ON SUPERUSER LEVEL
     PARAMETER ITOTRR   =       6690.000    TOTAL RESIDUAL RISK
     PARAMETER ICOST    =       8333.333    COSTS OF PORTFOLIO
     PARAMETER IEFFECT  =      15978.000    EFFECTIVENESS OF PORTFOLIO
     PARAMETER IROI     =          1.917    RETURN ON INVESTMENT
```

Eine drastische Restriktion des tolerierbaren Restrisikos auf sFr. 1.500.-
bewirkt die Realisierung einer bisher unberücksichtigten, einzelnen
Massnahme im Portfolio, der Massnahme 14.

```
158  totrr.UP     =     1500;
159  Cost.UP      =   45000;
160  *ROI.LO      =      1.2;
161  *M.L(I)      =        1;
166  SOLVE RISK using NLP maximizing ROI;
212  RESULTS COMPUTED WITH ROUNDED VALUES OF M:


 14  1.000


214  PARAMETER RU       =      11400.000    RISK ON USER LEVEL
     PARAMETER RSU      =      11268.000    RISK ON SUPERUSER LEVEL
     PARAMETER TOTR     =      22668.000    TOTAL RISK
     PARAMETER IRRU     =        228.000    RESIDUAL RISK ON USER LEVEL
     PARAMETER IRRSU    =        225.360    RESIDUAL RISK ON SUPERUSER LEVEL
     PARAMETER ITOTRR   =        453.360    TOTAL RESIDUAL RISK
     PARAMETER ICOST    =      20500.000    COSTS OF PORTFOLIO
     PARAMETER IEFFECT  =      22214.640    EFFECTIVENESS OF PORTFOLIO
     PARAMETER IROI     =          1.084    RETURN ON INVESTMENT
```

Im vorleigenden Beispiel weist das Portfolio, das ausschliesslich Massnahme 14 beinhaltet, ein Restrisiko von nur sFr. 453,36 auf, das sind bloss ca. 30% des geforderten Niveaus.

Die unter diesen Bedingungen bestenfalls erzielbare Marge beläuft sich dann allerdings nur auf knapp 1.1.

Wenn nun versucht wird, mit denselben Restriktionen von einem anderen Startpunkt ausgehend ein Optimum zu finden, kann durch die fehlende Konvexität durchaus ein anderes Portfolio optimal erscheinen.

```
158  totrr.UP     =     1500;
159  Cost.UP      =   45000;
160  *ROI.LO      =      1.2;
161  M.L(I)       =        1;
166  SOLVE RISK using NLP maximizing ROI;
212  RESULTS COMPUTED WITH ROUNDED VALUES OF M:


  2  1.000,      6  1.000,     12  1.000


214  PARAMETER RU       =      11400.000    RISK ON USER LEVEL
     PARAMETER RSU      =      11268.000    RISK ON SUPERUSER LEVEL
     PARAMETER TOTR     =      22668.000    TOTAL RISK
     PARAMETER IRRU     =       1100.055    RESIDUAL RISK ON USER LEVEL
```

```
PARAMETER IRRSU      =      1812.091    RESIDUAL RISK ON SUPERUSER LEVEL
PARAMETER ITOTRR     =      2912.146    TOTAL RESIDUAL RISK
PARAMETER ICOST      =     18000.000    COSTS OF PORTFOLIO
PARAMETER IEFFECT    =     19755.854    EFFECTIVENESS OF PORTFOLIO
PARAMETER IROI       =         1.098    RETURN ON INVESTMENT
```

Wenn der Startpunkt 1 statt 0 gewählt wird, erscheint als Optimum ein
Portfolio, das aus den Massnahmen 2, 6 und 12 besteht. Diese Massnahmenkombination hat ein höheres Restrisiko, nämlich sFr. 2.912,15 und
fast die gleiche Marge von 1.1. Die Kosten sind im letzten Optimierungslauf
jedoch von sFr. 20.500.- auf sFr. 18.000.- gefallen. Hier muss der Entscheidungsträger Schwerpunkte bei den herangezogenen Entscheidungskriterien
setzen oder neue Kriterien (eventuell entsprechend seiner subjektiven
Risikoeinstellung) in den Entscheidungsprozess miteinbeziehen.

Im folgenden Beispiel wird gezeigt, dass unter anderen Randbedingungen
eine Änderung des Startwertes sehr wohl zum gleichen Ergebnis führen
kann. Die beiden folgenden Eingaben ergeben ein Portfolio als Optimum, das
ausschliesslich Massnahme 14 realisiert, wobei zuerst 0 als Startwert
angenommen wird, dann 1.

```
158  totrr.UP     =      500;
159  Cost.UP      =    25000;
160  *ROI.LO      =      1.2;
161  *M.L(I)      =        1;
166  SOLVE RISK using NLP maximizing ROI;
```

```
158  totrr.UP     =      500;
159  Cost.UP      =    25000;
160  *ROI.LO      =      1.2;
161  M.L(I)       =        1;
166  SOLVE RISK using NLP maximizing ROI;
```

Die Anwendung noch strengerer Auflagen, z.B. die Erfüllung eines maximalen Restrisikolevels von nur sFr. 100.-, zeigt als resultierendes Optimum ein
Portfolio aus den drei sehr effektiven Massnahmen, nämlich 2, 12 und 14.

```
158  totrr.UP     =      100;
159  Cost.UP      =    33000;
160  *ROI.LO      =      1.2;
161  *M.L(I)      =        1;
166  SOLVE RISK using NLP maximizing ROI;
212  RESULTS COMPUTED WITH ROUNDED VALUES OF M:
```

```
2    1.000,    12   1.000,    14   1.000
```

```
214  PARAMETER RU         =        11400.000    RISK ON USER LEVEL

     PARAMETER RSU        =        11268.000    RISK ON SUPERUSER LEVEL

     PARAMETER TOTR       =        22668.000    TOTAL RISK

     PARAMETER IRRU       =           33.000    RESIDUAL RISK ON USER LEVEL

     PARAMETER IRRSU      =           54.360    RESIDUAL RISK ON SUPERUSER LEVEL

     PARAMETER ITOTRR     =           87.360    TOTAL RESIDUAL RISK

     PARAMETER ICOST      =        33500.000    COSTS OF PORTFOLIO

     PARAMETER IEFFECT    =        22580.640    EFFECTIVENESS OF PORTFOLIO

     PARAMETER IROI       =            0.674    RETURN ON INVESTMENT
```

Diese restriktive Einschränkung des Restrisikos bedeutet gleichzeitig einen starken Anstieg der Kosten (sFr. 33.500.-) und dadurch einen Verfall der Rendite (nur 0,674). Man kann ferner erkennen, dass die zu Beginn überhaupt nicht relevante Kostenrestriktion nun nach der starken Senkung des Risikoniveaus doch noch Bedeutung erlangt hat. Die Kostenrestriktion wird im gezeigten Portfolio sogar noch verletzt. Die Marge ist durch den hohen Kostenfaktor dementsprechend schlecht, nämlich nur 0,674.

Eine weitere interessante Veränderung ist festzustellen, wenn man nun die Kostenrestriktion weiter verschärft.

```
158  totrr.UP    =      100;
159  Cost.UP     =    28000;
160  *ROI.LO     =      1.2;
161  *M.L(I)     =        1;
166  SOLVE RISK using NLP maximizing ROI;
212  RESULTS COMPUTED WITH ROUNDED VALUES OF M:
```

```
11   1.000,    14   1.000
```

```
214  PARAMETER RU         =        11400.000    RISK ON USER LEVEL

     PARAMETER RSU        =        11268.000    RISK ON SUPERUSER LEVEL

     PARAMETER TOTR       =        22668.000    TOTAL RISK

     PARAMETER IRRU       =          228.000    RESIDUAL RISK ON USER LEVEL

     PARAMETER IRRSU      =          150.241    RESIDUAL RISK ON SUPERUSER LEVEL

     PARAMETER ITOTRR     =          378.241    TOTAL RESIDUAL RISK

     PARAMETER ICOST      =        27000.000    COSTS OF PORTFOLIO

     PARAMETER IEFFECT    =        22289.759    EFFECTIVENESS OF PORTFOLIO

     PARAMETER IROI       =            0.826    RETURN ON INVESTMENT
```

Die Massnahmen 2 und 12 scheinen im neuen Portfolio, das unter restriktiveren Kostenbedingungen zu erstellen ist, nicht mehr auf, sondern werden durch die Massnahme 11 ersetzt. Die Kosten werden der neuen Nebenbedingung angepasst, sie betragen nur mehr sFr. 27.000.-. Das Restrisiko ist aber gestiegen und verletzt die Nebenbedingung, während die Rendite zwar eine Verbesserung erfahren hat, jedoch mit 0.826 immer noch als eher schlecht zu bewerten ist.

5.7.3   Risikominimierung unter Nebenbedingungen

Die letzte Version des Modells minimiert das Restrisiko, wobei der Entscheidungsträger Nebenbedingungen formulieren kann. Die beiden Grössen Kosten und Rendite können für Nebenbedingungen verändert werden. Im ersten Optimierungslauf wird die Kostenrestriktion sehr weit gefasst (sFr. 45.000.-), so dass nur das zweite Kriterium der Nebenbedingungen berücksichtigt werden muss, der ROI (hier: 2.0).

```
158   *totrr.UP    =     800;
159   Cost.UP      =   45000;
160   ROI.LO       =     2.0;
165   SOLVE RISK using NLP minimizing totrr;
211   RESULTS COMPUTED WITH ROUNDED VALUES OF M:


2     1.000,     3   1.000


213   PARAMETER RU        =     11400.000   RISK ON USER LEVEL
      PARAMETER RSU       =     11268.000   RISK ON SUPERUSER LEVEL
      PARAMETER TOTR      =     22668.000   TOTAL RISK
      PARAMETER IRRU      =      3000.000   RESIDUAL RISK ON USER LEVEL
      PARAMETER IRRSU     =      3690.000   RESIDUAL RISK ON SUPERUSER LEVEL
      PARAMETER ITOTRR    =      6690.000   TOTAL RESIDUAL RISK
      PARAMETER ICOST     =      8333.333   COSTS OF PORTFOLIO
      PARAMETER IEFFECT   =     15978.000   EFFECTIVENESS OF PORTFOLIO
      PARAMETER IROI      =         1.917   RETURN ON INVESTMENT
```

Im Ergebnis scheint ein Portfolio auf, das aus den Mssnahmen 2 (Sonderzeichen in Passwörtern) und 3 (Halbierung der Back-up-Intervalle) besteht. Das Portfolio hat eine Rendite von fast 2.00 und senkt das Restrisiko von ursprünglich sFr. 22.668.- auf sFr. 6.690.- .

Das bedeutet, dass die Effektivität des Portfolios bei sFr. 15.978.- liegt. Das Restrisiko von sFr. 6.690.- setzt sich aus sFr. 3.000.- auf Benutzerebene und sFr. 3.690.- auf Superuser-Ebene zusammen. Da die Kostenrestriktion hier nicht zum Tragen kommt, beinhaltet die Lösung die beiden Massnahmen mit den besten Renditen.

Wird die Forderung nach einer Rendite von mindestens 2.00 gelockert und begnügt man sich auch mit einer Rendite von 1.4, dann können zusätzlich risikomindernde Massnahmen mit guter Rendite in das Portfolio aufgenommen werden. Hier ist es die Massnahme 6, die das Restrisiko um weitere sFr. 2.230.- senkt.

```
158  *totrr.UP    =      800;
159  Cost.UP       =    45000;
160  ROI.LO        =      1.4;
165  SOLVE RISK using NLP minimizing totrr;
211  RESULTS COMPUTED WITH ROUNDED VALUES OF M:


2    1.000,      3   1.000,      6   1.000


213  PARAMETER RU        =      11400.000   RISK ON USER LEVEL

     PARAMETER RSU       =      11268.000   RISK ON SUPERUSER LEVEL

     PARAMETER TOTR      =      22668.000   TOTAL RISK

     PARAMETER IRRU      =       2000.100   RESIDUAL RISK ON USER LEVEL

     PARAMETER IRRSU     =       2460.123   RESIDUAL RISK ON SUPERUSER LEVEL

     PARAMETER ITOTRR    =       4460.223   TOTAL RESIDUAL RISK

     PARAMETER ICOST     =      13000.000   COSTS OF PORTFOLIO

     PARAMETER IEFFECT   =      18207.777   EFFECTIVENESS OF PORTFOLIO

     PARAMETER IROI      =          1.401   RETURN ON INVESTMENT
```

Ein neuerlicher Verzicht auf eine attraktive Marge zugunsten eines geringeren Restrisikos bedeutet ein neues Portfolio, in dem die Massnahme 3 durch die Massnahme 12 ersetzt wird.

Dieser Austausch bewirkt eine weitere Risikoreduktion um sFr. 1.548.-, jedoch gleichzeitig einen Anstieg der Kosten um weitere sFr. 5.000.-. Das bedeutet auch eine Verschlechterung der Rendite.

```
158  *totrr.UP    =      800;
159  Cost.UP       =    45000;
160  ROI.LO        =      1.2;
165  SOLVE RISK using NLP minimizing totrr;
211  RESULTS COMPUTED WITH ROUNDED VALUES OF M:


2    1.000,      6   1.000,     12   1.000
```

```
213  PARAMETER RU       =  11400.000   RISK ON USER LEVEL
     PARAMETER RSU      =  11268.000   RISK ON SUPERUSER LEVEL
     PARAMETER TOTR     =  22668.000   TOTAL RISK
     PARAMETER IRRU     =   1100.055   RESIDUAL RISK ON USER LEVEL
     PARAMETER IRRSU    =   1812.091   RESIDUAL RISK ON SUPERUSER LEVEL
     PARAMETER ITOTRR   =   2912.146   TOTAL RESIDUAL RISK
     PARAMETER ICOST    =  18000.000   COSTS OF PORTFOLIO
     PARAMETER IEFFECT  =  19755.854   EFFECTIVENESS OF PORTFOLIO
     PARAMETER IROI     =      1.098   RETURN ON INVESTMENT
```

Um zu zeigen, dass auch Portfolios mit einer grossen Anzahl von Massnahmen möglich sind, werden im nächsten Optimierungslauf die Kostenrestriktionen und die Anforderungen an die Rendite sehr stark gelockert.

```
159  *totrr.UP   =       800;
160  cost.UP     =    100000;
161  ROI.LO      =      0.01;
162  M.L(I)      =         1;
165  SOLVE RISK using NLP minimizing totrr;
213  RESULTS COMPUTED WITH ROUNDED VALUES OF M:
```

```
 2  1.000,     6  1.000,     7  1.000,     8  1.000
10  1.000,    11  1.000,    12  1.000,    13  1.000
```

```
215  PARAMETER RU       =      11400.000   RISK ON USER LEVEL
     PARAMETER RSU      =      11268.000   RISK ON SUPERUSER LEVEL
     PARAMETER TOTR     =      22668.000   TOTAL RISK
     PARAMETER IRRU     =          5.500   RESIDUAL RISK ON USER LEVEL
     PARAMETER IRRSU    =         10.226   RESIDUAL RISK ON SUPERUSER LEVEL
     PARAMETER ITOTRR   =         15.726   TOTAL RESIDUAL RISK
     PARAMETER ICOST    =      84700.000   COSTS OF PORTFOLIO
     PARAMETER IEFFECT  =      22652.274   EFFECTIVENESS OF PORTFOLIO
     PARAMETER IROI     =          0.267   RETURN ON INVESTMENT
```

Im resultierenden Portfolio scheinen acht Massnahmen auf. Das Portfolio verursacht jährliche Gesamtkosten von sFr. 84.700.- und hat eine Rendite von nur 0.267. Das Risiko wird jedoch fast gänzlich eliminiert und beträgt weniger als 1‰ des ursprünglichen Risikos.

Wählt man unter denselben Nebenbedingungen einen anderen Startpunkt, nämlich den Nullpunkt, dann verändert sich das Portfolio geringfügig in seiner Zusammensetzung; statt der Massnahme 13 (Isolation von allen

Netzen) scheint nun Massnahme 14 (Einrichtung von Call-back-Modems) im Portfolio auf.

```
159  *totrr.UP    =       800;
160  cost.UP      =    100000;
161  ROI.LO       =      0.01;
162  *M.L(I)      =         1;
167  SOLVE RISK using NLP minimizing totrr;
213  RESULTS COMPUTED WITH ROUNDED VALUES OF M:


  2  1.000,     6  1.000,     7  1.000,     8  1.000
 10  1.000,    11  1.000     12  1.000,    14  1.000


215  PARAMETER RU       =      11400.000    RISK ON USER LEVEL

     PARAMETER RSU      =      11268.000    RISK ON SUPERUSER LEVEL

     PARAMETER TOTR     =      22668.000    TOTAL RISK

     PARAMETER IRRU     =          6.600    RESIDUAL RISK ON USER LEVEL

     PARAMETER IRRSU    =         12.271    RESIDUAL RISK ON SUPERUSER LEVEL

     PARAMETER ITOTRR   =         18.872    TOTAL RESIDUAL RISK

     PARAMETER ICOST    =      80200.000    COSTS OF PORTFOLIO

     PARAMETER IEFFECT  =      22649.128    EFFECTIVENESS OF PORTFOLIO

     PARAMETER IROI     =          0.282    RETURN ON INVESTMENT
```

Das nun ermittelte Portfolio kostet weniger, nämlich «nur» sFr. 80.200.- und hat eine höhere Rendite, nämlich 0.28 und ist dem zuvor errechneten Optimum sicherlich vorzuziehen.

Noch deutlicher kommt im nächsten Beispiel die verschiedenartige Zusammensetzung im Portfolio zum Ausdruck, wenn wieder von zwei verschiedenen Startpunkten ausgehend optimiert wird. Im ersten Optimierungslauf wird vom Nullpunkt ausgehend bei einem Kostenlimit von sFr. 35.000.- und einer mindestens erwarteten Rendite von 0.7 ein Portfolio mit den Massnahmen 2, 3 und 13 als Optimum ermittelt.

Bei einem Vergleich dieser Ergebnisse mit den Resultaten des vorangegangenen Optimierungslaufs ist ersichtlich, dass die Massnahmen 2, 3 und 13 einen grossen Beitrag zur Risikoreduktion leisten können. Sie erzielen ein Restrisiko von weniger als einem halben Prozent des ursprünglichen Risikos.

Die weiteren Massnahmen haben für eine geringfügige Risikoreduktion sehr hohe Kosten verursacht. Damit wird die sogenannte «80-20-Regel» untermauert, die besagt, dass mit wenig Aufwand 80% des Risikos beseitigt werden können. Für die restlichen 20% muss vergleichsweise ein sehr hoher Aufwand betrieben werden.

```
159  *totrr.UP    =       800;
160  cost.UP      =     35000;
161  ROI.LO       =       0.7;
162  *M.L(I)      =         1;
167  SOLVE RISK using NLP minimizing totrr;
213  RESULTS COMPUTED WITH ROUNDED VALUES OF M:

2    1.000,      3   1.000,      13   1.000
```

```
215  PARAMETER RU       =      11400.000    RISK ON USER LEVEL
     PARAMETER RSU      =      11268.000    RISK ON SUPERUSER LEVEL
     PARAMETER TOTR     =      22668.000    TOTAL RISK
     PARAMETER IRRU     =         50.000    RESIDUAL RISK ON USER LEVEL
     PARAMETER IRRSU    =         61.500    RESIDUAL RISK ON SUPERUSER LEVEL
     PARAMETER ITOTRR   =        111.500    TOTAL RESIDUAL RISK
     PARAMETER ICOST    =      33333.333    COSTS OF PORTFOLIO
     PARAMETER IEFFECT  =      22556.500    EFFECTIVENESS OF PORTFOLIO
     PARAMETER IROI     =          0.677    RETURN ON INVESTMENT
```

Das lokal optimale Portfolio verursacht jährliche Kosten von sFr. 33.333.- und bietet eine Rendite von 0.677. Ein Optimierungslauf mit denselben Bedingungen, jedoch ausgehend vom Startpunkt eins, ermittelt ein neues optimales Portfolio.

```
159  *totrr.UP    =       800;
160  cost.UP      =     35000;
161  ROI.LO       =       0.7;
162  M.L(I)       =         1;
167  SOLVE RISK using NLP minimizing totrr;
213  RESULTS COMPUTED WITH ROUNDED VALUES OF M:

2    1.000,      3   1.000,      6   1.000,      14   1.000
```

```
215  PARAMETER RU       =      11400.000    RISK ON USER LEVEL
     PARAMETER RSU      =      11268.000    RISK ON SUPERUSER LEVEL
     PARAMETER TOTR     =      22668.000    TOTAL RISK
     PARAMETER IRRU     =         40.002    RESIDUAL RISK ON USER LEVEL
     PARAMETER IRRSU    =         49.202    RESIDUAL RISK ON SUPERUSER LEVEL
     PARAMETER ITOTRR   =         89.204    TOTAL RESIDUAL RISK
     PARAMETER ICOST    =      33500.000    COSTS OF PORTFOLIO
```

```
PARAMETER IEFFECT   =       22578.796    EFFECTIVENESS OF PORTFOLIO

PARAMETER IROI      =         0.674      RETURN ON INVESTMENT
```

Dieses neue Optimum beinhaltet die Massnahmen 2, 3, 6 und 14. Die Kosten sind hier geringfügig höher, die Rendite etwas niedriger. Die Entscheidung zwischen den beiden «guten» Portfolios wird von persönlichen Präferenzen des Entscheidungsträgers oder von qualitativen Merkmalen der im Portfolio vertretenen Massnahmen bestimmt werden.

5.8   Diskussion des quantitativen Portfolioansatzes

Im vorliegenden Kapitel wurde anhand einer Fallstudie die Umsetzbarkeit der im vierten Kapitel entwickelten Methode in anschaulicher Form dargelegt. Am Beispiel des «Hacking»-Risikos lässt sich die Anwendung des quantitativen Portfolioansatzes gut präsentieren. Es wird zu Beginn die ursprüngliche Risikolage numerisch abgeschätzt. Dann werden einzelne Sicherheitsmassnahmen auf die Risikosituation bezogen und in ihrer gemeinsamen Wirkung und Effizienz bewertet. Aus einer kleinen und überschaubaren Menge von Massnahmen, wird durch schrittweise Erweiterungen eine komplexe Entscheidungssituation entwickelt.

Mit Hilfe der Modellierungssprache GAMS wurde die Auswahl der Massnahmen durch einen interaktiven Zugang teilweise automatisiert und zu diesem Zweck ein mathematisches Modell entwickelt.

Der Benutzer kann zwischen drei verschiedenen Strategien (Renditemaximierung, Kosten- und Risikominimierung) wählen. Bei Verwendung einer Strategie werden zusätzlich Nebenbedingungen festgelegt. Die Veränderungen der Nebenbedingungen erlauben dem Benutzer die Konstruktion von «What-if»-Szenarien und die Untersuchung des Portfolios bei geänderten Restriktionen. Etliche Optimierungsläufe zeigen die unterschiedlichen Ergebnisse bei Anwendung der jeweiligen Strategie mit verschieden formulierten Restriktionen. Dem Benutzer werden auf diese Weise objektivierte und transparente Ergebnisse als Basis für «gute» Entscheidungen geliefert.

Bei der Anwendung des quantitativen Ansatzes ist allerdings zu berücksichtigen, dass die Zahlen des Resultats eine Genauigkeit vortäuschen, die letztlich nicht gegeben ist, da einige Grössen nur sehr grob und subjektiv geschätzt werden können. Die Ergebnisse versetzen den Benutzer in die Lage, Relationen sowohl zwischen Bedrohungen wie auch zwischen Massnahmen zu erkennen.

Wie schon aus dem sehr vereinfachten Beispiel ersehen werden kann, ist die Komplexität der Problemstellung und der Rechenaufwand zur Lösung nicht unerheblich. Daher kommt der Wahl des richtigen Werkzeugs zur Optimierung entscheidende Bedeutung zu.

6 Fallstudie II: Massnahmen gegen Computerviren – Ein qualitativer Ansatz

Die folgende Fallstudie zeigt anhand der Virenproblematik, wie eine **qualitative** Riskoabschätzung erfolgen kann, wie Riskobereiche identifiziert und abgegrenzt werden. Das gewählte Beispiel bezieht sich bewusst auf das Szenarium einer offenen, «erfindungsreichen» Hochschulumgebung, da hier die Probleme mit Computerviren besonders häufig auftreten. Für einzelne organisatorische und technische Teilbereiche werden Risikofaktoren bestimmt und geschätzt. Das Portfolio setzt sich letztlich aus unterschiedlichen Massnahmen mit Schwerpunkten in einzelnen Gebieten zusammen. Die Fallstudie beschreibt ein Konzept, das seit Februar 1989 an der Universität Zürich angewendet wird. Ergänzend werden Erfahrungen erörtert, die man über einen Zeitraum von anderthalb Jahren an der Universität Zürich mit diesem Konzept gemacht hat [vgl. BAS89].

6.1 Szenarium

Die Universität Zürich wird von über 20.000 Studenten besucht und beschäftigt rund 3.000 Angestellte. Ihnen stehen zur Zeit etwa 2.000 der Universität gehörende Rechner unterschiedlicher Grösse zur Verfügung. Das Netzwerk der Universität Zürich (NUZ) verbindet einen Teil dieser Rechner. Darüber hinaus bestehen lokale Netze an verschiedenen Instituten, die teilweise auch miteinander und an das NUZ gekoppelt sind. Die Abwicklung der Informatikmittelbeschaffung erfolgt zentral über das Institut für Informatik. Der Bereich Lehre und Forschung ist für die Informatikausbildung in der Universität, sowie für die Forschung in der Disziplin Informatik zuständig. Das Rechenzentrum betreibt die grossen IBM-Server und die Netzwerke und nimmt die Beratungs- und Unterstützungsfunktion gegenüber den Universitätsangehörigen wahr. Hierzu besteht ein PC Information Center, das für Fragen und Probleme im Umgang mit Informatikmitteln zur Verfügung steht.

6.2 Risikobeurteilung

6.2.1 Risikoanalyse

Durch Berichte in der Fachpresse und Veröffentlichungen im wissenschaftlichen Bereich angeregt, wurde im September 1988 ein Überblick vorhandener Literatur erstellt [COH87, HOF87] und die Relevanz der Virenproblematik für die Universität Zürich abgeschätzt. Das **Gefahrenpotential** in einem «offenen» Hochschulbetrieb ist wesentlich höher einzustufen als zum Beispiel in industrieller oder betrieblich abgeschlossener Umgebung, während das

Schadenspotential im wirtschaftlichen Bereich meistens grösser als in einer universitären Umgebung ist. Diese grobe, allgemein gehaltene Einschätzung des Risikos und das Wissen um eine vergleichsweise noch gute Ausgangsposition (die Virensituation in Österreich und Süddeutschland war zu diesem Zeitpunkt bereits entmutigend) ergab die Chance, ein Massnahmenpaket zur **Vorbeugung** gegen Computerviren durchzusetzen, und nicht, wie viele andere, ad-hoc Abwehrmassnahmen setzen zu müssen. Eine rasche Vorgehensweise und baldige Anwendung sollten helfen, die erkannte Chance zu nützen.

6.2.1.1   Risikoidentifikation: Problemanalyse «Computerviren»

Computerviren sind lauffähige Programmteile, die ihren eigenen Programmcode reproduzieren können. Sie bedürfen eines Träger- oder Wirtsprogramms, in das sie eine Kopie des eigenen Programmcodes einbringen können (vgl. Anhang C). Der Versuch des Benutzers, das Wirtsprogramm zu aktivieren, bietet die Voraussetzung für neuerliche Reproduktion des Virusprogramms («Infektion»).

6.2.1.2   Risikoabgrenzung

Das Risiko «Computerviren» ist für die gesamte Universität abzuschätzen und adäquate Massnahmen sind zu evaluieren.

a)   Technische Gegebenheiten

Im Rechenzentrum der Universität gibt es zwei Grossrechenanlagen (AS/XL V60 und IBM 3081/K32), die als Betriebssysteme MVS und VM/CMS zur Verfügung stellen und als «Closed Shop» betrieben werden. Da im Bereich der Universitätsverwaltung eine VAX zum Einsatz kommt, ist der Grossrechner von Verwaltungsaufgaben völlig entlastet. Die einzigen «Verwaltungsdaten» der Grossrechner sind Datenbestände der Zentralbibliothek. Die CPU-Zeit der IBM 3081 ist im Durchschnitt mit 40% ausgelastet, davon werden rund 50% von der Phil-II-Fakultät mit sehr CPU-intensiven Rechenjobs in Anspruch genommen. Ferner unterhält das Rechenzentrum ca. 80 Macintosh-SE-Rechner ohne Festplatte und 12 DOS-Rechner mit Festplatte, die jeweils einen Rechnerverbund nach dem Serverprinzip bilden und den Studenten für Semesterarbeiten und Diplomarbeiten zur Verfügung stehen, bzw. auch für Schulungen, Kurse und Seminare Verwendung finden. Diese Rechner sind insoferne «öffentlich» zugänglich, als Studenten diese Rechner benützen dürfen.

Am Institut für Informatik steht den Studenten ein Rechnerverbund mit ca. 200 Macintosh-Rechnern zur Verfügung. Im Institut selbst sind die Rechner

(Sun-Workstations, Macintosh) der Professoren und Assistenten, sowie der Sekretariate über ein Ethernet miteinander verbunden. Es gibt Anschlüsse zu öffentlichen und internationalen Netzen. Viele andere Institute der Universität verfügen ebenfalls über lokale Netze, an denen die unterschiedlichsten Rechner und Peripheriegeräte angeschlossen sind. Diese sind jedoch nicht für den Gebrauch durch Studenten vorgesehen und diesen nicht zugänglich.

b)   Organisatorische Gegebenheiten

In den Instituten, wo die vorhandenen Rechner meistens an lokale Netze angeschlossen sind, kann eine grobe organisatorische Einteilung in einen «geschlossenen» und einen «öffentlichen» Bereich getroffen werden, wobei innerhalb des geschlossenen Bereichs zwischen Management/Administration und Forschungstätigkeit unterschieden werden muss (Abb. 6-1).

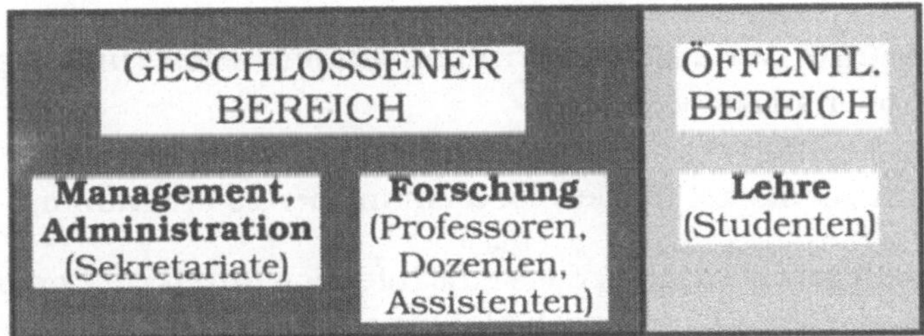

Abb. 6-1:   Institutsbereiche

Der öffentliche Bereich wurde als besonders kritische Zone bezüglich Computerviren betrachtet. Die Anzahl der Benutzer ist in diesem Bereich sehr gross und unüberschaubar. Kontrollmöglichkeiten bestehen nur in beschränktem Masse. Die in diesem Bereich verwendeten Rechner sind zu einem Grossteil vom Typ Macintosh, die an einen Server angeschlossen sind. Sie sind mit einem Diskettenlaufwerk ausgestattet, verfügen zum Teil über eine Harddisk und müssen praktisch als «offene Rechner» betrachtet werden. Der Rechnerzugang ist technisch kaum zu regeln, da jeder, der über ein lauffähiges Betriebssystem auf einer Diskette verfügt, den Rechner in Betrieb nehmen kann.

Neben den klassischen Ursachen einer Computervirusinfektion, wie Kopieren von Programmen, Verwendung von Programmen, die auf anderen Rechnern gelaufen sind, Aufruf von Programmen unbekannter Herkunft usw. ergeben sich für die Bereiche Forschung und Management einige zusätzliche, spezifische Gefahren. Durch die Vergabe von Semesterarbeiten, Diplomarbeiten und durch den Übungs- und Seminarbetrieb bestehen Überschneidungen in Lehre und Forschung. Assistenten betreuen Semesterarbeiten und arbeiten mit Studenten auf öffentlichen Maschinen zusammen. Die von den Studenten erstellten Programme werden häufig im geschlossenen Bereich getestet und demonstriert. Auf diese Art ist es möglich, dass Virusprogramme aus dem öffentlichen Bereich in die Programmbestände des geschlossenen Bereichs gelangen können.

Der Management- und Administrationsbereich ist am wenigsten gefährdet. Der Benutzerkreis ist klein und in sich geschlossen, überschaubar und mit geringer Fluktuation.

6.2.1.3 Bestimmung der Risikofaktoren

Ein Virusprogramm kann prinzipiell auf zwei Arten in die Programmbestände eines Benutzers gelangen:

1) Der Benutzer verfasst das Virusprogramm selbst und lässt dieses starten oder startet es selbst.

2) Ein Benutzer startet (unbewusst) ein infiziertes Programm.

Allgemein kann gesagt werden, dass eine Infektion durch ein Computervirus dort leichter passieren kann, wo die Informatikmittel im Multi-user-Betrieb benützt werden, wo also keine Kompetenzregelung in dem Sinne besteht, dass für ein bestimmtes Programm eine bestimmte Person verantwortlich ist, und wo keine Protokolle über sicherheitsrelevante Aktionen der Benutzer geführt werden. Die Wahrscheinlichkeit einer Virusinfektion hängt auch davon ab, ob die Möglichkeit besteht, Programme zu erstellen, bzw. Programme von aussen in Programmbestände einzubringen (mit Hilfe von Disketten, file transfer via E-mail oder via LAN- bzw. Serverfunktionen) und diese Programme vielen anderen Benutzern zugänglich zu machen. Daran schliesst sogleich der nächste Risikofaktor, nämlich **wieviele** Benutzer diese (eventuell) infizierten Programme erreichen können.

Erhöhte Virusinfektionsgefahr besteht überall dort, wo

* ein reger Programmaustausch besteht,

* Programme auf verschiedenen Rechnern, die nicht im Einflussbereich des Benutzers stehen, laufen,

- eine erhöhte Benutzerfluktuation besteht,

- der Zugriff auf Programme gar nicht oder nur mit schwachen Mechanismen kontrolliert wird,

- häufige Programmstarts erfolgen,

- ein hoher Auslastungsgrad erreicht wird,

- die Benutzer nicht sensibilisiert sind,

- Rechner frei zugänglich sind,

- Programmdemonstrationen stattfinden,

- Programme getestet werden,

- Anschlüsse zu Netzen existieren, welche die Dienstleistungen FTAM (file transfer and management) bzw. JTM (job transfer and manipulation[1]) anbieten.

Aus der Aufzählung ist bereits ersichtlich, dass eine systematische Ursachenerfassung kaum möglich ist. Die Reduktion auf eine geringere Anzahl von Einflussfaktoren ist sicherlich möglich[2]. Jedoch ist die Darstellung des Risikos als Funktion verschiedener Risikofaktoren und die quantitative Bewertung des Risikos durch das Schadensausmass bei Eintritt einer Virusinfektion hier nicht möglich.

In der vorliegenden Fallstudie werden folgende Risikoeinflussfaktoren bestimmt:

- Die **Konsequenzen einer Computervirusinfektion**, die Daten eventuell löscht oder unbrauchbar macht, Daten verfälscht oder zu Hardwareschäden führt[3], sind vom Wert, den diese Daten für die Universität repräsentieren, abhängig und werden selbst wieder von zwei Grössen bestimmt:

---

[1] vgl. ISO-NORM 8571/1- 4 (1985) und 8831/2 (1985)

[2] z.B.: „Öffentlichkeit", Interaktionsgrad und -art, Häufigkeit von Programminstallationen und -starts, Art des Betriebssystems etc.

[3] Es gibt Computerviren, die mechanische Teile eines Rechners absichtlich überbeanspruchen und so einen künstlichen Verschleiss bewirken.

* **Beeinträchtigung** des Universitätsbetriebes und

* **Imageverlust**

- Das **Ausmass der Bedrohung** durch Computerviren - vergleichbar mit der Schadenseintrittswahrscheinlichkeit in einem einfachen Modell - ist von den Rechnern und der Art ihrer Benutzung abhängig. Dieser Faktor wird von zwei weiteren Grössen bestimmt: Grad der Öffentlichkeit und Wahrscheinlichkeit einer Infektion kritischer Rechnerkomponenten.

  * Der **Grad der Öffentlichkeit** bringt zum Ausdruck, in welchem Ausmass der Benutzer die Möglichkeit hat, **allein** über den Rechner und die auf ihm verwendeten Programme zu verfügen. Der Grad der Öffentlichkeit ist selbst wieder das Ergebnis von zwei Bestimmungsgrössen, und zwar der Wahrscheinlichkeit einer unbewussten Einbringung von Computerviren in ein bestimmtes System und dem Grad der Zutritts- und Zugriffskontrolle.

    + Die **Wahrscheinlichkeit einer unbewussten Einbringung von Computerviren,** bezogen auf ein bestimmtes Betriebssystem, ist selbst wieder von zwei weiteren Faktoren abhängig, nämlich

      - der **Häufigkeit**, mit der Programme «von aussen» Schreibrechte auf systeminterne Programme ausüben können, und

      - der Art der **Codierung** bei Programminstallationen (Source-/Object-Code).

    + Der **Grad der Zutritts- und Zugriffskontrolle** gibt an, wie wahrscheinlich ein Zugriff auf Datenbestände ohne Wissen des «rechtmässigen» Benutzers ist. Diese Grösse ist auf eventuell unberechtigte Benutzer bezogen. Besonders im PC-Bereich sind Benutzerzugangskontrollen nur wenig verbreitet; die Betriebssyteme sehen solche Authentifikationsmechanismen in der Regel nicht vor.

  * Die **Wahrscheinlichkeit einer Infektion kritischer Systemkomponenten** ist selbst wieder von zwei Risikofaktoren beeinflusst: einerseits durch das Verhältnis der Anzahl von Benutzern mit hohen Privilegien zur Anzahl jener mit wenigen Privilegien, sowie der Gefahr, die durch erlaubte Gruppenbildung entsteht.

    + Das **Verhältnis der Anzahl von Benutzern mit hohen Privilegien zu jenen mit wenigen Privilegien** kann die Wahrscheinlichkeit einer Computervirusinfektion entscheidend beeinflussen. Je mehr Administratoren und Super-User an einem Rechner(netz) sicherheitskritische Operationen ausführen dürfen, umso grösser wird die Wahrscheinlichkeit ein

Virus auf hoher Privilegienstufe einzuschleppen, bzw. dass ein Virus von einem Benutzer mit hohen Privilegien selbst verfasst und in einem Programm installiert wird, das von vielen Benutzern verwendet wird[1].

+   Die zweite Gefährdungskomponente sind die vom System unterstützten **Gruppenbildungen** (vgl. Anhang C, Absatz C.6), die durch zwei Charakteristika beschrieben werden können:

-    mehrfache Gruppenzugehörigkeit

-    heterogene Gruppenbildung

Das hier allgemein erörterte Zusammenwirken der Einflussfaktoren wird anhand des konkreten Fallbeispiels für die einzelnen Teilrisiken gezeigt.

6.2.2   Risikobewertung

Bei der Risikobewertung soll die Bedeutung, die das Risiko «Computerviren» für die Hochschule darstellt, abgeschätzt werden und eine Einordnung in eine Risikoklasse möglich machen. Da in verschiedenen Anwendungsbereichen die Risikofaktoren unterschiedliche Ausprägungen haben, wird eine **Zerlegung** des Risikos notwendig.

6.2.2.1   Zerlegung des Risikos in Teilrisiken

Im folgenden wird das Risiko «Computerviren an der Universität Zürich» in 9 Teilrisiken zerlegt. Die Kriterien zur Unterteilung sind **Betriebssystem**, **Benutzerstatus** und **Anwendungsbereich** (Tab. 6-1).

6.2.2.2   Bestimmung qualitativer Risikoausprägungen

Aus einer Zusammenführung der einzelnen identifizierten Risikofaktoren (Kap. 6.2.1.3) und der eben erarbeiteten Risikozerlegung ergibt sich ein gesamthaftes Risikobild (vgl. Abb. 6-9).

6.2.2.2.1 Gefahr durch Gruppenbildung

Ein Einflussfaktor, der Auswirkungen auf die Wahrscheinlichkeit einer Virusinfektion zeigt, ist die Möglichkeit der Gruppenbildung (heterogene Gruppenbildung - hG) und mehrfache Gruppenzugehörigkeit (mG) (vgl. Anhang C, Absatz C.6, sowie [STR90]). Gemeint sind implementierte Benutzerverwaltungen, die Gruppenbildungen unterstützen und entweder

---

[1] Hier bieten sich vor allem Routinen des Betriebssystems oder Libraryprogramme an.

die Zugehörigkeit eines Benutzers zu mehreren Gruppen erlauben oder zulassen, dass Benutzer verschiedener Privilegienstufen in Gruppen zusammengefasst werden. Die Grupppenbildung ist deshalb ein wichtiger Einflussfaktor, weil alle Mitglieder einer Gruppe auf gemeinsame Programmbestände im wesentlichen Lese- und Schreibrechte haben. Abb. 6-2 zeigt den erwähnten Risikofaktor auf sämtliche in Tab. 6-1 angeführten Teilrisiken angewandt.

Risiko	Betriebssystem	Benutzerstatus
(R1)	VM/CMS	Administrator
(R2)	VM/CMS	Benutzer
(R3)	MVS	Administrator
(R4)	MVS	Benutzer
(R5)	UNIX	Administrator
(R6)	UNIX	Benutzer
(R7)	Macintosh /MS-DOS	Administrator
(R8)	Macintosh/MS-DOS	Benutzer/geschl. Bereich
(R9)	Macintosh/MS-DOS	Benutzer/öffentl. Bereich

Interpretation (Beispiel):

(R2) Risiko2 bezieht sich auf das niedrigste Benutzerniveau am Betriebssystem VM/CMS des Grossrechners

Tab. 6-1: Teilbereiche des Riskos

Für Administratoren auf dem Grossrechner ist die Zugehörigkeit in einer heterogenen Gruppe nicht zulässig. Ebenso ist die mehrfache Gruppenzugehörigkeit für Administratoren (R1 und R3) nicht erlaubt. Das Programmpaket RACF von IBM unterstützt die Benutzerverwaltung und sieht auch einen Modus zur Vergabe von Gruppenaccounts vor. Diese Gruppenaccounts werden im konkreten Beispiel von sogenannten «Koordinatoren» vergeben. Gruppenmitglieder können nur Benutzer mit niedrigsten Privilegien sein. Sowohl in VM/CMS als auch in MVS sind mehrfache Gruppenzugehörigkeiten möglich (R2 und R4 in Abb. 6-2).

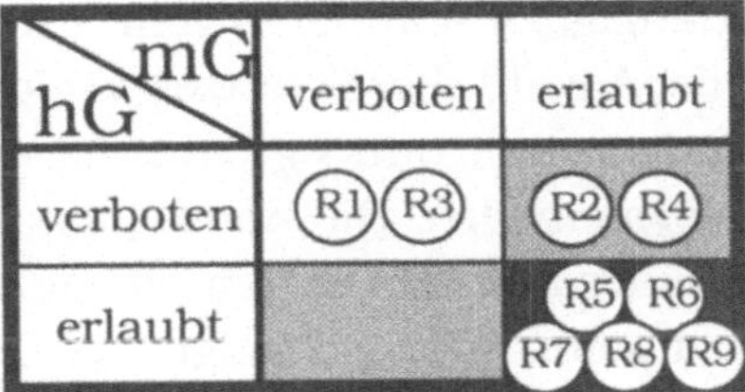

Abb. 6-2:   Virusgefahr durch Gruppenbildung

Auf den Sun-Workstations, die unter dem offen konzipierten Betriebssystem UNIX laufen, kann der «Besitzer» von Prozessen und Daten, die Zugriffsrechte selbst vergeben. Gruppenbildungen werden von UNIX im besonderen Masse und auf allen Stufen der Benutzerhierarchie unterstützt. StandardUNIX unterscheidet sich nur wenig von seiner ursprünglichen Konzeption, die vor 15 Jahren **von** Programmierern **für** Programmierer gedacht war und in einer kooperativen, offenen und vertrauenswürdigen Rechnerumgebung zum Einsatz kam [vgl. RIT75]. Zusätzliche Features auf Dateien-, Benutzer- und Netzwerkebene machen es möglich, dass UNIX durchaus gehobenen Sicherheitsansprüchen gerecht werden kann [CUR90]. Diese zusätzlichen Features sind im konkreten Fall allerdings nicht vorhanden (R5 und R6 in Abb. 6-2).

Im Bereich der Macintosh-Rechner und der Rechner unter MS-DOS ist kein rechnergebundenes Accounting vorgesehen, sondern erst im Rechnerverbund. Der Zugriff auf das Betriebssystem und die Daten auf der Festplatte sind für jeden, der physischen Zutritt erlangt, möglich. Die Benutzeridentifikation wird erst zum Zwecke der Kommunikation nötig (z.B. bei Benutzung von «Tops» für die Macintoshs) oder wenn Zugriffe auf gemeinsame Ressourcen (bestimmte Server) erfolgen. Der Benutzer eines Macintoshs oder eines DOS-Rechners kann im Normalfall weder Zugriffe auf «seine» Daten verhindern, noch überprüfen, wer Zugriffe durchgeführt hat[1] (R7, R8 und R9 in Abb. 6-2).

6.2.2.2.2 Wahrscheinlichkeit einer Virusinfektion kritischer Systemkomponenten

Die Wahrscheinlichkeit, dass kritische Systemkomponenten durch Computerviren befallen werden, ist einerseits von den Möglichkeiten der

---

[1] Die einzige Möglichkeit einer vagen Überprüfung ist die des Datums im Directory unter „last modified". Auch hier können ohne grösseren Aufwand Manipulationen ausgeführt werden und das Datum der letzten Veränderung auch wieder zurückgesetzt werden. Es gibt Virusprogramme, in denen diese Funktion automatisiert wurde.

Gruppenbildung (G) abhängig, zum anderen vom Anteil der Benutzeranzahl mit hohen Privilegien an der Anzahl aller Benutzer (V). Je mehr Administratoren in einem System vorhanden sind, umso grösser ist die Wahrscheinlichkeit einer Virusinfektion im Systemkern. Die Konsequenzen einer Infektion des Systemkerns können Schäden auf allen im Schreibzugriff erreichbaren Daten- und Programmbeständen sein. Abb. 6-3 zeigt das Ergebnis der Risikoabschätzung bezüglich Gruppenzugehörigkeit (G) aus Kap. 6.2.2.2.1 kombiniert mit der Bedrohung, die durch eine grosse Anzahl hoch-privilegierter Benutzer entsteht. Der qualitative Ansatz bietet in diesem Zusammenhang den Vorteil, dass die üblichen laufenden Änderungen der Benutzeranzahl oder -privilegien, das Ergebnis nicht verändern. Ferner ist zu bedenken, dass es viele verschiedene Abstufungen in der Privilegienhierarchie gibt und nicht jeder Benutzer, der einige Rechte mehr als üblich eingeräumt bekommt, die Funktion eines Operators oder Systemadministrators ausübt. Die verschiedenen Ausprägungen der vergebenen Rechte werden hier vereinfacht betrachtet.

Am Grossrechner gibt es nur eine sehr kleine Gruppe von Benutzern mit hohen Privilegien (ca. 7 Personen), während die Gruppe der Benutzer niedrigster Privilegien ca. 1.500 Benutzeraccounts umfasst (R1 - 4, Abb. 6-3).

Auf den SUN-Rechnern gibt es ca. 120 Benutzereinträge, wobei jedoch ca. ein Drittel dieser registrierten Benutzer nicht direkt an einer Sun-Workstation arbeitet, sondern nur bestimmte Dienste (EAN-Mail-Service) in Anspruch nimmt. Die Anzahl der Super-User liegt bei ca. 10 Personen (R5 und R6 in Abb. 6-3).

An den DOS-Maschinen und Macintoshrechnern kann die Anzahl der Benutzer nur sehr vage mit 1.500 Personen geschätzt werden, da kein Accounting auf Rechnerebene, sondern erst auf Netzwerkebene besteht. Die geschätzten Zahlen ergeben sich aus den Inskriptionen und Anmeldungen zu bestimmten Veranstaltungen. Die Anzahl der Administratoren beträgt insgesamt auf sämtlichen Servern ca. 15 (R7-R9 in Abb. 6-3).

G \ V	niedrig	mittel	hoch
nicht vorhanden	R1 R3		
mittel	R2 R4		
hoch		R7 R8 R9	R6 R5

Abb. 6-3:   Infektionsgefahr kritischer Systemkomponenten

6.2.2.2.3 Wahrscheinlichkeit einer unbewussten Einbringung eines Computervirus

Abhängig von der Codierung (C) und Häufigkeit (H), in der Programme von aussen in das System eingebracht werden, wächst oder sinkt die Wahrscheinlichkeit einer unbewussten Viruseinbringung in ein System (E). Computerviren in Source-Code existieren nur in geringer Anzahl (Demoviren) und verbreiten sich kaum, denn für den Benutzer ist der Source-Code durchaus überprüfbar. Wird hingegen ein Programm in Maschinencode übernommen, ist eine Überprüfung in Form einer Disassemblierung sehr zeitraubend und nur in Ausnahmefällen sinnvoll. Die Häufigkeit von vorgenommenen Programminstallationen, bei denen letztlich ein Schreibrecht auf interne Datenbestände besteht, ist ebenso eine wichtige Bestimmungsgrösse (Abb. 6-4).

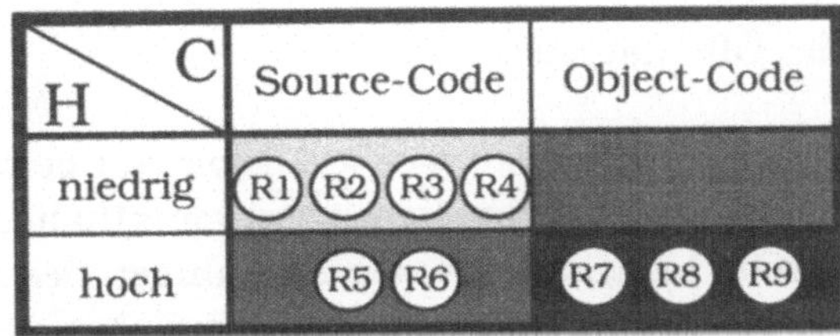

Abb. 6-4:   Wahrscheinlichkeit einer unbewussten Viruseinbringung

Im Bereich des Grossrechners erfolgt ein Programm- oder Datenaustausch mit anderen Systemen auf Administrator-Ebene nur unter Einhaltung restriktiver Vorschriften. Programme, die über Netze geholt werden, sind in Source-Code verfasst, der überprüft wird, bevor die Programme auf eigenen Rechnern mit eigenen Kompilern übersetzt werden. Erst nach erfolgreichen, isolierten Tests werden solche Programme installiert. Benutzer der Grossrechner, die nur niedrigste Privilegien haben, sind nicht in der Lage, Programme von aussen einzubringen oder Programme des Grossrechners zu modifizieren, da in einer Session nur Laufzeitkopien der benötigten Programme angelegt werden (R1 bis R4 in Abb. 6-4).

In UNIX findet zwar häufiger ein Austausch von Programmen statt, jedoch ebenso wie am Grossrechner in Source-Code (R5 und R6 in Abb. 6-4).

Im PC-Bereich erfolgt ein sehr reger Programmaustausch mit Benutzern von aussen; dieser Austausch findet in Object-Code statt (R7 bis R9 in Abb. 6-4) und stellt daher eine relativ grosse Gefahr für eine unbewusste Vireneinbringung dar.

6.2.2.2.4 Grad der Öffentlichkeit

Der Grad der Öffentlichkeit von Informatikmittel wird von der Zutritts- und Zugriffskontrolle[1] (Z), sowie von der Wahrscheinlichkeit einer unbewussten Einbringung eines Computervirus (E) bestimmt (Abb. 6-5).

E \ Z	hoch	mittel	gering
gering	(R1) (R3)	(R2) (R4)	
mittel		(R5) (R6)	
hoch			(R7) (R8) (R9)

Abb. 6-5:   Grad der Öffentlichkeit

Die Zugriffs- und Zutrittsbeschränkungen auf Daten, die dem Schreibzugriff ausschliesslich von hochprivilegierten Benutzern vorenthalten sind, beinhalten einerseits physische Massnahmen, die im Rahmen des «Closed Shop»-Betriebs realisiert sind, andererseits logische Massnahmen, die RACF vorsieht (R1 und R3). Der Zutritt zu den Terminals des Grossrechners ist physisch kaum gesichert, der logische Zugriff ist durch Vergabe von eindeutigen Benutzeraccounts und durch einen Passwortmechanismus[2] geregelt (R2 und R4).

Der Zutritt zu den Sun-Workstations ist durch die teilweise Unterbringung im Bürotrakt eingeschränkt; teilweise ist der Zutritt aber auch öffentlich, da einige Rechner auch in der Bibliothek des Instituts untergebracht sind und zumindest während der Öffnungszeiten der Bibliothek öffentlich zugänglich sind. Der Zugriff ist mit Passwortmechanismen geregelt.

Der Zutritt zu den PCs ist im geschlossenen Bereich wenig kontrolliert und daher prinzipiell möglich (R7 und R8). Im öffentlichen Bereich können nur wenige stichprobenartige Überprüfungen der Benutzerberechtigungen durchgeführt (R9) werden.

---

[1]   Hier ist im besonderen der Schreibzugriff gemeint.

[2]   Die Speicherung der Passwörter erfolgt im Rahmen von RACF in einer Datei, die durch eine sogenannte Einwegverschlüsselung gesichert ist [vgl. DEN82].

6.2.2.2.5 Ausmass der Bedrohung durch Computerviren

Ausgehend von den in Kap. 6.2.2.2.1 bis Kap. 6.2.2.2.4 erarbeiteten Ergebnissen kann nun das Ausmass der Bedrohung durch Computerviren für das beschriebene Szenario abgeschätzt werden (Abb. 6-6).

S \ Ö	niedrig	mittel	hoch
niedrig	R1 R3		
mittel		R2 R4	
hoch		R5 R6	R7 R8 R9

Abb. 6-6:   Ausmass der Bedrohung durch Computerviren

Die in Abb. 6-6 gezeigten Zwischenergebnisse sind mit der Schadenseintrittswahrscheinlichkeit vergleichbar. Am Grossrechner werden bereits Sicherheitsvorkehrungen getroffen. RACF schützt zwar nicht vor einer Infektion, kann jedoch die Ausbreitung eines Virus hemmen (R1 - R4). In UNIX ist die Wahrscheinlichkeit einer Infektion durch die besonders offene Konzeption höher (R5 und R6). Auf den PCs ist die Infektionsgefahr am grössten (R7 - R9).

Das Zwischenergebnis (Abb. 6-6) muss nun noch mit den «Werten», die dieser Bedrohung ausgesetzt sind, gewichtet werden. Diese Gewichtung erfolgt durch Ermittlung der Bedeutung einer Computervirusinfektion, die sich z.B. in Form eines Datenverlustes oder einer -verfälschung äussern kann.

6.2.2.2.6 Konsequenzen einer Virusinfektion

Als Indikatoren für die Konsequenzen einer Infektion für die betriebliche Organisation wurden hier «Beeinträchtigung des Universitätsbetriebs» und «Image» gewählt (Abb. 6-7).

Eine Virusinfektion auf den Benutzerebenen aller Systeme hätte für den Universitätsbetrieb nur geringe Bedeutung, ausgenommen der Benutzerbereich der Macintoshs im geschlossenen Bereich. Die Benutzerdaten sind – bis auf die eine genannte Ausnahme – für den Betrieb der Universität unerheblich, da es sich zumeist um Daten von Studentenarbeiten oder aus Projekten handelt.

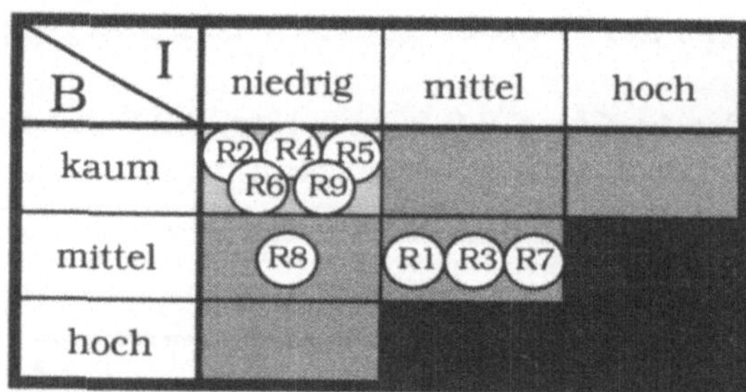

Abb. 6-7:   Konsequenzen einer Infektion

Ein Virusbefall auf allen Benutzerebenen der Sun-Workstations würde ebenfalls nur geringen nachteiligen Effekt für den Universitätsbetrieb mit sich bringen. Dies vor allem auch durch Nutzung für ausschliesslich wissenschaftliche Zwecke dieser Einrichtung. Anders hingegen verhält es sich bei einer Infektion auf hoher Benutzerebene am Grossrechner, da in diesem Fall erhebliche Restore-Arbeiten anfallen können und eine grosse Benutzergemeinde durch reduzierte Rechnerfunktionen und im schlimmsten Fall sogar von einer Betriebsunterbrechung betroffen wären. Das gilt ebenso für Administratoren im PC-Bereich.

Die Folge eines PC-Virusbefall im geschlossenen Bereich wäre eine Beeinträchtigung der Institutsadministration und würde nicht unerheblichen zusätzlichen Arbeitsaufwand zur Wiedergewinnung verlorener Daten bedeuten.

Dieser Teil der qualitativen Risikobewertung entspricht der Ermittlung der Schadenshöhe.

6.2.2.2.7 Risikoschätzung

In einem letzten Schritt werden die Ergebnisse aus der Feststellung des Ausmasses der Bedrohung durch Computerviren und aus den Konsequenzen einer Computervirusinfektion für die Universität zur Risikoschätzung zusammengefasst (Abb. 6-8).

Aus dem Ergebnis ist ersichtlich, dass im PC-Bereich für Administratoren und bei den Benutzern im geschlossenen Bereich prophylaktische Massnahmen zur Verhinderung von Computervirusinfektionen vorrangig sind. Der qualitative Ansatz erlaubt die Feststellung einer Ordnung um Prioritäten und Schwerpunkte setzen zu können.

Abb. 6-9 gibt einen gesamthaften Überblick über die im Zuge der Risikoschätzung erfolgten Teilschritte und die Herleitung der Ergebnisse.

K \ A	niedrig	mittel	hoch
niedrig		(R2) (R4)	(R5) (R6) (R9)
mittel	(R1) (R3)		(R7) (R8)
hoch			

Abb. 6-8:   Risikoschätzung

6.2.2.3 Risikoklassifikation

Nach Abschätzung des bestehenden Risikos wurde festgestellt, dass das Risiko in die Klasse der **mittleren Risiken** einzureihen ist, die nach Kosten-Nutzen-Überlegungen gemäss einer Sicherheitspolitik zu bewältigen sind. Es handelt sich einerseits nicht um ein Risiko, das die Universität im vorhandenen Ausmass zu tragen bereit ist, andererseits handelt es sich um kein existenzgefährdendes Risiko.

Aus der Darstellung ist ersichtlich, dass z.B. das Virenrisiko am Grossrechner insgesamt niedriger ist als auf den SUN-Workstations oder im PC-Bereich, während von Administratoren und Benutzern der PC´s im geschlossenen Bereich ein höheres Risiko ausgeht und in diesem Bereich unbedingt Massnahmen gesetzt werden müssen.

6.3   Bestimmung effektiver Massnahmen, Diskussion der Effizienz

Bei einem qualitativen Ansatz können effektive Massnahmen ausgehend von den ermittelten Risikofaktoren gesucht werden. Im folgenden werden effektive Massnahmen genannt und ihre Effektivität begründet. Zugleich wird ihre Effizienz hinsichtlich des Anwendungsgebiets untersucht.

- **Verhinderung heterogener Gruppenbildungen:** Diese Massnahme verhindert die «vertikale» Verbreitung von Computerviren in der Benutzerhierarchie. Am Grossrechner gibt es keine heterogenen Gruppen. Auf UNIX würde eine Verhinderung heterogener Gruppenbildung eine Einschränkung der Offenheit bedeuten und wenig Vorteil bringen, da die Gefährdung durch Viren in UNIX eher gering ist. Ferner ist gerade von Systemadministratoren bei hinreichender Information diesbezügliches Bewusstsein zu erwarten. Auf PC-Ebene wird heterogene Gruppenbildung vom Rechner nicht unterstützt. Systemadministratoren sollten bei genügend Information in der Lage sein, eventuelle Risiken zu erkennen.

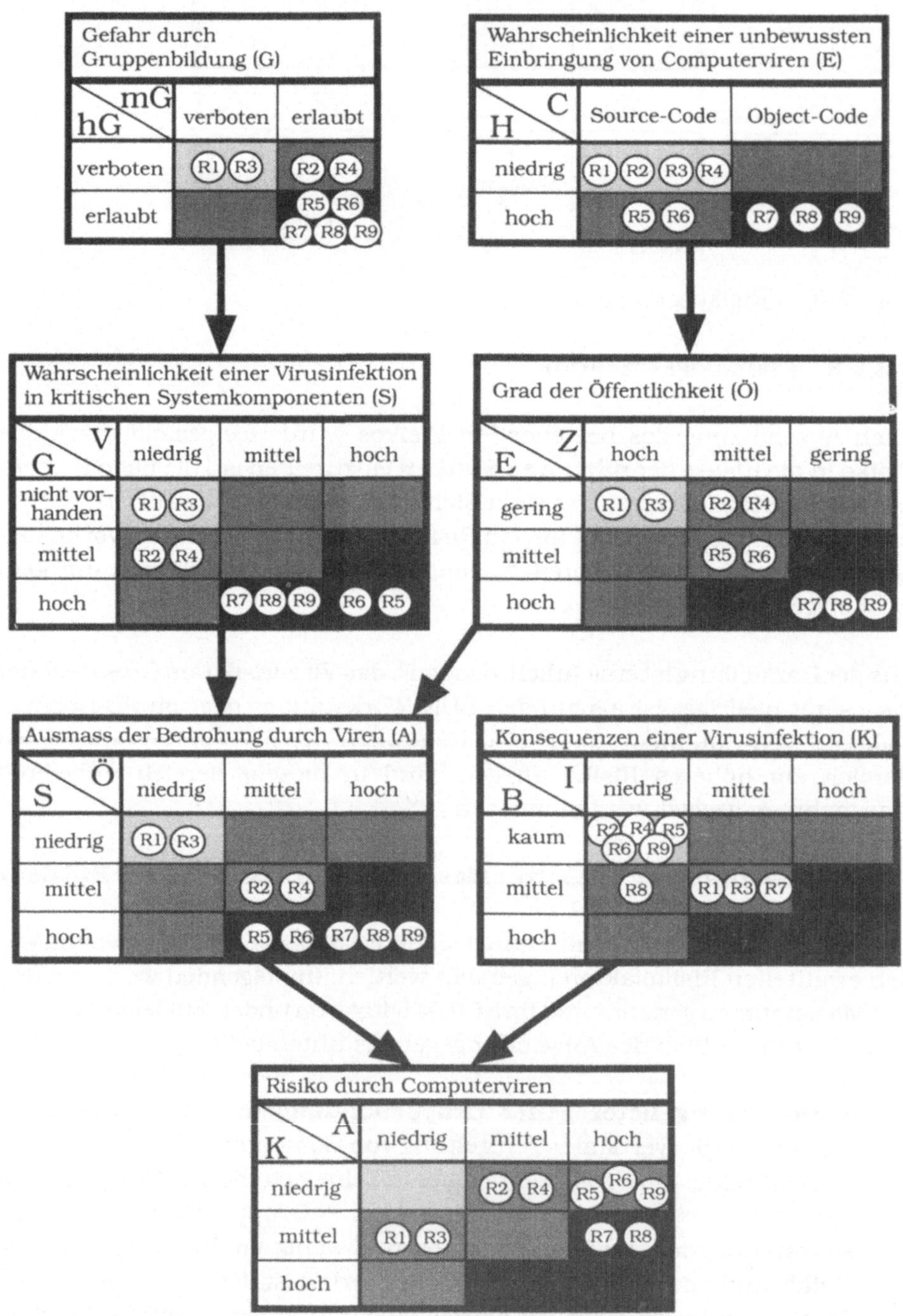

Abb. 6-9:   Qualitative Risikoschätzung (Legende Seite 207)

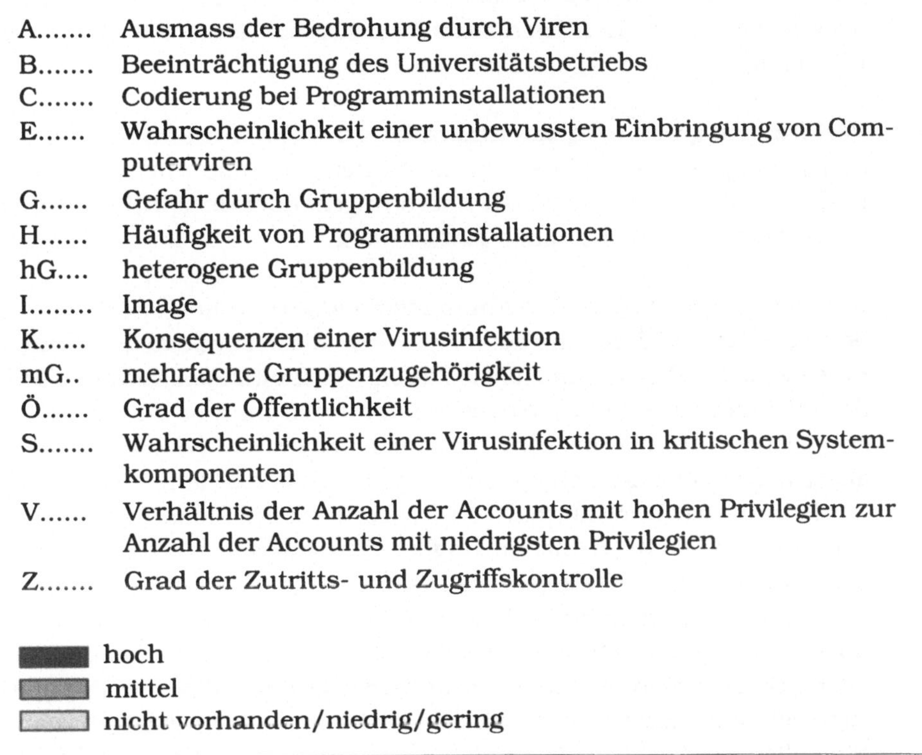

- **Verhinderung mehrfacher Gruppenzugehörigkeit:** Diese Massnahme verhindert die «horizontale» Verbreitung von Computerviren in der Benutzerhierarchie. Am Grossrechner wäre diese Massnahme nicht sehr effizient, da mehrfache Gruppenzugehörigkeit nur auf unterster Benutzerstufe zugelassen ist und in der Praxis nur selten vorkommt. Diese Massnahme würde sehr hohen administrativen Aufwand erfordern und kaum eine merkliche Risikoreduktion bewirken, da in diesem Bereich das Risiko ohnehin als gering einzustufen ist. Die Realisierung dieser Massnahme im Bereich UNIX würde der Konzeption des Betriebssystems in hohem Masse widersprechen. Auf PC-Ebene ist eine diesbezügliche Regelung nicht durchführbar.

- **Reduktion der Benutzeraccounts mit hohen Privilegien:** Im Grossrechnerbereich sind nur wenige Administratoren tätig. Eine weitere Reduktion steht aus organisatorischen Gründen nicht zur Diskussion. Im UNIX-Bereich ist eine Reduktion der Administratoren ohne grösseren Aufwand möglich und könnte sicherlich einen Beitrag zur Risikoreduktion leisten. Gerade in einer kleinen überschaubaren Benutzergemeinde kann durch informelle Aktionen rasch eine Funktion von einem anderen

Mitarbeiter übernommen werden, der Aufwand zur Passwortänderung oder Änderung des Benutzerstatus ist vertretbar. Dasselbe gilt für den PC-Bereich.

- **Verhinderung von Programminstallationen:** Im Grossrechnerbereich finden Programmaufnahmen in die Systembestände nur selten statt und wenn, dann in Source-Code mit vorangehender Überprüfung. Einen «Austausch» von Programmen gibt es nicht.

In UNIX gibt es häufige Programminstallationen, jedoch auch hier in Source-Code und daher mit der Möglichkeit, diesen Code zu überprüfen. Eine mögliche Massnahme, die Isolation von sämtlichen Netzen, würde den offenen Charakter einer Universitätsumgebung zu sehr stören und erhebliche Kosten verursachen, da über Netze wichtige Informationen abgerufen werden können, die sonst erst auf umständliche Art beschafft werden müssten. Der Unterhalt von dedizierten Stand-alone-Testrechnern würde die Möglichkeit bieten, fragliche Programme auszutesten und eventuell Disassemblierungen vorzunehmen. Das Disassemblieren würde jedoch einen meist unvertretbar hohen Aufwand bedeuten und nur in Ausnahmefällen angebracht sein. Software-Beschaffungen über renommierte Software-Häuser bieten zwar keine Garantie, dass die Produkte virenfrei sind, lassen jedoch eine Infektion wesentlich weniger wahrscheinlich werden. Ein Mechanismus, der keine schreibenden Zugriffe auf systeminterne Ressourcen zulässt, ist nicht bekannt und wäre auch nicht sinnvoll, da Mitarbeiter von aussen auf ihre eigenen Datenbestände zugreifen wollen und der Austausch von Programmen mitunter eine Notwendigkeit bei der wissenschaftlichen Arbeit darstellt.

Die gleichen Argumente gelten für die PCs im geschlossenen Bereich. Die Vernetzung stellt eine wertvolle Arbeitserleichterung und Kommunikationsunterstützung dar. Eine konkrete Massnahme im Bereich der Macintosh-Rechner wäre das Entfernen der Diskettenlaufwerke. Diese Massnahme bedeutet eine Einschränkung der Funktionalität und ist bestenfalls bei Rechnern an bestimmten Standorten sinnvoll. Vorteilhafter erscheint die Montage einer mechanischen Vorrichtung («Käfig»), die verhindert, dass unberechtigte Benutzer Disketten auf dem Rechner verwenden und eventuell das Betriebssystem oder Applikationen auf der Festplatte infizieren.

- **Beschränkung des Zutritts und des Zugriffs:** Am Grossrechner ist diese Massnahme durch den «Closed Shop»-Betrieb teilweise ohnedies gegeben. Die Zugriffskontrolle ist durch RACF realisiert. Der Zutritt zu den Terminals ist aus organisatorischen Gründen nicht lückenlos zu kontrollieren und würde keine Risikoreduktion bedingen. Auf den UNIX-Maschinen ist auch ein Zugriffsmechanismus, wenn auch kein sehr robuster, mittels Passwort und Rechtevergabe realisiert. Der Zutritt könnte sicherlich durch Sensibilisierung der Benutzer besser eingeschränkt werden (Log-off bei Verlassen der Maschine, Raum absperren bei Verlassen des Arbeitsplatzes). Auf den Macintosh-Rechnern gibt es Software, die eine vorhandene Festplatte partitioniert und auf den einzelnen Partitions vergebene Passwörter überprüft, bevor ein Zugriff auf Daten gestattet wird. Auf diese Art und Weise können mehrere Benutzer einen Rechner und ein Medium gemeinsam verwenden und haben dennoch die Möglichkeit, den Zugriff zu regeln. Der Zutritt könnte durch straffere Schlüsselkontrolle besser überwacht werden und ebenso wie bei den Sun-Workstations durch Sensibilisierung der Benutzer ein verbesserter Zutrittschutz realisiert werden.

- **Back-up-Handhabung im Mehrgenerationen-Verfahren:** Eine Reduktion des Datenverlustes im Infektionsfall kann durch Anlegen mehrerer Generationen von Back-ups erreicht werden. Auf dem Grossrechner besteht bereits ein Back-up-Prozedere, das dem Mehrgenerationen-Verfahren entspricht.

  Ebenso werden auf den SUN-Workstations tägliche, wöchentliche, monatliche und Quartal-«Dumps» durchgeführt. Bei den PC-Benutzern muss der Benutzer über die Vorteile eines richtigen Back-up-Verfahrens informiert werden. PC-Benutzer in der Administration und in der Lehre müssen dazu angehalten werden, in kürzeren Zeitintervallen Back-ups anzulegen. Eine Überprüfung dieses Vorgangs wäre vom Standpunkt der Sicherheit notwendig, allerdings ist die jeweilige Arbeitsumgebung zu berücksichtigen. Arbeiten im Bereich der Lehre, die von Professoren, Dozenten oder Assistenten erledigt werden, sind kaum auf ihre ordnungsgemässe elektronische Archivierung überprüfbar. Arbeiten, die in den Sekretariaten erledigt werden, können eher überprüft werden; es ist jedoch der Demotivationseffekt durch zuviel Kontrolle besonders bei kleinen, informellen Arbeitsgruppen nicht zu unterschätzen. In der Forschung und im öffentlichen Bereich liegt es in der eigenen Verantwortung des Benutzers, Back-ups anzulegen.

- **«Emergency plan»:** Ein rechtzeitig ausgearbeiteter Notfallsplan kann helfen, bei einer tatsächlich erfolgten Infektion rasch das Richtige zu tun. Am Grossrechner gibt es einen nicht-formalisierten Plan für die wenigen Benutzer mit hohen Benutzerprivilegien. Für die Benutzer mit Minimalrechten auf der Grossrechenanlage erübrigt sich ein solcher Plan, da sie kaum die Möglichkeit haben, eine Virusinfektion selbst festzustellen. An den SUN-Workstations bringt ein formalisierter Notfallsplan nur wenig Vorteil. Die Infektionsgefahr ist eher gering, der Benutzerkreis klein und gut informiert, die bedrohten Werte aus Sicht der Universität nur gering. Es darf angenommen werden, dass im (wenig wahrscheinlichen) Infektionsfall die richtigen Gegenmassnahmen gesetzt werden. Im geschlossenen PC-Bereich ist sowohl die Infektionswahrscheinlichkeit als auch der Wert der bedrohten Daten für die Universität höher. Hier kann eine ausführliche, leicht verständliche Anleitung für richtiges Verhalten im Infektionsfall zu einer Entlastung von zentraler Beratungsstellen und von Systemverantwortlichen führen und die Basis zur wirkungsvollen Selbsthilfe der Betroffenen bilden.

- **Information:** Bei der Problematik der Computerviren ist zu beachten, dass ein Zuviel an Information über Viren oder über damit in Zusammenhang stehende Sicherheitsvorkehrungen unter Umständen zu genau entgegengesetztem Verhalten der Benutzer führen kann, als eigentlich bezweckt werden soll. Es gibt Benutzer, die angeregt durch die Informationen ein besonders effektvolles Virus selbst verfassen wollen, bzw. die Umgehbarkeit realisierter Massnahmen demonstrieren möchten. Im konkreten Fall wurde die Information gegenüber Studenten nur auf das unbedingt Notwendigste beschränkt und auf getroffene Sicherheitsmassnahmen im geschlossenen Bereich nicht näher eingegangen.

- **Anti-Virus-Programme:** Der Einsatz von Anti-Virus-Programmen bedeutet zwar zusätzlichen administrativen Aufwand, da Anti-Virus-Programme neue Viren erkennen müssen und daher ständig an das «Virenangebot» angepasst werden müssen. Die beste Wirksamkeit haben daher immer nur die neuesten Releases. Um Redundanzen zu vermeiden, ist es sinnvoll, die Beschaffung zentral zu erledigen und die Anti-Virus-Programme im geschlossenen Bereich über Server zugänglich zu machen. Anti-Virus-Programme sind gute Werkzeuge zur frühzeitigen Erkennung und Bekämpfung von Computerviren. Anti-Virus-Programme in der hier beschriebenen Form gibt es vor allem für PC´s.

- **Disassemblierung:** Die Überprüfung des Maschinencodes eines Programms auf Korrektheit ist sehr aufwendig und ist in einem Hochschulbetrieb nur in Ausnahmenfällen oder für sehr kleine Routinen sinnvoll. Das gilt für alle hier besprochenen Systeme.

- **Tests:** Programmtests sind nur als begleitende Massnahme wirksam. Auch aus umfangreichen Tests kann nicht geschlossen werden, dass ein Programm virusfrei ist. Auf den Grossrechnern sind Tests von Programmen, die z.B. in ein System eingebracht werden sollen und in Source-Code übernommen werden, bereits üblich. Auf den SUNs werden Tests ebenfalls bereits praktiziert. Im PC-Bereich sollen vor allem jene Rechner getestet werden, deren Programme infiziert waren, um eine Reinfektion frühzeitig feststellen zu können.

- **Aufzeichnung der «Geschichte» eines Programms:** Durch schriftliches Festhalten, wann welches Programm auf welchem Rechner benutzt worden war, kann der Weg, den ein Virus innerhalb einer Organisation nimmt, nachvollzogen werden.

6.4   Zielsetzungen, effizienzbestimmende Rahmenbedingungen

Nach Feststellung der aktuellen Risikosituation (vgl. Abb. 6-9) ist die Institutsleitung zu dem Entschluss gelangt, bezüglich Computerviren Verhaltensregeln für alle Universitätsangehörige aufzustellen. Der mit Computerviren verbundene Aufwand soll für die Universität in «vertretbarem Rahmen» bleiben. Diesen Verhaltensempfehlungen liegen folgende Zielsetzungen zugrunde:

a)   Durch seriöse Information soll auf die Gefahr durch Computerviren aufmerksam gemacht werden, ohne herausfordernd auf potentielle Virusautoren zu wirken.

b)   Die Autonomie der Institute soll erhalten bleiben. Ein Reglement kann nur als Empfehlung verstanden werden, dessen Anwendung und Durchsetzung im Verantwortungsbereich der jeweiligen Institutsleitung liegen soll. Die Verantwortung bleibt dezentralisiert.

c)   Die zusätzliche Belastung für das Rechenzentrum soll so gering wie möglich gehalten werden.

d)   Um redundante Informationsbeschaffung zu vermeiden, soll eine zentrale Stelle Empfehlungen zu Anti-Virus-Programmen geben.

e)   Der Aufwand der Institute für Massnahmen in bezug auf Betreuung der Studentenmaschinen soll möglichst gering sein.

Entsprechend dieser Zielsetzungen wurde ein Massnahmenpaket beschlossen, das Schwerpunkte vor allem im PC-Bereich setzt, da hier die Anzahl der Benutzer sehr gross ist und in anderen Umgebungen bereits Viren auf den verwendeten Betriebssystemen bekannt wurden.

6.5   Realisierung

Zur Implementation der genannten Zielsetzungen wurden Verhaltensregeln formuliert, die sich sowohl auf den öffentlichen als auch auf den geschlossenen Bereich beziehen. Das Reglement für den öffentlichen Bereich berücksichtigt, dass die Benutzer voneinander unabhängig arbeiten, während im geschlossenen Bereich Interdependenzen bestehen und jeder Einzelne einen Teil der Verantwortung für die Sicherheit des Gesamtsystems trägt (Abb.6-10).

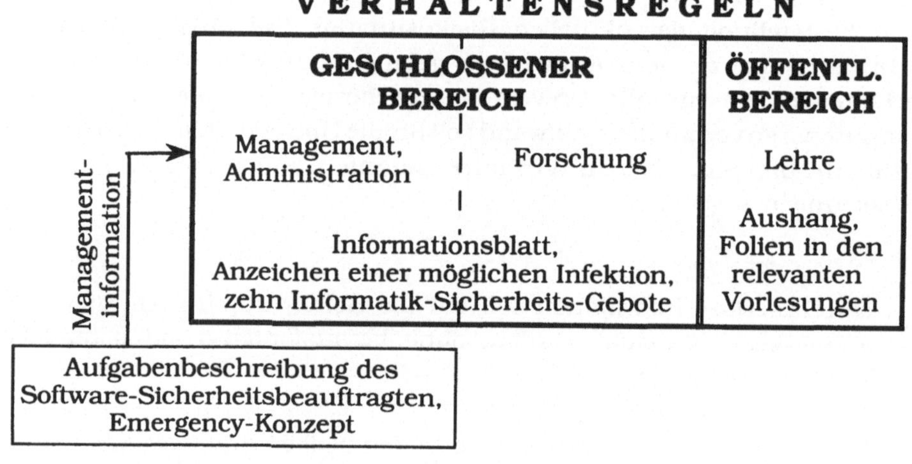

Abb. 6-10: Massnahmenreglement zur Virenprophylaxe

6.5.1   Massnahmen in «öffentlichen Bereichen»

Nach Problemen auf den Rechnern, die den Studenten zur Verfügung stehen, wie z.B. zerstörte Dateien, verschwundene Files, modifizierte Daten, wurde die Betreuung der Harddisks auf den Studentenmaschinen durch Mitarbeiter des Instituts für Informatik per 1. Januar 1989 eingestellt. Die Verantwortung für ein Funktionieren der Rechner wird soweit wie möglich den Benutzern übertragen. Folien, die auf die geänderte Situation hinweisen, wurden in den betreffenden Vorlesungen gezeigt (Abb. 6-11). An einer zentralen Stelle werden Start-up-Disketten zum Selbstkostenpreis verkauft, so dass der Student selbst entscheiden kann, ob er die Harddisk neu formatieren möchte, bevor er am Gerät zu arbeiten beginnt.

Viren

Öffentliche Maschinen sind besonders durch Vireninfektionen gefährdet. Auf der vom Studentenladen verkauften Diskette ist ein Programm, welches die Systemfiles vor einer Infektion schützen soll.

Eine 100%ige Sicherheit bietet jedoch keine Massnahme.

- Starten Sie keine Programme, die Sie auf der Harddisk finden

- Benützen Sie nur die auf dem Server vorhandenen Programme

- Löschen Sie alle Daten und Programme, die sich auf dem Harddisk befinden, bevor Sie mit Ihrer Arbeit beginnen (das Formatieren der Harddisk bietet die beste Sicherheit)

**Neue Weisung für die Benützung der MacII
in den PC-Räumen 174/391
Rämistrasse 74, 10 - E - 7**

Da von einigen Benützern die auf den Harddisks installierten Systemprogramme laufend zerstört oder manipuliert wurden, waren immer mehrere Maschinen nicht funktionsfähig.

Eine vernünftige Betreuung durch die Mitarbeiter des Instituts für Informatik ist bei der permanenten destruktiven Benützung der MacII nicht mehr möglich.

Der Studentenladen wird ab 1. Januar 1989 eine Startdiskette für diese Maschinen zum Selbstkostenpreis von Fr. 5.- verkaufen. Jeder Student kann danach mit seiner eigenen Diskette ohne Probleme arbeiten.

Die Harddisks werden vom Institut ab 1. Januar 1989 nicht mehr betreut.

Abb. 6-11: Informationen für Studenten

6.5.2   Massnahmen in «geschlossenen Bereichen»

Alle Institutsleitungen erhielten einen Satz Merkblätter, der folgendermassen gegliedert ist:

- Informationsblatt (Abb.6-12)

- Liste der Symptome einer Virusinfektion (Abb.6-13)

- Die zehn Informatik-Sicherheits-Gebote (Abb. 6-14)

- Beschreibung der Aufgaben des Software-Sicherheitsbeauftragten (Abb. 6-15)

- Emergency-Konzept (Abb.6-16)

Diese Empfehlungen wurden durch Informationen des Rechenzentrums über aktuelle Antivirenprogramme ergänzt.

Die Anwender in geschlossenen Bereichen - Professoren, Dozenten, Assistenten und Mitarbeiter aus den Sekretariaten - brauchen einheitliche klare Verhaltensvorschriften, die eine Zusammenarbeit unter einigermassen **sicheren Bedingungen** ermöglichen. Das «Informationsblatt» (Abb. 6-12) soll kurz die Bedrohung erläutern, die von Computerviren ausgeht, und Hinweise liefern, wo besondere Vorsicht geboten ist.

Informationsblatt

Die jüngsten Entwicklungen auf dem Gebiet des Missbrauchs von Informatikmitteln durch Computerviren sind Anlass zur sorgfältigen und einheitlichen Soft- und Hardwarehandhabung an der Universität Zürich und den ihr angeschlossenen Instituten. Der Befall von Software durch Computerviren ist im Universitätsbereich leicht möglich und nur schwer unter Kontrolle zu bringen. Noch ist die Situation an der Universität Zürich gut, und wir sollten gemeinsam die Chance nutzen, Virusinfektionen zeitgerecht vorzubeugen, um nicht - wie viele andere Universitäten - ein aufwendiges und restriktives Programm zur Säuberung der Hard- und Software durchführen zu müssen.

Computerviren sind kleine, von Böswilligen erstellte und verbreitete Programme, die sich unbemerkt in andere, normale Programme im Hauptspeicher, auf der Harddisk oder auf Disketten einnisten können und sich von dort aus auf andere Programme, mit denen sie z.B. gleichzeitig geladen werden, übertragen, sich vermehren und verbreitet Schaden anrichten.

Fahrlässiger Umgang mit Programmen und programmgesteuerten Geräten bedeutet nicht nur Gefährdung eigener Daten, sondern kann die Arbeit aller Kollegen beeinträchtigen und die Abläufe am Institut empfindlich stören: Datenbestände können zerstört werden, die Arbeit kann durch Nachrichten, die auf dem Bildschirm erscheinen, erschwert oder unterbrochen werden, Restarts können erzwungen werden, Laufwerksbezeichnungen können vertauscht werden, freier Speicherplatz kann blockiert werden usw.

Eine Infektion bedeutet unter Umständen Datenverlust, sicherlich aber Zeitverlust, denn es müssen alle in Frage kommenden Programme auf Virenbefall untersucht werden, bevor sie wieder geladen werden dürfen. Ferner müssen infizierte Rechner vom Netz genommen und außer Betrieb gesetzt werden, solange das Virus nicht erkannt und beseitigt worden ist.

Meiden Sie öffentlich zugängliche Maschinen, die in höchstem Masse durch Virusinfektionen gefährdet sind, und achten Sie streng auf die Einhaltung der „zehn Informatik-Sicherheits-Gebote". Diese Empfehlungen können einen Virenbefall nicht völlig ausschliessen, da es - wie auch bei biologischen Viren - keinen Schutz vor allen denkbaren Virusarten gibt. Die Empfehlungen sind so gewählt, dass mit vertretbarem Aufwand ein gewisses Mass an Schutz gewährleistet ist.

Wir ersuchen Sie daher - in Ihrem eigenen Interesse und aus kollegialer Haltung - die Empfehlungen strikt einzuhalten und bei der Durchsetzung minimaler Vobeugemassnahmen mitzuhelfen.

Abb. 6-12: Informationsblatt

Anzeichen einer möglichen Infektion durch Viren

- häufige, unerklärliche Fehlermeldungen vom Betriebssystem

- längere Zugriffszeiten als üblich

- unerwartet gelöschter Bildschirm und andere merkwürdige, bösartige oder komische Effekte, die sich kaum durch Programmfehler erklären lassen

- unsinnige Zeichen in Files

- veränderte Filelänge von Programmen

- geändertes Erstellungsdatum von Programmen

- wiederholtes, unerklärliches Verschwinden von Files

Abb. 6-13: Liste der Symptome

Um den Benutzern Anhaltspunkte zu geben, wie sie erkennen können, ob ihre Programmbestände bereits von Virusprogrammen befallen sind, wird ihnen eine Liste von Symptomen zusammen mit dem Informationsblatt zur Verfügung gestellt (Abb.6-13). Als Voraussetzung für einen kontrollierten, geregelten Rechnerzugang wurde in diesem Zusammenhang auch die korrekte Handhabung von Passwörtern wieder in Erinnerung gerufen.

Das dritte Merkblatt beinhaltet «Die zehn Informatik-Sicherheits-Gebote» (Abb. 6-14). Sie regeln die Pflichten und Kompetenzen der Benutzer und legen eine abgestimmte Vorgehensweise gegen Computerviren fest.

Zusätzlich erhielten die Institutsleitungen eine Spezifikation der Aufgaben, die in Zusammenhang mit Software-Sicherheit anfallen und wahrgenommen werden sollen (Abb. 6-15). Es erscheint zweckmässig, jene Massnahmen hervorzuheben, die sofort erfolgen sollen, um eine möglichst gute Ausgangssituation zu schaffen und davon getrennt jene Tätigkeiten darzustellen, die im täglichen Betrieb anfallen.

Da die Vorkehrungsmassnahmen keinen garantierten Schutz bieten können und die Gefahr besteht, dass in kritischen Situationen panikartiges Verhalten eventuelle Schäden noch vergrössert, wurde ein Emergency-Konzept entwickelt. Es wird schrittweise eine Vorgehensweise für den Notfall dargestellt, die helfen soll, gezielt die richtigen Massnahmen zu setzen, falls der begründete Verdacht einer Virusinfektion besteht (Abb. 6-16).

Als weitere Information wurden den Unterlagen die vom Rechenzentrum verfassten und laufend aktualisierten Beschreibungen der verschiedenen Antivirenprogramme beigefügt.

Die zehn Informatik-Sicherheits-Gebote

1. Jedes Institut ist für die Sicherheit ihrer Hard- und Software verantwortlich und bestimmt als Software-Sicherheitsbeauftragten:

   Frau/Herrn...

   Zimmer.............................Tel...

   und als Stellvertreter

   Frau/Herrn...

   Zimmer.............................Tel...

2. Auf Institutsrechnern dürfen

   a)   keine Virusprogramme geschrieben werden

   b)   keine Experimente mit Virusprogrammen gemacht werden

   c)   nur zertifizierte Programme gestartet werden (Ausnahme: stand-alone Testrechner des Software-Sicherheitsbeauftragten)

3. Nicht-zertifizierte Software (fremde Software, „gefundene" Software, „Kongressdisketten", Software von Bulletin-Boards, public-domain Software, Mail-Box Software, Software, die nicht von renommierten Softwarehäusern bezogen wurde, Spiele) und zertifizierte Software, die zwischenzeitlich auf Rechnern ausserhalb der Institutszone (Hörsäle, Seminarräume, Studenten-maschinen) lief, muss dem Software-Sicherheitsbeauftragten vorgelegt werden, bevor sie (wieder) verwendet wird.

   ACHTUNG: öffentlich zugängliche Maschinen mit Harddisk sind in hohem Masse virengefährdet und gelten ohne gegenteiligen Beweis als verseucht.

4. Schützen Sie die Harddisk durch ein/mehrere Passworte.

5. Sichern Sie Daten und Programme getrennt voneinander und in mehreren Generationen, um im Ernstfall die ältesten Programme mit den aktuellsten Daten wieder verwenden zu können.

6. Benützen Sie beiliegende Etiketten um auf Disketten zu vermerken, was wann auf welchem Rechner woher kopiert wurde. Bei nicht-kommerzieller Software vermerken Sie den Verfasser oder eine Bezugsperson.

7. Bei begründetem Verdacht auf eine Infektion (siehe „Anzeichen einer möglichen Infektion durch Viren") muss der Rechner sofort vom Netz genommen werden. Die Programme, bei denen Virenverdacht besteht, sowie deren Kopien müssen sofort gekennzeichnet und der Software-Sicherheitsbeauftragte muss umgehend verständigt werden.

8. Nur autorisierte Personen dürfen Installationen auf einem Server durchführen.

9. Ohne Zustimmung des Software-Sicherheitsbeauftragten dürfen keine Geräte an ein Netz angeschlossen werden.

10. Es wird empfohlen niemals Schlüssel, Passwörter, Software oder Geräte anderen Personen zu überlassen oder weiterzugeben. Nicht-öffentliche Räume sollen auch bei kurzzeitigem Verlassen verschlossen werden.

Abb. 6-14: Die zehn Informatik-Sicherheits-Gebote

Die Aufgaben des Software-Sicherheitsbeauftragten

Die im Folgenden beschriebene Tätigkeit des Software-Sicherheitsbeauftragten ist die Beschreibung einer Aufgabe, nicht die Beschreibung einer Stelle. Ob die Aufgaben von einem Mitarbeiter wahrgenommen werden, der auch andere Aufgaben erfüllt, oder ob ein Mitarbeiter sich ausschliesslich dieser Aufgabe widmet, hängt vom Gesamtumfang der zu betreuenden Soft- und Hardware und der Personalpolitik des jeweiligen Instituts ab.

Sofortmassnahmen:

1. Prüfen aller in Verwendung befindlichen Programme und Rechner auf Virenbefall

2. Aufzeigen eventueller Sicherheitslücken

3. Isolation gefährdeter und gefährdender Rechner

4. Erfassung aller Rechner auf einem „Rechnerplan". Zu diesem Zweck müssen den Rechnern eindeutige Namen zugewiesen werden. Der Rechnerplan sollte folgende Daten enthalten: Rechnername, Fabrikat, Type, Standort; Name, Adresse, Telefonnummer jener Person(en), die auf diesem Rechner arbeiten.

5. Regelung des Zugangs zu Rechnern mit Harddisk mittels Passwörtern

6. Informationsblatt allen Personen zugänglich machen, die mit Institutsrechnern arbeiten

7. Ausgabe der standardisierten Diskettenkleber

Permanente Tätigkeit:

1. Beratung der Benutzer der Informatikmittel

2. Stichprobenweise Überprüfung, ob Anweisungen eingehalten werden

3. Prüfung aller   a) neuen Programme

                b) aller Programme, die zwischenzeitlich auf anderen Rechnern gelaufen waren

                c) aller Programme, die unter Virenverdacht stehen durch Virendetektionsprogramme, die am RZU bezogen werden können.

4. Verwaltung und Verwahrung der Originalprogramme (Katalogisierung, Kopienerstellung und Ausgabe der Kopien im Bedarfsfall)

5. Erkennung von Sicherheitslücken und Vorschläge zu deren Beseitigung

6. Ergänzung der „schwarzen Liste" infizierter und gefährdeter Programme in Zusammenarbeit mit dem RZU

7. Programme, die Virentests nicht bestehen, sofort aus dem Verkehr ziehen (sowie alle Kopien davon). Nach Rücksprache mit dem RZU entweder gezielte Virus-Kill-Aktionen setzen, bzw. die betreffenden Programme zur näheren Untersuchung an das RZU weiterleiten.

8. Anschluss neuer Geräte an ein Netz

9. Vertrauliche Verwaltung der übergeordneten Passworte (Masterpassworte, root-passworte,...)

Abb. 6-15: Aufgaben des Software-Sicherheitsbeauftragten

Was ist zu tun, wenn......

1. Maschine von allen Netzen isolieren

2. Betroffene informieren (alle Mitarbeiter, die Programme/Daten von/auf dieser Maschine kopiert haben), bei öffentlich zugänglichen Maschinen eventuell Aushang

3. Backup der bestehenden Programme/Daten (Sicherstellung des Beweismaterials)

4. Kennzeichnung der Backups

5. Test aller Programme und deren Backups mit vorhandenen Virendetektionsprogrammen

6. Falls eine Infektion konstatiert wird:

   Meldung der Testergebnisse an das RZU (PC-Information Center 257-4545). Dort werden sie erfahren, ob ein Virus-Killer-Programm zu dem betreffenden Virus erhältlich ist. Wenn ja, wenden Sie das Virus-Killer-Programm laut Verwendungsanleitung an; weiter bei Punkt 12.

   Wenn kein Killer-Programm zur Verfügung steht, weiter bei Punkt 7.

   Falls die Virentests keine Infektion ergeben:

   suchen Sie nach der Ursache der Fehlfunktionen. Sollten Sie keinen konkreten Fehler finden und Sie dennoch annehmen, dass Programme von Viren befallen sind, weiter bei Punkt 9.

7. Formatieren der Harddisk

8. Formatieren aller Disketten, die Programm/Daten von/auf diesem Rechner kopiert haben oder auf diesem Rechner benützt wurden

9. Neuinstallation sauberer Systemprogramme (keinesfalls das alte Back-up!)

10. Restore der letzten Daten vor der Infektion

11. Restore der Programme von sauberen Kopien der Originalprogramme

12. Versuchsbetrieb ohne Anschluss an Datennetze

13. Nach erfolgreichem Versuchsbetrieb Anschluss an die Datennetze

Abb. 6-16:   Emergency-Konzept

Die Merkblätter sind an alle Institute ergangen. Es ist in ihrem Ermessen, wie sie diese zur Anwendung bringen.

6.6   Risikosituation nach Realisierung der Massnahmen

Eine neuerliche qualitative Feststellung der Risikosituation lässt erkennen, dass eine Verbesserung in den vordringlichen Problembereichen erzielt wurde (Abb. 6-17, Seite 220).

Die Risiken R7 und R8, Risiko einer Computervirusinfektion auf Administratorebene im PC-Bereich und auf Benutzerebene im geschlossenen Bereich konnten auf das Mass eines tolerierbaren Risikos gesenkt werden.

6.6.1   Erfahrungen auf Universitätsebene

Wie erwartet wurden auf den Grossrechenanlagen bis dato keine Probleme bezüglich Computerviren bekannt.

Im Bereich der Lehre sind auf jenen Maschinen, die von Studenten benützt werden, immer wieder Viren zu verzeichnen; durch die effiziente Organisation verursachen diese Vorkommnisse jedoch keinen Arbeitsaufwand für das Universitätspersonal. Die Studenten haben die neue Situation akzeptiert, nicht zuletzt wegen des reibungslosen Ablaufs bei der Vergabe von Start-up Disketten und der zusätzlichen Möglichkeit, Anti-Virus-Programme zu beziehen.

Im Bereich der Administration sind bis heute nur sehr wenige Vorkommnisse hinsichtlich einer Virusinfektion bekannt geworden. Aufgrund der guten Versorgung durch aktuelle Antivirusprogramme und der Bereitschaft des Personals, ungefähr in wöchentlichen Abständen Virusdetektionsprogramme laufen zu lassen, konnten Schäden an den Datenbeständen vermieden und der Aufwand zur Entfernung der Viren sehr gering gehalten werden.

Ursprünglich war beabsichtigt die «Geschichte» jedes Programms auf der Diskettenetikette festzuhalten. Die Aufzeichnungen sollten dazu dienen, den Weg, den ein erkanntes Virus innerhalb der Anwendergemeinde genommen hat, zu rekonstruieren und rasch festzustellen, wer von einer Infektion betroffen sein könnte. Die Massnahme erwies sich in der Praxis als undurchführbar, weil die Beschriftung der Etiketten mit Programmname, Rechnername und Datum einen unvertretbaren Zeitaufwand darstellt. Da Infektionen sehr selten auftreten und der Benutzerkreis noch überschaubar ist, bedeutet es weniger Aufwand, im Infektionsfall die gesamten in Frage kommenden Rechner und die darauf gespeicherten Programmbestände mit Virendetektionsprogrammen zu durchforsten.

Ein grosses Hemmnis bei der Durchsetzung vorbeugender Massnahmen stellt das mangelnde Problembewusstsein der Benutzer dar. Solange kein Virusbefall stattgefunden hat, wird die Notwendigkeit der Vorkehrungen vom Benutzer stark in Zweifel gezogen.

6.6.2   Erfahrungen auf Institutsebene

Die Rechner des Instituts sind lokal vernetzt, den Benutzern stehen File-Server zur Verfügung. Die Softwarepflege auf den Servern bedarf besonderer Reglementierung; auf dem Server stehen nur Programme zur Verfügung, die von bekannten Softwarehäusern bezogen und vorher auf Virenbefall getestet wurden. Sofort nach Erhalt eines neuen Programms wird die Diskette schreibgeschützt.

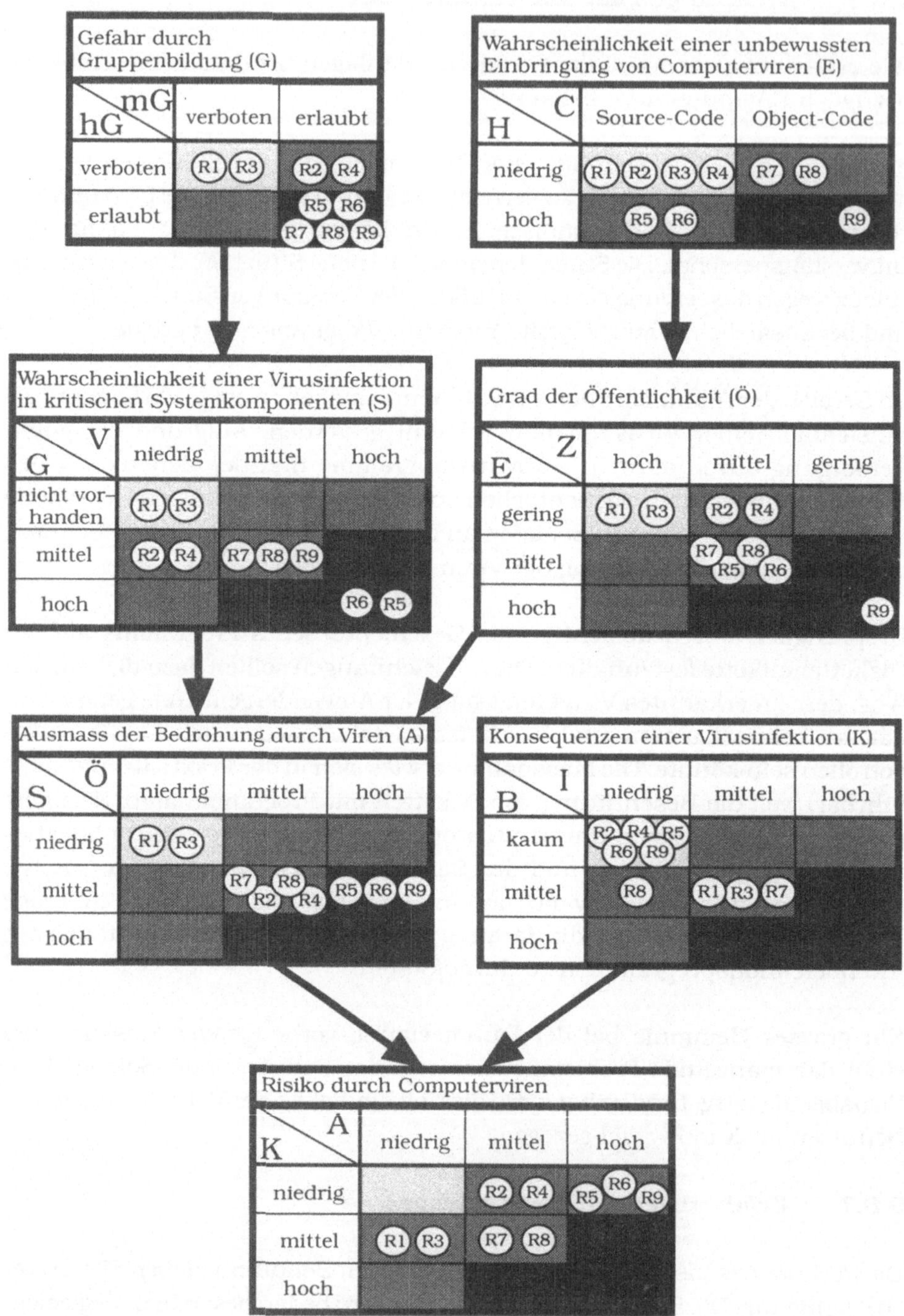

Abb. 6-17: Qualitative Risikobewertung nach Realisierung eines Massnahmenpakets

A....... Ausmass der Bedrohung durch Viren
B....... Beeinträchtigung des Universitätsbetriebs
C....... Codierung bei Programminstallationen
E...... Wahrscheinlichkeit einer unbewussten Einbringung von Computerviren
G...... Gefahr durch Gruppenbildung
H...... Häufigkeit von Programminstallationen
hG.... heterogene Gruppenbildung
I........ Image
K...... Konsequenzen einer Virusinfektion
mG.. mehrfache Gruppenzugehörigkeit
Ö...... Grad der Öffentlichkeit
S....... Wahrscheinlichkeit einer Virusinfektion in kritischen Systemkomponenten
V...... Verhältnis der Anzahl der Accounts mit hohen Privilegien zur Anzahl der Accounts mit niedrigsten Privilegien
Z....... Grad der Zutritts- und Zugriffskontrolle

▮ hoch
▯ mittel
▯ nicht vorhanden/niedrig/gering

Nach Installation auf dem Server wird die Originaldiskette von einem Verantwortlichen verwahrt. Nach einer Reorganisation der Softwarebibliothek brauchen keine Disketten mehr ausgegeben werden, denn alle Programme sind via Server zugänglich. Nur wenige, speziell privilegierte Mitarbeiter haben Schreibzugriffsrechte auf den Server. Alle anderen Institutsangehörige können nur lesend auf die Programmbestände der Server zugreifen.

Am Institut für Informatik selbst wurde bis heute von einer zentralen Zertifizierung der verwendeten Software Abstand genommen. Man meint, dem mündigen Informatiker zutrauen zu dürfen, dass er selbst imstande sei, eventuell infizierte Software als solche zu erkennen und Virusdetektionsprogramme korrekt anzuwenden.

In der Administration ist der Zugang zu Rechnern für Unbefugte durch organisatorische Massnahmen im Normalfall nicht mehr möglich. Ferner werden in diesem Bereich zweimal pro Woche umfassende Back-ups, sowie von neu bearbeiteten Files täglich Kopien angelegt. Viruswächterprogramme wurden installiert, Virusdetektionsprogramme werden in grösseren Zeitabständen angewendet.

Die Entscheidung, einige für kritische Aufgaben eingesetzte Rechner gezielt stand-alone zu verwenden, hat sich besonders im Bereich «Informatik im Unterricht» bewährt. Hier werden Programme aus unterschiedlichen (teilweise unbekannten) Quellen untersucht und auf ihre Eignung im Unterricht geprüft.

Als «kritische Orte» bezüglich Virusinfektionen gelten vor allem jene Räumlichkeiten, wo am gleichen Ort Mischverhältnisse mehrerer Benutzergruppen und verschiedener Tätigkeiten herrschen. Am Beispiel der Bibliothek des Instituts für Informatik, wo auch mehrere Rechner untergebracht sind, konnte festgestellt werden, dass in diesem Bereich Virusinfektionen erst in fortgeschrittenem Stadium bemerkt werden. Die Gründe dafür liegen vor allem im unkontrollierten Rechnerzugang.

Eine weitere, zu anfang unterschätzte Gefahrenquelle sind Demonstrationsrechner in den Hörsälen. So war eine Virusinfektion möglich, als vorbereitete Datenbestände und Programme auf einer externen Harddisk auf einem Demonstrationsrechner im Rahmen einer Vorlesung verwendet wurden, und Programme von dieser Harddisk auf einem Rechner im geschlossenen Bereich wiederverwendet wurden. Ergänzend wurden direkt an den Demonstrationsrechnern Informationsblätter für Referenten angebracht (Abb. 6-18).

Abb. 6-18: Information für Benutzer von Demonstrationsrechnern

6.7 Zusammenfassung

Die Beurteilung des Konzeptes nach fast zwei Jahren Einsatz ist positiv. Die für die Beratung der Institute zuständigen Mitarbeiter des Rechenzentrums haben festgestellt, dass die Benutzer aufgrund der Merkblätter wesentlich besser in der Lage waren, eigene Vorkehrungen zu treffen und damit wesentlich seltener die Dienste des Rechenzentrums in Anspruch nehmen mussten.

Die Verwendung von Portfoliotabellen zur qualitativen Risikoschätzung hat sich bewährt. Änderungen der Bedrohungssituation in Teilbereichen zwingen immer wieder zur Auseinandersetzung mit dem Risiko in allen Teilbereichen. So muss bei Überarbeitung der Tabellen z.B. anlässlich einer neuen Schwachstelle im geschlossenen Bereich der PCs auch die Bewertung des Risikos am Grossrechner abermals durchgeführt werden. Nun kann es zweifelsohne verschiedene, subjektive Bewertungen geben, die eine «richtige» Einschätzung der Risikosituation jedoch fördern und eine kritische Auseinandersetzung verlangen.

7   Schlussbemerkungen und Ausblick

Wie in der Einleitung bereits erwähnt und anhand einiger praktischer Beispiele in Kap. 1.2.1 deutlich gemacht, ist die Sicherheitsproblematik besonders durch den steigenden Stellenwert der Informationstechnologie zu einer zentralen Fragestellung geworden. Punktuelle Lösungen und bereichsspezifische Vorgehensweisen in Sicherheitsfragen führen jedoch mittel- und langfristig zu keinesfalls befriedigenden Resultaten. Vielmehr entstehen dadurch ungewollte Redundanzen, die unnötige Kosten verursachen, oder es entstehen Sicherheitsdefizite durch unerkannte Gefährdungen.

Ausgehend von Sicherheitsfragen im IT-Bereich wurde nun eine bereichs- und anwendungsunabhängige Methode entwickelt, die es ermöglicht, bisher intuitiv betriebener Diversifikation bei der Realisierung von Sicherheitsmassnahmen einen formalen Rahmen zu geben. Es sollte dabei keinesfalls eine «neue» Methode kreiert und die bestehende Vielfalt an Verfahren, Techniken und Werkzeugen um ein zusätzliches Instrumentarium erweitert werden, sondern es wurde vielmehr ein konzeptioneller Ansatz gezeigt, der die Einbindung bewährter, unternehmenseigener Verfahren und Modelle erlaubt.

Da die Erstellung eines integralen Sicherheitskonzepts unbedingt einer Vorgabe in Form einer Sicherheitspolitik bedarf, ist die Einsicht und das Verständnis wichtiger Kausalitäten und grundsätzlicher Sachverhalte auf Topmanagementebene notwendig. Kap. 7.1 fasst summarisch die Erkenntnisse zusammen, die auf Führungsebene ein notwendiges Sicherheitsbewusstsein als Voraussetzung zur Formulierung einer Sicherheitspolitik schaffen können. Ferner werden Hinweise gegeben, wie das mittlere Management gezielt die Portfoliotechnik verwenden kann, um eine Sensibilisierung für Sicherheitsfragen auf der Führungsebene zu fördern. In Kap. 7.2 wird der in Kap. 4 erläuterte konzeptionelle Ansatz noch mit anderen computergestützten Verfahren verglichen. Kap. 7.3 gibt eine knappe Übersicht über die Eigenschaften, die Vor- und Nachteile der Portfoliotechnik im Sicherheitsbereich. Abschliessend werden offene Fragen behandelt und ein Ausblick auf mögliche Themen und Inhalte weiterer Untersuchungen gegeben.

7.1   Unternehmenspolitische Grundsätze bei der Anwendung von Portfoliotechnik

Der Zugang zu Portfolios im Sicherheitsbereich kann nur über eine dementsprechend formulierte Sicherheitspolitik erfolgen; das wiederum setzt ein Sicherheitsbewusstsein auf Führungsebene voraus, welches auf der Erkenntnis folgender Zusammenhänge beruht:

- Realisierte Sicherheitsmassnahmen bestimmen den Unternehmenserfolg. Je besser diese Massnahmen bezüglich ihrer Wirkung und ihrer Kosten aufeinander abgestimmt sind, umso grösser ist der Gesamterfolg des Portfolios.

- Portfolios werden durch Zuordnung von Ressourcen realisiert.

- Einem Portfolio zugeordnete Ressourcen müssen anderen möglichen Investitionsobjekten entzogen werden, es sei denn, zwischen ihnen bestehe eine Synergie.

- Die Anzahl möglicher Sicherheitsmassnahmen in einem Portfolio ist begrenzt.

- Die Erhaltung des Sicherheitsniveaus ist nur dann möglich, wenn dieses durch entsprechende Ressourcenzuteilung laufend gepflegt wird.

- Sicherheitsmassnahmen in einem Portfolio können zueinander in einem harmonischen, einem neutralen oder einem widersprüchlichen Verhältnis stehen[1].

- Ein Portfolio erreicht seine optimale Effizienz, wenn alle Unternehmensbereiche durch interdisziplinäre Zusammenarbeit dazu beitragen.

- Der Aufbau eines unternehmensweiten Portfolios ist ein mittel- bis langfristiges Vorhaben.

- Der Nutzen eines Portfolios ändert sich im Zeitablauf. Im allgemeinen weisen Sicherheitsmassnahmen abnehmende Wirkung mit zunehmender Einsatzdauer auf. Dies ist auf Verschleiss, auf technische Weiter- und Neuentwicklungen, aber auch auf Lern- und Gewöhnungseffekte beim Benutzer zurückzuführen[2].

---

[1] vgl. Kap. 4.2.1.4

[2] Der **Gewöhnungseffekt** kann zur Umgehung von Massnahmen führen, weil der Benutzer eine Massnahme als lästig empfindet, ohne sich über deren Funktion Gedanken zu machen. Dies trifft vor allem auf Massnahmen zu, die in besonderem Masse von der Benutzerakzeptanz abhängig sind. Der **Lerneffekt** wirkt sich bei vorsätzlicher Umgehung von Sicherheitsmassnahmen aus und steht in engem Zusammenhang mit dem Wissen des Benutzers um die Wirkungsweise einer Massnahme.

- Zwischen Unternehmenskultur und realisierten Sicherheitsmassnahmen bestehen enge Wechselbeziehungen. Die Unternehmenskultur als Gesamtheit der Werthaltungen aller Organisationsmitglieder bestimmt nachhaltig die unternehmerische Risikosituation. Vom Ausmass dieser geschätzten Situation ausgehend werden zielgerichtet verschiedene Sicherheitsmassnahmen erwogen. Darüber hinaus beeinflusst die Unternehmenskultur z.B. die Benutzerakzeptanz bezüglich realisierter Massnahmen.

In vielen Fällen ist dieses Sicherheitsbewusstsein auf Führungsebene (noch) nicht vorhanden. Die Gründe dafür wurden in Kapitel 1.3 ausführlich behandelt. Die Portfoliotechnik bedingt eine systematische Vorgehensweise und liefert transparente Zwischenergebnisse. Diese eignen sich, wenn sie entsprechend aufbereitet werden, zur Sensibilisierung des Topmanagements.

Fachbereichsleiter sind im allgemeinen mit dem Problem konfrontiert, nur mit Mühe finanzielle Mittel für notwendige und aus Sicht des Fachmanns unerlässliche Sicherheitsmassnahmen zu erhalten. Mitunter wird jedoch auch von der Führungsebene ein gewisses Sicherheitsniveau erwartet, das mit den zur Verfügung stehenden finanziellen Mitteln nicht machbar ist. In beiden Fällen kann die Portfoliotechnik einen wertvollen Beitrag zur Konfliktlösung bieten.

In der erstgenannten Situation kann ein abgegrenztes, konkretes und gut quantifizierbares Risiko vom Fachbereichsleiter als Beispiel herangezogen werden, und mit Hilfe der Portfoliotechnik können konkrete Massnahmenalternativen erarbeitet und bewertet werden. Hier sollen besonders mögliche Synergieeffekte mit dem Hinweis hervorgehoben werden, dass diese Synergien nicht auf eine bestimmte Situation beschränkt sind, sondern ähnliche Effekte auch bei Sicherheitsmassnahmen bezüglich anderer Risiken zu finden sein werden. Aus dem Ergebnis soll ersichtlich werden, welche finanziellen Mittel bereitgestellt werden müssen, um die erforderliche Sicherheit in diesem Teilbereich zu erlangen.

Bezüglich der zweitgenannten Problemstellung kann mit Hilfe des gezeigten Ansatzes verdeutlicht werden, dass mit den vorhandenen finanziellen Mitteln das gewünschte Sicherheitsniveau nicht erreichbar ist. Numerische Resultate können wesentlich zur Sensibilisierung von Führungspersonen in Sicherheitsfragen beitragen. Der Fachbereichsleiter hat mittels Portfoliotechnik die Möglichkeit, fachspezifische Probleme auf allgemein verständliche Weise zu präsentieren und dabei die wirtschaftlichen Gesichtspunkte hervorzuheben. Die numerischen Ergebnisse erfordern jedoch **unbedingt fachlich fundierten Kommentar und seriöse Interpretation**.

7.2 Portfoliotechnik im Vergleich mit bestehenden Ansätzen der Risikobewältigung

Typische Eigenheit der hier entwickelten Methode ist die Berücksichtigung der Zusammenhänge und Wechselwirkungen bei der Realisierung von Sicherheitsmassnahmen. Diese Eigenschaft weist kein anderes der Autorin bekanntes computergestütztes Risikobewältigungsverfahren oder Expertensystem auf.

Der Aufwand und die mit einer unternehmensweiten Realisierung des konzeptionellen Ansatzes verbundenen **Kosten in der Einführungsphase** sind beträchtlich, da einerseits der theoretische Ansatz erst über ein Modell an die Praxis «herangeführt» werden muss[1]. Andererseits ist in der Einführungsphase mit erhöhten Kosten zu rechnen, da häufig erst ein Risikoinventar erstellt werden muss. Aber auch im Falle bereits vorhandener Schätzungen müssen Aktualisierungen, Vereinheitlichungen und Nachkalkulationen erfolgen.

Die **laufenden Kosten** erscheinen im Vergleich zu anderen Verfahren ebenfalls hoch. Hier müssen allerdings zwei Punkte bedacht werden. Die Portfolitechnik ist **anwendungsunabhängig**, während die im dritten Kapitel beschriebenen Verfahren auf den IT-Bereich beschränkt sind[2]. Ein Verfahren, das auf alle Arten von Bedingungsrisiken angewendet werden kann, ist im allgemeinen teurer. Ferner fallen bei vielen Verfahren, wie auch bei der herkömmlichen «Risikobewältigung» etliche Tätigkeiten an, die von verschiedenen Organisationsmitgliedern im Zuge anderer Aufgaben übernommen werden. Eine Ermittlung der tatsächlichen Kosten und somit ein direkter Vergleich ist daher nur schwer möglich.

Die vorliegende Methode lässt eine qualitative **und** quantitative Risikobeurteilung und Portfoliobewertung zu. Fast alle anderen Verfahren sind nur für die eine **oder** andere Anwendung vorgesehen[3].

Der **Aufwand der Informationsbeschaffung** ist von der Anwendung abhängig und kann erhebliche Ausmasse erreichen. Da die Methode nicht anwendungsspezifisch ist, kann sie keinerlei Hinweise über Kennzahlen, Grenz-

---

[1] Das Konzept bedarf zusätzlicher Vertiefung, um dem Begriff «Modell» gerecht zu werden.

[2] Ausnahmen sind die Systeme KEEPER (vgl. Kap. 3.5.4.1) und LAVA (Los Alamos Vulnerability/Risk Assessment) [vgl. WAH90, pp. 18]

[3] Ausnahmen, die beide Betrachtungsweisen zulassen, sind LAVA und MARION (vgl. Kap. 3.5.3).

werte, Anforderungsprofile etc. oder Informationsquellen geben. Bei Vertiefung der Methode durch Entwicklung branchenbezogener Varianten können dem Benutzer jedoch gezielte Hinweise gegeben werden.

Aber auch bezüglich der **Risikoanalyse** ist die Portfoliomethode anderen Ansätzen überlegen. So werden z.B. in der quantitativen Version die Schwächen der NBS-Guidelines bei der Risikobewertung vermieden, indem eine Kategorisierung der Risiken **vor** Betrachtung der Alternativen erfolgt. Da auf die einzelnen Risikoklassen unterschiedliche Strategien zur Anwendung gelangen, wird die nachteilige Gleichbehandlung von existenzgefährdenden und mittleren Risiken ausgeschlossen.

Auch in der qualitativen Version erzielt man bei Anwendung des gezeigten Ansatzes bessere Resultate, als z.B. bei der Verwendung von RANK-IT, da die Portfolio-Matrizen **mindestens zweidimensional** sind, während das Ergebnis von RANK-IT lediglich eindimensional in Form einer Liste ist. Aus den verketteten Portfolio-Matrizen sind unmittelbar die Risikodeterminanten ersichtlich und die Kriterien für eine Selektion der Massnahmen bestimmbar.

7.3   Kritische Beurteilung der Methode

Der gezeigten Methode zur Risikobewältigung wird in vielen Unternehmungen in anderem Zusammenhang schon lange erfolgreich angewendet. Die Vermittlung entsprechenden Wissens und die Vorgabe geeigneter Richtwerte führt zu niedrigen Einstiegsbarrieren und raschem Verständnis. Schon durch die Vorgabe unternehmensweit gültiger Grenzwerte (im Einzelfall ergänzt durch bereichsspezifische Schwerpunkte) und durch die Anwendung gleichartiger Nutzen- und Kostenansätze erfolgt eine Angleichung, die durch die Bestimmung von Synergieeffekten und Interdependenzen noch weiter verstärkt wird.

Die Flexibilität und Offenheit der Methode bezüglich der Verwendung bevorzugter Verfahren zeigt sich in zweifacher Hinsicht:

- Bei der Beurteilung der Portfolios sind alle Methoden der Investitionsrechnung (Kapitalwertmethode, Interner Zinsfuss, Annuitätenmethode, Gewinn- und Kostenvergleichsmethode, Return-on-Investment-Methode) anwendbar.

- Bei der Risikoschätzung können Erwartungswert, Possible/Probable Maximum Loss und Abweichung als Risikomass herangezogen werden. Darüber hinaus hat der Anwender die Möglichkeit, mit Hilfe ihm als geeignet erscheinender Mittel zwischen subjektiv und objektiv geschätzten

Werten zu unterscheiden. Dies kann z.B. durch Gewichtungsfaktoren geschehen.

Da nicht immer quantitative Bewertungen vorgenommen werden können (weder bei der Beurteilung des Risikos, noch bei der Beurteilung von Portfolios), bzw. eine quantitative Beurteilung im Vergleich zu einer eventuellen Risikoreduktion zu aufwendig erscheint, bietet die Methode als graphisches Hilfsmittel verkettete Portfoliotabellen ähnlich der im BCG- oder im McKinsey-Ansatz verwendeten Matrizen zur Unterstützung bei der Entscheidungsfindung.

Es wäre falsch, in der Methode lediglich ein Instrumentarium zur Verbesserung bisher betriebener Sicherheits«strategien» zur einmaligen oder auf einen bestimmten Bereich eingeschränkten Anwendung zu sehen. Portfolios, in der beschriebenen Weise im Sicherheitsbereich zur Anwendung gebracht, zwingen zur ständigen Neubewertung bestehender Risiken und zur Berücksichtigung sämtlicher im Zeitablauf realisierter und noch gültiger Sicherheitsmassnahmen, da bei jeder Änderung des Portfolios (neue Massnahme wird aufgenommen, alte Massnahme wird ersetzt/abgeschafft) die Gesamtwirkung zu überprüfen ist. Auf diese Weise wird der Dynamik, die mit allen realistischen Risikosituationen verbunden ist, Rechnung getragen.

Es folgt zusammenfassend eine übersichtliche Auflistung der Vorteile des Verfahrens (+), der kritischen Punkte (-), sowie Eigenschaften, die Chancen und Risiken in sich bergen (±).

+   Die Grundidee von Portfolios ist dem Anwender schon aus anderen Bereichen (Investition, Marketing) geläufig und wird u.U. von ihm schon erfolgreich angewandt. Die **Einstellung des Benutzers** ist daher von Anfang an eher aufgeschlossen und weniger ablehnend, wie das üblicherweise bei den meisten anderen «völlig neuen» Methoden und Werkzeugen der Fall ist.

+   Die «Offenheit» des gezeigten Ansatzes gestattet die Einbringung der in einer Unternehmung bewährten und gewohnten Verfahren aus den Gebieten Risikoschätzung, Investitionsrechnung sowie Kostenrechnung und bietet auf diese Weise beste Voraussetzungen für **verlustfreie Erhaltung von vorhandenem Know-how**.

+   Die Anwendung des Verfahrens schafft eine gute Basis für die **Kommunikation** zwischen Führungskräften, Fachabteilungsleitern, EDV-Spezialisten, Informatikverantwortlichen, Betriebsorganisatoren, externen Beratern etc. durch ein gemeinsames Begriffsverständnis.

+   Durch eine unternehmensweit vereinheitlichte Vorgehensweise werden **vergleichbare und konsistente Resultate** erzielt, die in weiterer Folge objektivierte Entscheidungsgrundlagen liefern und eine Beurteilung der betrieblichen Gesamtrisikolage erst ermöglichen.

+   Die Verwendung von Portfolios ermöglicht eine gesamtheitliche Sicht und unterstützt die Erkennung von **Interdependenzen**. Dies ermöglicht in weiterer Folge die Ausnutzung von Kosten- und Nutzensynergien.

+   Die Verwendung betrieblicher Ressourcen kann durch Kosten-/Nutzenabwägung optimiert werden. Die Budgetierung kann präziser erfolgen und auf die tatsächlichen Anforderungen im Sicherheitsbereich abgestimmt werden.

+   Durch ständige Überarbeitung von Schätzungen (Risikoschätzungen, Effizienzschätzungen von Massnahmen) ergibt sich eine grössere **Prognosegenauigkeit** und daher präzisere Angaben über bestehende Restrisiken.

+   Da Änderungen im Portfolio bereits implementierte Sicherheitsmassnahmen berücksichtigen, werden bestehende Massnahmen laufend neu bewertet. Veraltete und ineffektive Massnahmen werden auf diese Weise rasch erkannt und können verbessert, ersetzt oder abgeschafft werden.

+   Da die Methode einen modularen Ablauf beinhaltet, bietet sie die Möglichkeit zu einer **stufenweisen Einführung**.

±   Die Entscheidungsinformation ist durch Vorgaben in der Sicherheitspolitik und Richtungsweisung in Arbeitsanweisungen qualitativ höherwertig, da der Entscheidungsprozess gezielt über vorgegebene Kennzahlen gesteuert wird. Es besteht jedoch auch die Gefahr, dass einmal festgestellte Einflussfaktoren für neue Berechnungen unkritisch übernommen werden, während neu hinzugekommene Einflussgrössen unberücksichtigt bleiben.

±   Mit dem Vorteil der **Anwendungsunabhängigkeit** ist jedoch auch sehr eng der Nachteil verknüpft, dass die Methode erst einer speziellen **Umgebung angepasst** werden muss.

-   Bei Anwendung der quantitativen Methode muss vor einer **Überbewertung der numerischen Ergebnisse** gewarnt werden. Die Interpretation der Resultate bedarf unbedingt der nötigen Abstraktionsfähigkeit, da in die

Berechnungen zumeist nur Schätzungen unterschiedlicher Qualität eingehen. Das Resultat von Rechenvorgängen mit subjektiv geschätzten Werten kann nicht weniger subjektiv sein, als die geschätzten Eingangsparameter.

- Die **Komplexität** bei der Erstellung von Teilmodellen ist zu berücksichtigen. Bei der Verwendung computergestützter Werkzeuge (Optimierungsprogramme) müssen adäquate Rechnerkapazitäten vorhanden sein. Bei Verwendung mathematischer Modelle ist die Durchführung von Sensitivitätsanalysen in Erwägung zu ziehen.

7.4   Richtungsweisung, Möglichkeiten der Weiterentwicklung

Die vorliegende Arbeit sollte hauptsächlich **theoretische Grundlagen** schaffen, um eine Adaption einer in anderen Bereichen bereits erfolgreich angewandten Methode, bzw. eines intuitiv betriebenen Entscheidungsprinzips zu ermöglichen. Die zum besseren Verständnis aufgezeigten Beispiele sollten dem Leser den Bezug zur Praxis andeuten.

Mögliche Inhalte und Themen weiterer Untersuchungen, die auf die vorliegende Arbeit aufbauen, sind in zwei Richtungen denkbar:

1)   Die Methoden zur Risikobewältigung, die eine zentrale Rolle im Risk Management einnehmen, müssen verbessert und vertieft werden.

2)   Bewertungsschemata öffentlicher Stellen müssen die Idee, welche der Portfoliotechnik zugrunde liegt, aufgreifen und den Benutzer auf mögliche Wechselwirkungen der Massnahmen hinweisen.

7.4.1   Weiterentwicklung der Methoden zur Risikobewältigung

Eine Vertiefung der Grundlagen und Verbesserung der Risikobewältigungsverfahren kann nur dort stattfinden, wo gleichzeitig ein Praxisbezug hergestellt wird. Ausgehend von konkreten Risiken können eventuell Kausalitäten zwischen Massnahme und Risiko erkannt werden und so bessere Prognosen über die Wirksamkeit eines Portfolios zustande kommen.

Eine weitere Konsequenz der Portfoliotechnik ist die Erstellung von **erweiterten Checklisten**. Ausgehend von einer Risikoklassifikation müssen für jede Klasse typische Risiko-Massnahmen-Paare gebildet werden und zusätzlich die «Verträglichkeit» der Massnahmen untereinander angegeben werden. Auf diese Weise kann der Benutzer bestimmte Massnahmenkombinationen für sein Portfolio bereits ausschliessen, bzw. favorisieren. Fraglich bleibt allerdings, ob dann das Verfahren noch anwendungsunabhängig sein kann.

Die wichtigste und vorrangigste Aufgabe ist jedoch die verstärkte Auseinandersetzung mit **praxisnahen Risikoschätzverfahren**, die mit der gezeigten Methode verknüpft werden sollen. Eine effektivere Unterstützung der (Rest)risikoschätzung, als dies durch Angabe unterer und oberer Schranken der Wirkung eines Portfolios möglich ist, kann nur dann erfolgen, wenn ausgehend von konkreten Risiken in einer konkreten Umgebung Kausalitäten zwischen Risiko und Massnahme erkennbar sind oder entsprechende Statistiken vorliegen.

Auch wenn der Anwender der Portfoliotechnik die für die Unternehmung relevanten Risiken erkannt und gemäss der in Kap. 4.1.4 beschriebenen Weise klassifiziert hat, müssen bei einer konkreten Anwendung sämtliche Kombinationen tolerierbarer und mittlerer Risiken betrachtet werden. In dem gezeigten anwendungsunabhängigen Ansatz wurde eine Abstraktion vorgenommen, indem von einer «Menge von Schadensfällen» gesprochen wurde und die Einordnung in eine der Klassen sodann aufgrund der prognostizierten Schadenshöhe erfolgte.

Man sollte nun der Frage nachgehen, wie sich **Schadenskumulierungen** auswirken, und wie diese zu bewerten und zu verhindern sind. Jedes tolerierbare Risiko für sich genommen stellt für die Unternehmung bei Berücksichtigung der gezeigten Methode kein nennenswertes Problem dar. Mehrere Schadensereignisse zum selben Zeitpunkt können jedoch durchaus spürbare Konsequenzen haben.

In besonders ungünstigen Fällen von gleichzeitigen Schadensereignissen aus der Klasse der mittleren Risiken können die Auswirkungen für die Unternehmung existenzgefährdend sein. Es müssen also Schadenskumulierungen antizipiert und gegebenenfalls ihre Eintrittswahrscheinlichkeit reduziert werden.

Wie man sich leicht vorstellen kann, fallen durch die Bildung von Kombinationen sämtlicher tolerierbarer und mittlerer Risiken grosse Datenmengen an, von denen zwar etliche Ergebnisse auszuschliessen sein werden, die verbleibenden Möglichkeiten jedoch immer noch umfangreich sein werden und einer näheren Analyse bedürfen.

Die in Kap. 2.4.3 kurz dargestellte Idee von sogenannten «**Ereignisketten**» ist sicherlich ein guter Ausgangspunkt zur systematischen Behandlung von Risikokumulationen. Auch hier wird eine Abkehr von der anwendungsunabhängigen Sichtweise unumgänglich sein.

Aus den bisherigen Feststellungen soll jedoch nicht geschlossen werden, dass eine anwendungsspezifische Sichtweise nicht wünschenswert sei. Im Gegenteil, da nun ein allgemeiner konzeptioneller Ansatz vorliegt, sind die Voraussetzungen geschaffen, bereichs- oder branchenspezifische Hilfestellungen zu entwickeln. Ähnlich wie beim Produkt «RiskPac» könnte eine branchengerechte Spezialisierung der Methode der nächste Schritt sein.

Für einen weiteren Ergänzungspunkt ist ebenfalls der konkrete Anwendungsbezug Bedingung: die Einbindung von **Sensitivitätsanalysen** in die Portfoliotechnik ist nur dort sinnvoll, wo die Abbildung in ein mathematisches Modell möglich ist.

Wünschenswert ist mindestens die **Erweiterung bestehender Methoden aus dem Bereich «Computer Aided Risk Analysis/Management»** um die in dieser Arbeit präsentierte Grundidee der Verwendung von Portfolios im Sicherheitsbereich. Das gilt natürlich besonders für jene Produkte, die ein Kosten-/Nutzenkalkül beinhalten (z.B. LRAM, RiskCalc), aber auch für Produkte, die ausschliesslich wirkungsorientiert sind und ausgehend von einer ermittelten Risikolage dem Benutzer (weitere) Massnahmen vorschlagen (z.B. COSSAC, KEEPER). Weniger geeignet sind jene Ansätze, die nur eine Hilfestellung bei der Betrachtung einzelner Szenarien bieten (z.B. CompuDARE). Besonders gut würde sich der Ansatz in LRAM oder KEEPER einfügen, allerdings wird der Aufwand für Änderungen dieser Art abhängig von den programmtechnischen Voraussetzungen nicht unerheblich sein.

Unabhängig von der Portfoliotechnik wäre die Erhebung und transparente Aufarbeitung von statistischem Zahlenmaterial und der Zugang zu den Resultaten eine wertvolle Hilfestellung bei der Risikoschätzung.

Verständlicherweise scheuen Betriebe eine Offenlegung von Schadensereignissen aus Angst vor Imageverlusten, um keinen Anreiz für eventuelle Sabotageakte zu bieten sowie aus Gründen der Geheimhaltung implementierter Schutzmassnahmen. Aber auch von seiten der Assekuranz besteht nur begrenztes Interesse, Einblick in vertrauliche Schadensmeldungen und damit verbundene Leistungen zu gewähren, aus denen objektive, öffentlich zugängliche Statistiken resultieren sollen.

Der Schaffung öffentlich zugänglicher Wissensbasen muss ein verlässlicher Anonymisierungsprozess vorangehen, der den Geschädigten und den Versicherer vor Nachteilen schützt. Dabei ist zu beachten, dass die mit diesem Anonymisierungsprozess verbundene Administration die Aktualität der Ergebnisse durch verzögerte Bearbeitung nicht wesentlich beeinflussen darf.

7.4.2   Ergänzungen offizieller Produktbewertungen

Bei Bewertungen von Produkten, die im IT-Sicherheitsbereich zur Anwendung gelangen, sollten Aussagen von der Art «Produkt A **ersetzt** B», «C **ergänzt** D» und «E **bedarf** des Produkts F oder eines Äquivalents mit dem Mechanismus M» gemacht werden, die dem Anwender wertvolle Hinweise für ein Portfolio geben können.

Diese Querverbindungen bei der Produktbewertung versetzen den Anwender in die Lage, ein Produkt nutzenoptimal einsetzen zu können, eventuell vorhandene Synergien zu erkennen, und sie verhindern ungewollte Redundanzen bei einer konkreten Anwendung.

Die Forderung nach expliziter Angabe von Synergien und Redundanzen einzelner Produkte, die von öffentlicher Seite nach bereits definierten Kriterienkatalogen bewertet werden, ist wahrscheinlich unrealistisch; einige Hinweise, wenn auch nur allgemein gehalten, könnten dem Anwender jedoch schon eine Hilfestellung sein.

Ergänzend sollte der Benutzer in allen Standards und Kriterienkatalogen explizit auf mögliche Wechselwirkungen bei der Realisierung mehrerer Massnahmen hingewiesen werden.

Anhand einiger Beispiele könnten positive und negative Effekte durch Massnahmenkombinationen verdeutlicht werden. Als Ergänzung der IT-Sicherheitskriterien sollten solche Beispiele im Anhang des «Rahmenkonzepts zur Gewährleistung der Sicherheit bei Anwendung der Informationstechnik (IT)» [RAH89] angeführt werden.

Vor allem aber bei der Schaffung **neuer Kriterienkataloge**, die sich noch in der Phase der Ausarbeitung befinden (z.B. ITSEC), besteht die Chance, diese Querverweise im Bewertungsverfahren zu berücksichtigen und dem Hersteller diesbezügliche Informationen abzuverlangen.

Die Argumentation, erst Erfahrungswerte mit einem Kriterienkatalog zu sammeln und abzuwarten, wie sich die Beurteilungsprozedur in der Praxis tatsächlich gestalten werde, ist nicht stichhaltig. Die leichte Änderbarkeit z.B. des IT-Sicherheitskriterienkataloges bezieht sich nur auf Erweiterungen um zusätzliche Funktionalitäts- oder Qualitätsklassen, nicht jedoch auf Änderungen der Anforderungen an bereits definierte Klassen. Auch von Herstellerseite sollte in den Produktbeschreibungen explizit auf Kosten- und Nutzensynergien eingegangen werden.

Abb. 7-1 nimmt nochmals auf einen Ausschnitt aus Abb. 3-2 Bezug und zeigt im Überblick, welche **weiteren Aktivitäten in Zusammenhang mit der Portfoliotechnik** sinnvoll sind.

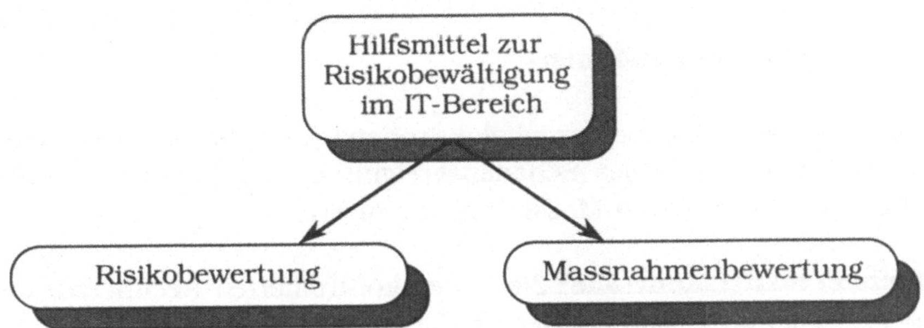

- erweiterte Checklisten

- Schadenskumulierungen

- branchenorientierte Risikoschätzverfahren

- Analyse von Ereignisketten

- Erweiterung bestehender Verfahren

- Berücksichtigung der Portfoliotechnik bei der Schaffung neuer Bewertungskriterien

- Hinweis auf Synergien und Interdependenzen bei Produktbewertungen

- Hinweise in Produktbeschreibungen

Abb. 7-1: Stossrichtungen für weitere Aktivitäten

Eine völlige Automatisierung der Portfoliotechnik ist nicht erstrebenswert, da auf menschliche Intuition und Vorstellungskraft auch bei der Verwendung bester Expertensysteme nicht verzichtet werden kann. Ein interaktiver Ansatz kann den Entscheidungsträger jedoch wesentlich entlasten, ihn gleichzeitig motivieren und die Qualität seiner Entscheidungen verbessern.

Anhang A: Beispiele zu «Preloss»- und «Postloss»-Massnahmen

Im folgenden sollen zu den Massnahmenkategorien «Preloss» und «Postloss» einige Beispiele genannt und diskutiert werden.

A.1 «Preloss»-Massnahmen

«Preloss»-Massnahmen haben prophylaktischen Charakter und vermindern die Wahrscheinlichkeit eines Schadensereignisses. Im folgenden werden einige Beispiele für «Preloss»-Massnahmen erörtert.

- **Rechnerzutrittskontrolle**: Ziel eines kontrollierten Rechnerzugangs ist vor allem die Erhaltung der Verfügbarkeit von Rechnern. Rechnerzugangskontrolle ist **gerätebezogen** und hat den Schutz der Hardware zum Gegenstand. Der Unterschied z.B. zwischen einem Indoor- und Outdoor-Bankomat liegt im Rechnerzutritt. Ein Outdoor-Gerät muss u.a. gegen Vandalismus geschützt werden, während diese Gefährdung für ein Indoor-Gerät weit geringer ist. Kontrollierter Rechnerzutritt senkt die Schadenswahrscheinlichkeit durch Reduktion der potentiellen Angreifer, die physische Schäden verursachen können, und ist daher eine «Preloss»-Massnahme.

- **Rechnerzugangskontrolle**: Beschränkungen beim Rechnerzugang sind **personenbezogen**. Durch biometrische Verfahren, Passwortmechanismen oder Kombination der beiden genannten Verfahren, wie z.B. die Chipkarte, erfolgt eine Benutzerauthentifikation. Durch die Authentifikation soll sichergestellt werden, dass der Benutzer auch tatsächlich derjenige ist, der er vorgibt zu sein. Schon die Vergabe von Benutzeridentifikationen[1] (UserIDs) stellt in gewissem Sinne eine «Preloss»-Massnahme dar. Denn der Rechner überprüft die Benutzerberechtigung erst dann auf ihre Gültigkeit, wenn die Benutzerkennung als solche erkannt wird und die nötigen Daten im Rahmen einer gültigen Prozedur eingegeben werden. Der Kreis der Nutzungsberechtigten wird also auf jene eingeschränkt, deren Benutzeridentifikation dem Rechner vorher bekanntgegeben wurde[2]. Schäden an Dateien oder am System selbst kann nur jemand anrichten, der diese Zugangsbarrieren überwinden konnte.

---

[1] Wenn die Benutzeridentifikation auf einem bestimmten Rechner aus Buchstaben-Zahlenkombinationen bestimmter Länge beruht und eine Benutzeridentifikation anderer Länge versucht wird, kann der Rechner einen Fehler melden, noch bevor eine Vergleichs-

[2] Im Gegensatz dazu braucht sich der Benutzer bei öffentlichen, kostenlosen Abfragesystemen, wie z.B. Kundeninformationen in Bankfilialen, Verkehrsinformationen, Fahrpläne, Demonstrationsrechner u.a.m. nicht zu deklarieren.

- **Zugriffskontrolle**: Die Einengung der Funktionen, die ein Benutzer einer bestimmten Privilegienstufe ausführen kann, und der zusätzliche Schutz bestimmter Dateien durch Schreibschutz stellt eine weitere «Preloss»-Massnahme dar. Auch die Auslagerung von schützenswerten Dateien verringert das Risiko, dass ein Benutzer absichtlich oder unabsichtlich diese Dateien modifiziert. Zugriffsbeschränkungen sind **datenbezogen**.

Abbildung A-1 zeigt den logischen Zusammenhang zwischen den Begriffen Rechnerzutrittskontrolle, Rechnerzugangskontrolle und Zugriffskontrolle.

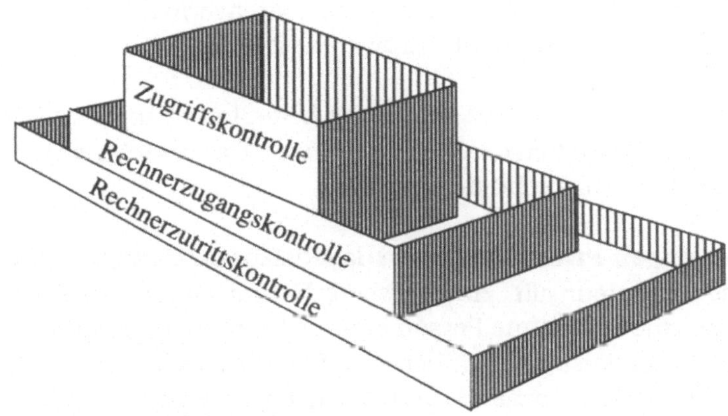

Abb. A-1:   Zutritt - Zugang - Zugriff

- **Umzäunung** als zutrittserschwerende Massnahme vermindert die Wahrscheinlichkeit von Schäden, die durch betriebsfremde Personen verursacht werden können.

- **«Laute» Alarmanlagen** haben abschreckende Wirkung und sind daher auch zu den «Preloss»-Massnahmen zu zählen. Im Falle eines Einbruchs wird der Eindringling bei seinen Aktivitäten gestört, lässt eventuell von seinem Vorhaben ab oder ergreift die Flucht.

- **Rauchverbot** vermindert die Wahrscheinlichkeit einer Brandentstehung.

- **«Closed Shop»-Betrieb** ist eine besondere Form der Rechnerzutrittskolle und vermindert das Risiko des unbefugten Zutritts durch Dritte. Gleichzeitig wird auch das Risiko von Manipulationen durch Betriebsangehörige reduziert, da die Anwesenheitszeiten vermerkt werden, bzw. kein Zutritt ausserhalb der vorgesehenen «Time-slots» gewährt wird.

- **Taschenkontrolle** vermindert das Risiko des Informationsabflusses durch Weitergabe von Datenträgern oder Akten. Die Einführung dieser Sicherheitsmassnahme stösst jedoch in vielen Fällen auf Widerstand des Personals. Von den Organisationsmitgliedern wird Taschenkontrolle als besonderes Misstrauen der Unternehmensleitung und als Einbruch in die persönliche Sphäre empfunden.

- **Papierzerschneidemaschinen** verhindern die unbefugte Auswertung von Informationen durch Verwertung von Papierabfällen und reduziert so die Schadenswahrscheinlichkeit.

- **Installation von Viruswächterprogrammen** vermindert das Risiko einer Programminfektion, die in jedem Fall Ressourcenverbrauch bedeutet, unter Umständen aber auch Datenverlust, Betriebsausfall des Rechners oder eventuell Hardwarebeschädigung.

- **Entkopplung von Rechnernetzen** bedeutet verringerten Benutzerkreis und eine Reduktion der Zugangspunkte. Daraus folgt eine Verringerung möglicher unberechtigter Zugriffe.

- **Vier-Augen-Prinzip** verringert das Risiko von Manipulationen, da es für einen Saboteur gilt, eine grössere Hemmschwelle zu überwinden. Er muss eine bestimmte Person erst als Komplizen gewinnen und zumindest dieser Person gegenüber seine Pläne erläutern. Er läuft Gefahr, dass der andere das Vorhaben verrät und eventuell nur zum Schein auf den Handel eingeht. Eine andere Möglichkeit für einen Saboteur ist das Erringen des Vertrauens der zweiten Person mit dem Ziel, das Vier-Augen-Prinzip zu umgehen. Dieses Vorgehen erfordert jedoch Zeit und die Fähigkeit, den anderen zu täuschen. Drittens kann das Vier-Augen-Prinzip durch Anwendung eines Tricks umgangen werden (z.B. Ablenkung der zweiten Person). Dieses Vorgehen wird jedoch nicht zielführend sein, wenn wiederholte Manipulationen geplant sind.

A.2 «Postloss»-Massnahmen

«Postloss»-Massnahmen sollen das Schadensausmass bei Eintritt eines Schadensereignisses reduzieren.

- **Feuerlöscher und Sprinkleranlagen** verhindern im Brandfall die Ausbreitung des Feuers und limitieren so das Schadensausmass.

- **Brandmelder** können dazu beitragen, dass Feuer in sehr frühem Stadium bemerkt wird und rechtzeitig bekämpft werden kann.

- **Halonanlagen** bieten die Möglichkeit, die Ausbreitung eines Brandes zu bekämpfen ohne die empfindlichen Geräte zu zerstören, wie das bei Verwendung anderer Löschmittel durch anschliessend einsetzende Korrosion der Fall ist.

- **Notausgänge** sind meist baubehördlich vorgeschrieben und sind notwendig um im Katastrophenfall Menschenleben zu schützen.

- **Übungen von Notsituationen** (Feueralarm, Inbetriebnahme von Reserverechnern etc.), sowie Notfallspläne helfen, dass im Ernstfall rasch das Richtige getan wird und verhindern, dass durch panikartiges Verhalten unnötig zusätzliche Schäden in Kauf genommen werden müssen.

- **Redundanzen** von Datenbeständen, Hardware und Produktions–maschinen stellen sicher, dass im Notfall z.B. auf Back-ups zurückgegriffen, in ein Not-Rechenzentrum ausgewichen oder ein Ersatzgerät eingesetzt werden kann.

- **Auslagerung** von Datenbeständen verhindert die Zerstörung von Informationen im Katastrophenfall (Brand, Überflutung etc.).

- **Viruskillerprogramme** beschränken den Schaden im Infektionsfall auf die bis zur Erkennung des Virus verbrauchten Ressourcen (Rechenzeit, Speicherplatz) und «kuriert» befallene Programme, indem der Viruscode gelöscht oder zumindest vom befallenen Programm entkoppelt wird.

- Die **Chiffrierung von Daten** ist ebenfalls eine «Postloss»-Massnahme. Durch Verschlüsselung wird verhindert, dass Informationen unbefugt ausgewertet werden können.

- **Hackerfallen** sind Programme, die einen Hacker, der sich via Telefonleitung unberechtigten Zugriff auf ein System verschafft hat, zum Verbleib im System verleiten, damit eine Rückverfolgung des Eindringlings möglich wird. In weiterer Folge der Hacker zur Schadensersatzleistung herangezogen werden.

«Postloss»-Massnahmen, die auch Mechanismen zur Identifikation eines Eindringlings realisieren und Grundlagen für eine Sanktionierung des Vergehens liefern, wirken gleichzeitig abschreckend auf andere potentielle Täter. Sie sind daher gleichzeitig «Preloss»-orientiert, da sie die Wahrscheinlichkeit einer neuerlichen Sicherheitsverletzung senken.

Anhang B: Listing des GAMS-Modells zur Ermittlung eines Portfolios gegen Hackingversuche

```
$TITLE Risk analysis
$OFFUPPER
* Risk analysis on user and superuser level.
*_______________________________________________________________
* DATA specification.
*_______________________________________________________________
* Active measures.
  SET I measures / 2, 3, 6, 7, 8, 10, 11, 12, 13, 14/;
* Costs of Measures.
  PARAMETERS
    ACQ(I) acquisition costs
    / 2        15000
      3         1000
      6        15000
      7         1600
      8        12000
      10       10000
      11       12000
      12        3000
      13       12000
      14       15000          /
    OPE(I) operating costs
    / 3         3000
      7        15000
      8         8000
      10        6000
      11        2500
      12        7000
      13       21000
      14       15500          /
  TAC(I)   total annual cost;
  TAC(I) = ACQ(I)/3 + OPE(I);
  SET J / 68, 36 /;
  PARAMETER
    CAC(J) common acquisition costs
    / 68        5000
      36        1000  /
  CCAC(J)        checked common aquisition costs;
  CCAC('68')    =    min(ACQ('6'),ACQ('8'),CAC('68'));
  CCAC('36')    =    min(ACQ('3'),ACQ('6'),CAC('36'));
```

```
SCALARS
* Parameters for computing risk on user level.
    ua0    number of user accounts
    /100/
    f0     frequency of successful hacks on user level
    /0.03/
    PhWS0  maximum required personhours to restore a workstation
    /24/
    hw1    hourly wage of a lower qualified person: SFr
    /150/
    fc1    fixed cost per successful hack on a workstation: SFr
    /200/

* Parameters for computing risk on superuser level.
    SUa0   number of superuser accounts
    /3/
    Ff0    frequency of successful hacks on superuser level
    /0.03/
    WS0    number of workstations
    /24/
    PhS    maximum required personhours to restore a server
    /64/
    hw2    hourly wage of a higher qualified person: SFr
    /200/
    Serv   number of servers
    /3/
    fc2    fixed cost per successful hack on a server: SFr
    /400/
* Reduction achieved by measure.
    M2f
    /0.5/
    M3PhWS
    /0.5/
    M6f
    /0.3333/
    M7f
    /0.666666/
    M7Ff
    /0.333333/
    M8WS
    /0.666/
    M10ua
    /0.1/
```

```
          M11SUa
          /0.33333/
          M12PhWS
          /0.75/
          M13f
          /0.9833334/
          M13Ff
          /0.9833334/
          M14f
          /0.98/
          M14Ff
          /0.98/
          Ru            risk on user level
          Rsu           risk on superuser level
          totr          total risk
          ;
          ru      =     ua0*f0*(PhWS0*hw1+fc1);
          Rsu     =     SUa0*Ff0*((PhWS0*hw1*WS0)+(PhS*hw2*Serv)+fc2);
          totr    =     ru+Rsu;

VARIABLES
          ua            number of user accounts
          SUa           number of superuser accounts
          f             frequency of succesful hacks u-level
          Ff            frequency of succesful hacks su-level
          PhWS          max personhours to restore a workstation
          WS            number of workstations
          rru           residual risk on user level
          RRsu          residual risk on superuser level
          totrr         total residual risk
          effect        effectiveness of portfolio
          M(I)          measure
          cost1
          cost2(J)
          Cost          costs of portfolio
          ROI           return on investment
          ;
POSITIVE VARIABLE M;
EQUATIONS fdet,Ffdet,uadet,SUadet,PhWSdet,WSdet,RiskU,RiskSU,RiskT,
     Costs,costs1,costs2,costs3,diskr,eff,ROIeq,force,force2;
          fdet       ..  f        =E=    f0*(1-M2f*M('2'))*(1-M6f*M('6'))*
                                         (1-M7f*M('7'))*(1-M13f*M('13'))*
                                         (1-M14f*M('14'));
```

```
    Ffdet  ..  Ff          =E=   Ff0*(1-M2f*M('2'))*(1-M6f*M('6'))*
                                  (1-M7Ff*M('7'))*(1-M13Ff*M('13'))*
                                  (1-M14Ff*M('14'));
    uadet  ..  ua          =E=   ua0*(1-M10ua*M('10'));
    SUadet..   SUa         =E=   SUa0*(1-M11SUa*M('11'));
    PhWSDet..  PhWS        =E=   PhWS0*(1-M3PhWS*M('3'))*
                                  (1-M12PhWS*M('12'));
    force  ..  1           =G=   M('3')+M('12');
    force2..   1           =G=   M('13')+M('14');
    WSDet  ..  WS          =E=   WS0*(1-M8WS*M('8'));
    RiskU  ..  rru         =E=   ua*f*(PhWS*hw1+fc1);
    RiskSU..   RRsu        =E=   SUa*Ff*((PhWS*hw1*WS)+
                                  (PhS*hw2*Serv)+fc2);
    RiskT  ..  totrr       =E=   rru+RRsu;
    eff    ..  effect      =E=   totr-totrr;
    diskr  ..  1           =L=   SUM(I,M(I));
    costs1..   cost1       =E=   SUM(I,M(I)*TAC(I));
    costs2..   cost2('68') =E=   CCAC('68')/3*M('6')*M('8');
    costs3..   cost2('36') =E=   CCAC('36')/3*M('3')*M('6');
    Costs  ..  Cost        =E=   Cost1-cost2('68')-cost2('36');
    ROIeq  ..  effect      =E=   ROI*Cost;


MODEL RISK /ALL/ ;
*_________________________

totrr.UP  =     5000;
*Cost.UP  =    25000;
ROI.LO    =       1.8;
M.L(I)    =         1;
*_________________________

M.UP(I)   =         1;


SOLVE RISK using NLP minimizing cost;


DISPLAY „Results computed by nonlinear programming:";
DISPLAY M.L;
DISPLAY ru,Rsu,totr,rru.L,RRsu.L,totrr.L,Cost.L,effect.L,ROI.L;


M.L(I) = ROUND(M.L(I));
SCALARS
    Iua       number of user accounts
    ISUa      number of superuser accounts
    If        frequency of succesful hacks u-level
    IFf       frequency of succesful hacks su-level
```

```
        IPhWS        max personhours
        IWS          number of workstations
        Irru         residual risk on user level
        IRRsu        residual risk on superuser level
        Itotrr       total residual risk
        Ieffect      effectiveness of portfolio
        IROI         return on investment
        Icost1
        Icost3
        ICost        costs of portfolio
        ;
PARAMETER Icost2(J);
        If           =    f0*(1-M2f*M.L('2'))*(1-M6f*M.L('6'))*
                          (1-M7f*M.L('7'))*(1-M13f*M.L('13'))*
                          (1-M14f*M.L('14'));
        IFf          =    Ff0*(1-M2f*M.L('2'))*(1-M6f*M.L('6'))*
                          (1-M7Ff*M.L('7'))*(1-M13Ff*M.L('13'))*
                          (1-M14Ff*M.L('14'));
     Iua             =    ua0*(1-M10ua*M.L('10'));
     ISUa            =    SUa0*(1-M11SUa*M.L('11'));
     IPhWS           =    PhWS0*(1-M3PhWS*M.L('3'))*(1-M12PhWS*M.L('12'));
     IWS             =    WS0*(1-M8WS*M.L('8'));
     Irru            =    Iua*If*(IPhWS*hw1+fc1);
     IRRsu           =    ISUa*IFf*((IPhWS*hw1*IWS)+(PhS*hw2*Serv)+fc2);
     Itotrr          =    Irru+IRRsu;
     Ieffect         =    totr-Itotrr;
     Icost1          =    SUM(I,M.L(I)*TAC(I));
     Icost2('68')    =    CCAC('68')/3*M.L('6')*M.L('8');
     Icost2('36')    =    CCAC('36')/3*M.L('3')*M.L('6');
     Icost           =    Icost1-Icost2('68')-Icost2('36');
     IROI            =    Ieffect/ICost;


DISPLAY „Results computed with rounded values of M:";
DISPLAY M.L;
DISPLAY ru,Rsu,totr,Irru,IRRsu,Itotrr,ICost,Ieffect,IROI;
DISPLAY CAC, CCAC;
```

Anhang C: Computeranomalien und -viren

Virusprogramme sind eine bestimmte Art von Programmanomalien. Häufig werden in Berichten andere Anomalien fälschlicherweise als «Virusprogramme» bezeichnet. Zu den Anomalien zählen unter anderem «Trojanische Pferde», bei denen sich deren Programmcode ebenso wie bei den Viren in einem anderen Programm verbirgt und eine Funktionserweiterung des Trägerprogramms stattfindet, ohne vom Benutzer bemerkt zu werden. Der Unterschied zwischen diesen beiden Anomalien liegt in der Steuerungsfähigkeit. Ein Saboteur kann mit Hilfe eines Trojanischen Pferdes Vorteile erzielen (z.B. liefert ein Trojanisches Pferd in einer LOGON-Prozedur dem Saboteur die Benutzerkennungen mit den dazugehörigen Passwörtern), während ein Virusprogramm dem Einfluss seines Autors oder desjenigen, der das Virus in eine Organisation einbringt, weitgehend entzogen ist.

Eine andere Form der Anomalie sind Wurmprogramme. Dabei handelt es sich um eigenständige, permanent ablaufende Programme. Sie haben einen eigenen Namen und brauchen daher kein Trägerprogramm. Bei ihrer Vermehrung erzeugen sie eine Kopie ihrer selbst und starten diesen Prozess. Es entsteht wieder ein eigenständiges Programm. Wurmprogramme sind auf Ressourcenverbrauch ausgerichtet. Der Clausthaler Weihnachtsbaum, der das EARN-Netz im Dezember 1987 lahmlegte, war ein Wurmprogramm. Auch bei dem Programm, das im November 1988 etliche Rechner im Internet befiel, handelte es sich um ein Wurmprogramm [vgl. SPA88].

Im Zusammenhang mit Computeranomalien sind ferner sogenannte «Logische Bomben» zu nennen, die meist bei Erfüllung einer im Programm festgelegten Bedingung aktiviert werden[1]. Logische Bomben können eigenständige Programme sein, die dann entweder einen sehr attraktiven Namen haben um den Benutzer zum Programmaufruf zu motivieren, oder aber auch ein «harmlose» Bezeichnung tragen um den Benutzer glauben zu machen ein vertrautes Applikationsprogramm zu starten.

C.1   Logischer Aufbau eines Virusprogramms

Ein Virusprogramm besteht aus mindestens einem Programmteil, in wechem die Reproduktion des Virusprogramms und die Einbettung dieser Kopien in Wirtsprogramme gesteuert wird [HAC89, HAC90]. Das geschieht durch Festlegung der Kriterien, anhand derer Wirtsprogramme ausgesucht werden, sowie durch Placierung der generierten Viruskopie im logischen Programm-

---

[1]   Diese Bedingung kann durch Erreichung eines bestimmten Datums, eines Zählerstandes, der Eingabe einer bestimmten Buchstaben- oder Zahlensequenz erfüllt werden.

ablauf des Wirtsprogramms. In den meisten Fällen verfügt ein Virusprogramm aber auch über einen Funktionsteil, in dem festgelegt wird, welche Schadensfunktion unter welcher Bedingung zur Ausführung gelangen soll (Abb. C-1).

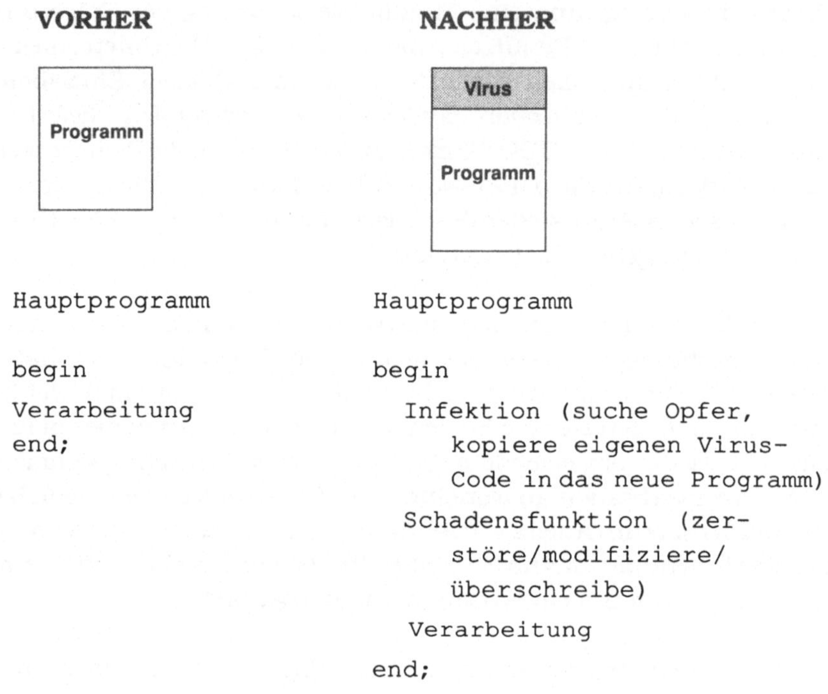


```
Hauptprogramm              Hauptprogramm

begin                      begin
Verarbeitung                   Infektion (suche Opfer,
end;                               kopiere eigenen Virus-
                                   Code in das neue Programm)
                               Schadensfunktion (zer-
                                   störe/modifiziere/
                                   überschreibe)
                               Verarbeitung
                           end;
```

Abb.C-1:   Veränderung eines Programms durch ein Computervirus

C.2   Der Infektionsvorgang

Die Übertragung von Virusprogrammen kann überall dort stattfinden, wo ein infiziertes Programm ausgeführt wird und ein entsprechendes potentielles Wirtsprogramm auf einem beschreibbaren Medium zur Verfügung steht. Bei Ausführung eines infizierten Programms können all jene Programme infiziert werden, auf die

a)   der infizierte Prozess Schreibzugriff hat, also all jene Programme, die nicht physisch (sondern unter Umständen nur logisch) schreibgeschützt sind und

b)   die der Autor des Virusprogramms durch Anweisungen im Infektionsteil des Virusprogramms als geeignete Wirtsprogramme festgelegt hat.

Ein Virusprogramm setzt seine Kopie oft an den logischen Anfang des Wirtsprogramms, wo die Wahrscheinlichkeit einer Durchführung am grössten ist. Ein sorgfältig geplantes Virus wird die Funktionalität des Wirtsprogramms erhalten, um sich möglichst lange und unbemerkt vermehren zu können.

Die Infektion eines Systems muss nicht wissentlich erfolgen. In den meisten Fällen ist den Benutzern die Gefahr nicht bewusst und sie handeln dementsprechend sorglos. Zur Illustration der Konsequenzen werden an dieser Stelle beispielhaft einige Szenarien beschrieben, wie Computerviren in den Programmbestand eines Benutzers gelangen können:

a)   Benutzer A gibt an Benutzer B (infizierte) Programme auf einer Diskette weiter, Benutzer B startet (unwissentlich) ein infiziertes Programm.

b)   Ein Benutzer startet unwissentlich ein (infiziertes) Programm von einem Server.

c)   Ein Benutzer lässt eines seiner Programme ohne physischen Schreibschutz auf einem fremden Rechner (dessen Betriebssystem infiziert ist) laufen.

d)   Ein Benutzer startet ein (infiziertes) Programm, das er mit elektronischer Post erhalten hat.

Damit ein bestimmtes Virus in die Programmbestände eines dezidierten Benutzers gelangen kann, müssen folgende Voraussetzungen erfüllt sein:

Das lauffähige Virusprogramm muss

1.   verfasst werden

2.   gestartet werden*

3.   Schreibzugriff auf ein potentielles Wirtsprogramm haben*
     *Die Schritte 2 und 3 können beliebig oft wiederholt werden

4.   auf ein Programm des Benutzers, das die Bedingungen eines potentiellen Wirtsprogramms erfüllt, Schreibzugriff haben

C.3   Die Schadensfunktion

Die Schadensfunktion eines Virusprogramms kann sehr vielfältig sein: Generierung von Nachrichten auf dem Bildschirm, Generierung von Betriebssystem-Meldungen, Änderung der Laufwerksbezeichnungen,

Datenänderungen, Löschen von Daten- und Programmbeständen, Manipulationen im Bereich der Speicheradressierung, Änderungen im Harddisk-Controller, Umpositionierung des Schreib-/Lesekopfes von Diskettenlaufwerken etc. Prinzipiell kann jede Manipulation, die ein einziges Mal ausgeführt werden kann, im Rahmen eines Virusprogramms «automatisiert» werden.

Während die Infektion nur auf ausführbare Programme abzielt, sind durch bestimmte Schadensfunktionen auch Datenbestände gefährdet.

C.4   Besondere Probleme bei der Virenprophylaxe

Das Bedürfnis der Anwender nach Kommunikation, Device- und Programsharing einerseits und Datensicherheit andererseits stehen in krassem Widerspruch.

Völliger Schutz vor Viren ist nur bei gänzlicher Isolation des Systems gewährleistet. Völlige Isolation bedeutet unter anderem, dass sämtliche Software selbst verfasst und auf selbst verfassten Compilern übersetzt werden muss. Hundertprozentiger Schutz vor Computerviren kann daher unter betriebsüblichen Bedingungen nicht gewährleistet werden. Wie auch in vielen anderen Bereichen, in denen unter Risiko agiert wird, kann auch hier ein Grossteil der Gefahren mit relativ geringem Aufwand erkannt und wirkungsvoll bekämpft werden. Über das Restrisiko wird man von Fall zu Fall unter Berücksichtigung des Datenwertes entscheiden müssen [vgl. BAS89, STR88, STR89a, STR89b, STR90].

Bei der Verhinderung der Einschleppung von Computerviren ergibt sich eine charakteristische Problemstellung:

1.   Virusprogramme liegen bei den «Opfern» zumeist nur in Object-Code vor und sind nicht ohne weiteres als solche zu erkennen. In der für den Menschen nur schwer interpretierbaren, maschinennahen Form ist das Erkennen eines vergleichsweise winzigen Virusprogrammstückchens im umfangreichen Binärcode z.B. eines Textverarbeitungsprogramms nur in mühevollster Kleinarbeit möglich, da das gesamte Programm disassembliert und die Semantik rekonstruiert werden muss. Ein funktionstüchtiges Virusprogramm mit einer Länge von nur 500 Byte kann bereits erhebliche Schäden anrichten und ist im Code einer Textverarbeitung von mehreren hundert KByte Länge nur schwer auszumachen.

2.   Die Art der Einschleusung in ein System ist nicht immer rekonstruierbar, der Autor bzw. «Täter» nicht feststellbar.

3.   Eine Infektion kann schon lange Zeit vor Ausbruch der ersten Schäden stattgefunden haben, und das Virus kann wochen- und monatelang unbemerkt im System (und somit auch auf allen Back-ups) vorhanden sein und sich vermehren.

C.5   Motivation der Autoren von Virusprogrammen

Das Verfassen von Virusprogrammen oder deren wissentliche Weitergabe ist zu verurteilen und stellt abhängig von der implementierten Schadensfunktion eine ernste Bedrohung der Sicherheit von Rechnersystemen dar. Der Virusautor kann sich durch das blosse Verfassen eines Computervirus keinen Vorteil verschaffen, das Virusprogramm kann jedoch als Mittel bei einer kriminellen Handlung (Erpressung) dienen.

Virusautoren haben Interesse, dass die Einbringung des «Urvirus» in das System und seine Vervielfältigung möglichst lange unbemerkt bleibt und die Schadensaktion auf breiter Basis überraschend geschieht. Dazu muss das Virusprogramm

1.   sich unbemerkt im System etablieren,

2.   lebensfähig bleiben,

3.   sich möglichst oft fortpflanzen.

Es gibt keine «harmlosen» oder «gutartigen» Computerviren. Auch Bildschirmnachrichten, die nach einigen Sekunden wieder verschwinden, sind Terror, da sie den Arbeitsfluss unterbrechen; auch Viren ohne Schadensfunktion verbrauchen Speicherplatz und Rechnerzeit. Die Kosten dafür gehen letztlich zu Lasten des Anwenders.

C.6   Virusgefahr durch Gruppenbildungen

In den meisten Mehrplatz-Systemen finden sich Mechanismen, die Gruppenarbeit unterstützen. Gerade diese Systemeigenschaft birgt zusätzliche Gefährdungen bezüglich Computervieren [vgl. STR90]. Mitglieder einer Gruppe haben üblicherweise gegenseitig Schreib- und Lesezugriff auf bestimmte Programmbestände.

Die Benutzer eines Mehrplatz-Systems sind mit verschiedenen Rechten oder Privilegien ausgestattet (Abb. C-2). Im folgenden werden stellvertretend für eine Vielzahl unterschiedlicher Kombinationen von vergebenen Privilegien wie sie in der Praxis vorkommen, nur drei Privilegienstufen in einem System angenommen:

* **Benutzer** mit minimalen Privilegien dürfen nur auf ihre eigenen Programme lesend und schreibend zugreifen, auf Programme der Server haben sie nur Leserechte.

* **Libraryverwalter** sind für die Softwarepflege auf den Servern bzw. in der Programmbibliothek verantwortlich und haben Lese- und Schreibrechte auf Programme der Server bzw. Programme der Library.

* **Systemadministratoren** haben höchste Privilegienstufe und haben Schreibzugriffe auf das Betriebssystem.

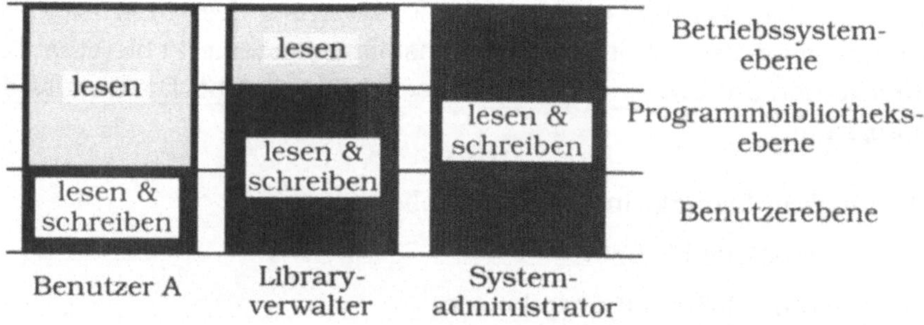

Abb. C-2:   Privilegienvergabe in Mehrplatz-Systemen

Virusinfektionen können auf jeder Ebene der Benutzerhierarchie auftreten. Das Schadensausmass wächst mit den zunehmenden Privilegien des Benutzers, der ein infiziertes Programm aktiviert.

Aufgrund der bisherigen Ausführungen könnte man annehmen, dass ein Benutzer der niedrigsten Privilegienstufe nur seine eigenen Dateien gefährde. Wenn man aber bedenkt, dass Gruppenbildungen möglich sind, wobei die Gruppenmitglieder untereinander auf ihre jeweiligen Programme Zugriff haben, erkennt man, dass die Programmbestände der ganzen Gruppe gefährdet sind. Noch grösser wird die Gefährdung, wenn mehrfache Gruppenzugehörigkeit möglich ist, wie das folgende Beispiel zeigt (Abb. C-3): User A gefährdet mit einem Virus Gruppe 1, der auch User C angehört. User C ist aber gleichzeitig auch Mitglied der Gruppe 2. Ein Virus könnte also von User A eingebracht werden, über User C die Gruppe 2 infizieren und über User E und F bis zur Gruppe 3 vordringen.

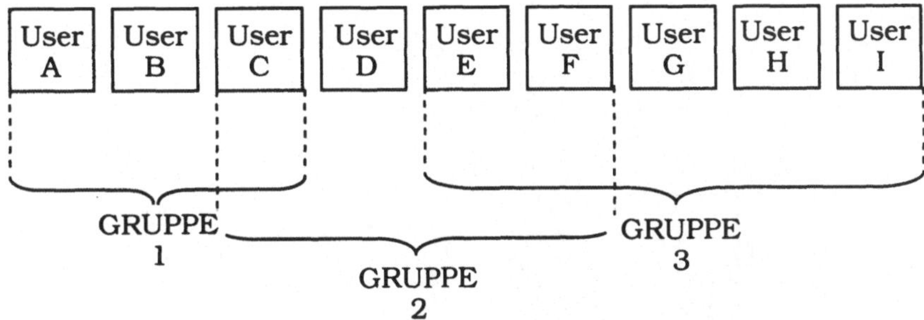

Abb. C-3:   Gefährdung durch mehrfache Gruppenzugehörigkeit in Mehrplatz-Systemen

Ebenfalls problematisch sind Gruppenbildungen, die innerhalb einer Gruppe
Benutzer mit verschiedenen Privilegien zulassen. In einem Mainframe wirken
sich Virusprogramme, die über Systemadministratoren in das System eingebracht werden, am gefährlichsten aus. Systemverantwortliche haben Zugriff
auf das Betriebsystem und die Programmbibliothek und von ihnen einge-
brachte Viren können das gesamte System infizieren. Bei heterogenen
Gruppen bedeutet das, dass ein Benutzer, der sehr wenige Privilegien hat,
über einen anderen Benutzer derselben Gruppe, der jedoch wesentlich
höhere Rechte hat, das System weit über seinen eigenen Privilegienlevel
hinaus korrumpieren kann.

Ein Virus, das es geschafft hat, sich in einem Mainframe auf Systemebene zu
etablieren, kann das Gesamtsystem und alle Programme, die auf diesem
Rechner laufen, in hohem Masse gefährden. Der Weg an die Spitze der
Privilegienhierarchie führt über einen Systemadministrator; wenn sich dieser
Administrator mit anderen Benutzern in einer Gruppe befindet, dann bieten
sich für das Virus statt nur einem Weg mehrere Wege um über diesen
Administrator das System zu infizieren.

Abb. C-4 zeigt, dass in der Gruppe 1, ein Libraryverwalter mit zwei Benutzern
unterster Privilegienstufe in einer Gruppe zusammengefasst ist. Ein Virus
hat daher nicht nur **eine** Möglichkeit, die Programmbibliothek zu infizieren,
sondern insgesamt **drei** - nämlich indirekt auch über Benutzer A und B. In
der Gruppe 2 ist ein Systemadministrator mit drei Benutzern der untersten
Privilegienstufe in einer Gruppe zusammengefasst. Ein Virus kann über
Benutzer C, D oder E in die Gruppe gebracht werden, infiziert die Programme
der Gruppe und in weiterer Folge das System.

Man kann sich leicht vorstellen, dass das Risiko bei Kombination der
«mehrfachen Gruppenzugehörigkeit» und der «heterogene Gruppen» steigt.

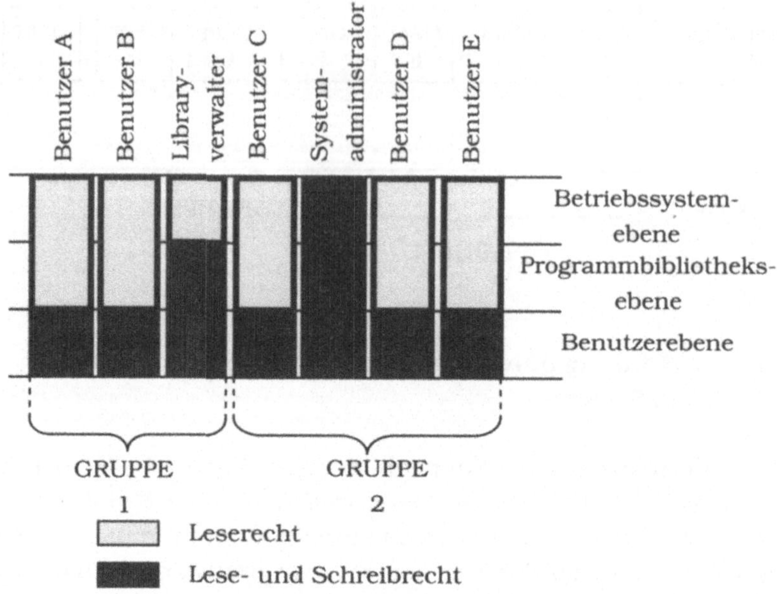

Abb. C-4:   Gefährdung in Mehrplatz-Systemen durch heterogene Gruppen

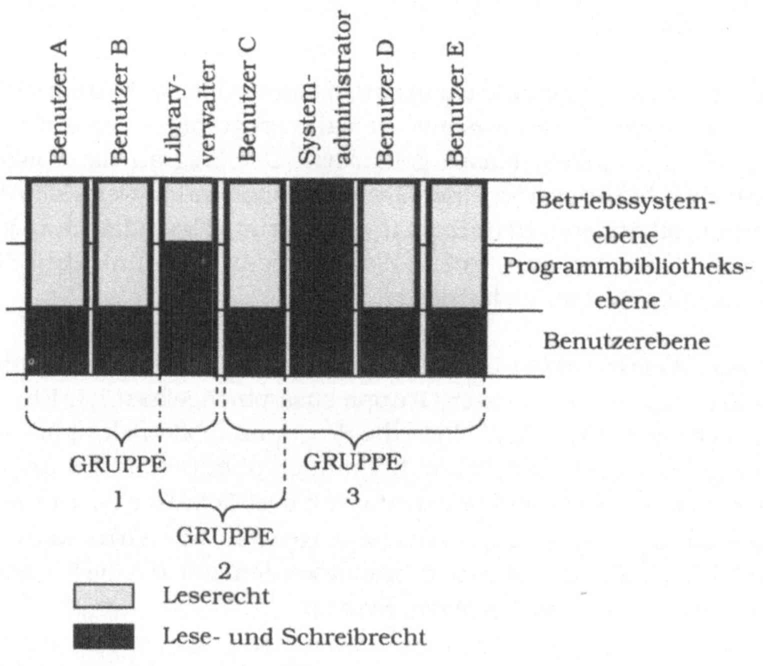

Abb. C-5:   Horizontale und vertikale Gefährdung

In Abb. C-5 erkennt man, dass ein Virus, das z.B. von Benutzer A in das System eingebracht wird nun nicht mehr nur den Weg über die Benutzer mit mehrfacher Gruppenzugehörigkeiten (Libraryverwalter und Benutzer C) sondern gleichzeitig über Infektion der Library durch den Libraryverwalter den Systemadministrator und dadurch das gesamte System gefährdet.

Literatur

[ABE89]   ABEL H.: „Sicherheitsanalyse Rechenzentrum und Rechenzentrumsbetrieb",
           Datenschutz und Datensicherung 4/89, pp. 196

[BAEo.J.] BAER R.: „Sicherheit in der EDV", Publikation der BSG Unternehmensberatung,
           St. Gallen Band 6/Teil 1

[BAI87]   BAIRD B. J., BAIRD L. L. jun.: „The Moral Cracker?", Computers & Security 6
           (1987), p. 471-478

[BAS89]   BAUKNECHT K., STRAUSS C.: „Virenprophylaxe im Hochschulbereich", in:
           Informatik-Fachberichte 222, M. Paul (Hrsg.), GI-19. Jahrestagung I,
           „Computergestützter Arbeitsplatz", München, 18. - 20. Oktober 1989, Springer
           Verlag, Berlin, Heidelberg, 1989

[BAS90]   BAUKNECHT K., STRAUSS C.: „Portfolio techniques to support risk management
           and security", Proceedings IFIP TC-11, Sixth International Conference and
           Exhibition on Information Security, Espoo, Finland May 23 - 25, 1990,

[BAU90]   BAUKNECHT K.: „Der Computer als offenes System: Grenzen der Computer-
           sicherheit", in: „Beiträge zur Sicherheitsproblematik bei Informatiksystemen",
           Institut für Informatik der Universität Zürich, Nr. 90.04, April 90

[BAZ89]   BAUKNECHT K., ZEHNDER C.A.: „Grundzüge der Datenverarbeitung", Teubner
           Verlag, Stuttgart, 1989

[BEE89]   BEER D., HOHL P., RIEGLER H. (Hrsg): „Sicherheitsjahrbuch 89/90", Protector
           Verlag, Zürich-Ingelheim, 1989

[BEI90]   BEIKLER C. N.: „Hacking - strafrechtliche und ethische Aspekte", in: Bauknecht
           K., Hanker J., Strauss C. (Hrsg.): „Informatik in der Verantwortung der Un-
           ternehmensführung - Beiträge zu Management- und Sicherheitsaspekten", p.
           263 - 280, Institut für Informatik der Universität Zürich, Nr. 90.02, März 1990

[BER82]   BERSCHIN H.H.; „Wie entwickle ich eine Unternehmensstrategie? - Portfolio-
           Analyse und Portfolio-Planning", Gabler Verlag, Wiesbaden, 1982

[BFH90]   BRUNNSTEIN K., FISCHER-HÜBNER S.: „Risk Analysis of 'Trusted Computer
           Systems'", Proceedings IFIP TC-11, Sixth International Conference and Exhibition
           on Information Security, Espoo, Finland May 23 - 25, 1990,

[BOL72]   BOLTEN S.E.: „Security Analysis and Portfolio Management", New York, 1972

[BON86]   BONYUN D.A.: „Threat Analysis Text", TE-86-4117-02C, I.P.Sharp Associates
           Limited, 600-265 Carling Avenue, Ottawa, Ontario K1S 2E1, Juli 1986

[BON88]   BONYUN D.A.: „Handling Objects in MAPLESS", AIT Advanced Information
           Technologies Corporation, 9 Auriga Drive, Nepean, Ontario K2E 7T9, November
           1988

[BON89a]   BONYUN D.A., JONES G.: „An Expert Systems Approach to the Modelling of
           Risks", The First Annual Canadian Computer Security Conference, Ottawa, 1989

[BON89b]   BONYUN D.A., JONES G.: „A Knowledge Based Method of Managing Risks in
           Dynamic Environments", AIT Corporation, 9 Auriga Drive, Nepean, Ontario K2E
           7T9, May 1989

[BRE89]   BREUER R.: „Das Computer-Versicherungs-Konzept - Risikoanalyse -
           Deckungsmöglichkeiten - Auswahlkriterien", Verlag Wirtschaft, Recht und
           Steuern, Planegg/München, 1988

[BRO88]   BROOKE A., KENDRICK D., MEERAUS A.: „GAMS. A User's Guide", The
           Scientific Press, Redwood City, CA, 1988

[BRO90]   BROPHY C.: „Information Risk Management", in: Proceedings 1990 Second

Annual Candian Computer Security Conference, 27 - 29 March 1990, Ottawa, Canada, Communications Security Establishment, 1990

[BÜT85]   BÜTZER P.: „Sind Risiken quantitativ erfassbar? - Die Bewertung von che-mischen Risiken", in: Yadigaroglu G., Chakraborty S.: „Risikountersuchungen als Entscheidungsinstrument", Verlag TÜV Rheinland, Köln,1985

[CAF87]   CAFLISCH M., RUEPPEL R.A.: „Datensicherheit - ist Kryptologie genug?", in: Elektrotechnik und Maschinenbau (E und M), 12/87, pp. 529

[CAS88]   CASH J.I., McFARLAN F.W., McKENNEY J.L.: „Corporate Information Systems Management - The Issues Facing Senior Executives", Richard D. Irwin, Inc., Second Edition, 1988

[CCC88]   Chaos Computer Club/Wiekmann J. (Hrsg.): „Das Chaos Computer Buch", 1. Auflage, Rowohlt Verlag, Reinbeck bei Hamburg, 1988

[COH87]   COHEN F.: „Computer Viruses - Theory and Experiments", Computers & Security 6 (1987), p. 22-35,

[COO89]   COOPER J.A.:"Computer & Communications Security", McGraw-Hill, New York, 1989

[CSC85]   Department of Defense Computer Security Center: „Computer Security Requirements - Guidance for Applying the Department of Defense Trusted Computer System Evaluation Criteria in Specific Environments", CSC-STD-003.85, Library No. S-226,727, 1985

[CUR90]   CURRY D.A.: „Improving the Security of your Unix System", ITSTD-721-FR-90-21, SRI International, Menlo Park, 1990

[DEN82]   DENNING D. E.: „Cryptography and Data Security", Addison-Wesley Publishing Comp., 1982

[DES77]   „The Data Encryption Standard (DES)", Federal Information Processing Stan dards Publication (FIPS PUB) 46, January 15, 1977

[DIE69]   DIEDERICH H.: „Allgemeine Betriebswirtschaftslehre I", Kohlhammer GmbH, Stuttgart, 1969

[DOD85]   Department of Defense: „Department of Defense Trusted Computer System Evaluation Criteria", DOD 5200.28-STD, Library No. S225,711, December 1985

[DTI89a]   DTI Commercial Computer Security Centre: „Security Functionality Manual", V21 - Version 3.0 (Draft), 10/2/89

[DTI89b]   DTI Commercial Computer Security Centre: „Evaluation Levels Manual", V22 - Version 3.0 (Draft), 21/2/89

[DUN83]   DUNST K.H.: „Portfolio-Management: Konzeption für die strategische Unter-nehmensplanung", de Gruyter, Berlin, 1983

[FAR79]   FARNY D.: „Grundfragen des Risk Management", in: Risk Management - Strategien zur Risikobeherrschung, Band 5, Gebera-Schriften, Köln,1979

[FAR89]   FARHOOMAND A.F., MURPHY M.: „Managing Computer Security", Datamation, January 1, 1989, pp. 67

[FGK87]   FOURER R., GAY D.M., KERNIGHAN B.W.: „AMPL: A mathematical programming language", Technical Report 87-03, Northwestern University, Evanston, III, 1987

[FRI86]   FRITSCHE A.F.: „Wie sicher leben wir? - Risikobeurteilung und -bewältigung in unserer Gesellschaft", Verlag TÜV Rheinland, Köln, 1986

[GAR89]   GARDNER P. E.: „Evaluation of Five Risk Assessment Programs", Computers & Security, Vol. 8, 1989, pp. 479

[GAS88]   GASSER M.: „Building a Secure Computer System", Van Nostrand Reinhold, New York, 1988

[GLI90]   GLISS H.: „Erpressersoftware aus England", in: Protector, Zürich, März 90

[GLU86]   GLUCK F.W.: „Strategic Management: An Overview", in: Gardner J.R., Rachlin R., Sweeny H.W.A. (Hrsg): „Handbook of strategic planning", John Wiley & Sons, New York, 1986

[GÖR85]   GÖRGEN K., KOCH H., et al.: „Grundlagen der Kommunikationstechnologie", Springer Verlag, Berlin, 1985

[GRI90]   GRISSONNANCHE A.: „MARION - A Comprehensive Approach for Computer Risks Management", IFIP TC-11, Sixth International Conference and Exhibition on Information Security, Espoo, Finland, May 23 - 25, 1990,

[GUA87]   GUARRO S.B.: „Principles and Procedures of the LRAM Approach to Information Systems Risk Analysis and Management", Computers & Security, Vol. 6, 1987, pp. 493

[HAC89]   HACKENBERG G.: „Programmschädlinge - eine Virologie", Datenschutz und Datensicherung, 8/89, pp. 392

[HAC90]   HACKENBERG G.: „Computerviren, Vorbeugung und Bekämpfung", Informationstechnik it 32 (1990), R. Oldenburg Verlag, pp. 58

[HAL75]   HALLER M.: „Sicherheit durch Versicherung?", Bern und Frankfurt, 1975

[HAL86]   HALLER M.: „Risiko-Management - Eckpunkte eines integrierten Konzepts", in: „Schriften zur Unternehmungsführung", Band 33, Gabler Verlag, 1986

[HAN90]   HANKER J.: „Die strategische Bedeutung der Informatik für Organisationen - Industrieökonomische Grundlagen des strategischen Informatikmanagements", Teubner Verlag, Stuttgart, 1990

[HAX85]   HAX H.: „Informations- und Entscheidungstheorie", Vorlesung, Universität Wien, WS 1985/86

[HER84]   HERTZ D.B., THOMAS H.: „Risk Analysis and its Applications", John Wiley & Sons, 1983, Reprinted May 1984

[HIN83]   HINTERHUBER H. H.: „Strategische Unternehmungsführung", de Gruyter, 3. Auflage, Berlin, 1984

[HIT86]   HITZ M., KAPPEL G., MÜCK T., SCHIKUTA: Forschungsbericht „EDV-Funktionsfähigkeit im Krisenfall - Analyse bestehender Organisationen (Vorstudie Bankenbereich)", Studie im Auftrag des Bundesministeriums für Handel, Gewerbe und Industrie und der Bunderkammer der gewerblichen Wirtschaft, Wien, August 1986

[HOF85]   HOFFMANN K.: „Risk Management - Neue Wege der betrieblichen Risikopolitik", Verlag Versicherungswirtschaft e.V., Karlsruhe 1985

[HOF87]   HOFFMEISTER F.: „SicherheitsRisiken durch ComputerViren - erste Lösungs-Ansätze", Abteilung Informatik der Universität DortmundForschungsbericht Nr. 232, 1987,

[HOF88]   HOFFMAN L.J. „A Prototype Implementation of a General Risk Model", Proceedings of Computer Security Risk Management Model Builders Workshop, Denver, Colorado, 1988

[HOF89]   HOFFMANN G.: „'Wurm' im INTERNET", Datenschutz und Datensicherung 2/ 89, pp. 63

[HOR87]   HORAK O.: „Kryptologie und Datensicherheit", in: Elektrotechnik und Maschinenbau, 12/87

[HWO80]   GROCHLA E. (Hrsg): „Handwörterbuch der Organisation", 2. Auflage, Poeschl Verlag, Stuttgart, 1980

[HÜK88]   HÜRLIMANN T., KOHLAS J.: „LPL: A structured language for linear programming modeling", OR-Spektrum 10 (1988), p. 55 - 63

[IMB83]   IMBODEN C.: „Ein entscheidbezogenes Risikohandhabungsverfahren", Verlag Paul Haupt, Bern, 1983

[ITS90]   „Information Technology Security Evaluation Criteria (ITSEC), Critères d'évaluation de le sécurité des systèmes informatiques, Kriterien für die Bewertung der Sicherheit von Systemen der Informationstechnik, Criteria voor de Evaluatie van Informatie Beveiligingstechnologie", Harmonised Criteria of France, Germany, the Netherlands, the United Kingdom"; Draft, Version 1, 02 May 1990

[JAB88]   JABUREK W.J.: „Risikobewertung elektronischer Textkommunikation über Message Handling Systeme", Dissertation, Technische Universität Graz, 1988

[JAC86]   JACKSON I.F.: „Corporate Information Management", Prentice-Hall, London, 1986

[JON87a]   JONES G.: „The Application of Threat Analysis to Dynamic Environments", TR-87-5418-02, I.P.Sharp Associates Limited, 600-265 Carling Avenue, Ottawa, Ontario K1S 2E1, Juli 1987

[JON87b]   JONES G., BONYUN D.: „Taxonomies of Threats and Vulnerabilities", TR-87-5418-04, I.P.Sharp Associates Limited, 600-265 Carling Avenue, Ottawa, Ontario K1S 2E1, November 1987

[KAR72]   KARTEN W.: „Die Unsicherheit des Risikobegriffes - Zur Terminologie der Versicherungsbetriebslehre", in: Praxis und Theorie des Versicherungsbetriebslehre, Braess P., Farny D., Schmidt R. (Hrsg.), Verlag Versicherungswirtschaft E.V., Karlsruhe, 1972

[KEN77]   KENNISTON W.L., jr.: „The Data Center Disaster Consultant", QED Information Sciences, 1977

[KES88]   „So beschreiben DV-Anwender ihre Sicherheit", Zeitschrift für Kommunikations- und EDV-Sicherheit, 88/3

[KLM90]   KANDL P., LOCHER B., MAYER J.: „GAMS - Ein Benutzerhandbuch", Institut für Operations Research der Universität Zürich, 1990

[KNI57]   KNIGHT F.H.: „Risk, Uncertainty and Profit", 8. Auflage, Boston - New York, 1957

[KOP76]   KOPETZ H.: „Softwarezuverlässigkeit", Carl Hanser Verlag München Wien, 1976

[KRA77]   KRAUS W., NAGEL K.: „Die EDV Checklistensammlung", Stuttgart, 1977

[KRA89]   KRALLMANN H.: „EDV-Sicherheitsmanagement - Integrierte Sicherheitskonzepte für betriebliche Informations- und Kommunikationssysteme", Erich Schmidt Verlag GmbH & Co., Berlin, 1989

[LAM85]   LAMÈRE, Jean-Marc: „La sécurité informatique - approche méthodologique" Dunod, Paris, 1985

[LAN85]   LANDRETH B.: „Out of the inner circle: a hackers guide to computer security", Microsoft Press, Bellvue, 1985

[LAU82]   LAUX H.: „Entscheidungstheorie - Grundlagen", Springer Verlag, Berlin, 1988

[LAU88]   LAUX H.: „Entscheidungstheorie II - Erweiterung und Vertiefung", Springer Verlag, Berlin, 1988

[LEE89]   LEE S.: „Trustworthy Computer Systems", Vorlesung WS 89/90, Universität Zürich, 1989

[LIN65]   LINTNER J.: „The valuation of risk assets and the selection of risky investments in stock portfolios and capital budgets", Review of Economics and Statistics, Vol. 47, 1965, p. 13 - 37

[LIP89]   LIPPOLD H.: „Bürosysteme und Informationssicherheit", Datenschutz und Datensicherung, 3/89, pp. 119

[MAR52]   MARKOWITZ H. M.: „Portfolio selection", Journal of Finance, Vol. 7, 1952, pp. 77

[MAR59]   MARKOWITZ H. M.: „Portfolio selection: Efficient Diversification of Investments", John Wiley & Sons, New York, 1959

[MEH74]   MEHR R.J., HEDGES B.A.: „Risk Management - concepts and applications", Homewood, 1974

[MUG79]   MUGLER J.: „Risk Management in der Unternehmung", Wien, 1979

[NBS79]   National Bureau of Standards (NBS), „Guideline for Automatic Data Processing Risk Analysis", Federal Information Processing Standard (FIPS) Publication 65, 1.8.1979

[NCS85]   National Computer Security Center: „Personal Computer Security Considerations", NCSC-WA-002-85, Superintendent of Documents, U.S. Government Printing Office, Washington, D.C. 20402, December 1985

[NCS87]   National Computer Security Center: „A Guide to Understanding Discretionary Access Control in Trusted Systems", NCSC-TG-003-87, Library No. S.228,576, September 1987

[NCS89]   National Computer Security Center: „A Guide to Understanding Audit in Trusted Systems", NCSC-TG-001-87, Library No. S-228,470, U.S. Government Printing Office, 1988-219-388, June 1988

[NEM88]   NEMHAUSER G.L., WOLSEY L.A.: „Integer and combinatorial optimization", John Wiley & Sons, New York, 1988

[NIQ87]   NIQUILLE C.: „Risiko-Finanzierung - Ansätze zu einem Gesamtkonzept", Institut für Versicherungswirtschaft an der Hochschule St. Gallen, St. Gallen, 1987

[PAR90]   PARKER D.: „Seventeen Information Security Myths Debunked", in: „Computer Security and Information Integrity in our Changing World", IFIP TC-11, Sixth International Conference and Exhibition on Information Security, Espoo, Finland, May 23 - 25, 1990,

[PFL89]   PFLEEGER C.: „Security in Computing", Prentice-Hall, London, 1989

[PRE89]   PRESSMAN R.S.: „Software Engineering", McGraw Hill, Hamburg, 1989

[RAH89]   Rahmenkonzept zur Gewährleistung der Sicherheit bei Anwendung der Informationstechnik (IT) - IT Sicherheitsrahmenkonzept, Entwurf, Stand: 27. September 1989, Anlage 2 zur Kabinettvorlage des Bundesministeriums des Inneren der Bundesrepublik Deutschland vom 25. Oktober 1989

[RIT75]   RITCHIE D.M.: „On the Security of UNIX", in: „UNIX System Manager's Manual", 4.3. Berkeley Software Distribution, University of Berkeley, April 1986

[RUS83]   RUSSEL E.: „Risk retention, the role of insurance in large enterprises", in: Risk Management Reports, Vol. X, Nr. 1, Jan./Feb. 1983

[SCH86]   SCHITTKOWSKI K.: „EMP: An expert system for mathematical programming", Mathematisches Institut, Universität Bayreuth, 1986

[SCH90]   SCHÖNBÄCHLER B.: „Decision-support für das Sicherheitsmanagement im Informatikbereich", in: Bauknecht K., Hanker J., Strauss C. (Hrsg.): „Informatik in der Verantwortung der Unternehmensführung - Beiträge zu Management- und Sicherheitsaspekten", Institut für Informatik der Universität Zürich, Nr. 90.02, März 90

[SHA63]   SHARPE W.F.: „A simplified model for portfolio analysis", Management Science, Vol. 9, p. 277 - 290, 1963

[SHA64]   SHARPE W.F.: „Capital asset prices: a theory of market equilibrium under conditions of risk", Journal of Finance, Vol. 19, p. 425 - 442, 1964

[SHA67]   SHARPE W.F.: „A linear programming algorithm for mutual fund portfolio selection", Management Science, Vol. 13, No. 7, March 1967, p. 499 - 510

[SLO67]   SLOVIC P.: „The Relative Influence of Probabilities and Payoffs upon Perceived Risks of a Gamble", Psychonomic Science, 9, 1967

[SLO80]   SLOVIC P. et al: „Facts vs Fears: Understanding Perceived Risk", Presentation at the Royal Society, London, November 1980

[SPA88]   SPAFFORD E.H.: „The Internet Worm Program: An Analysis", Purdue Technical Report CSD-TR-823, Department of Computer Sciences, Purdue University, West Lafayette, IN 47907-2004, November 1988

[SPE87]   SPENDER J.-C.: „Identifying Computer Users with Authentication Devices (Tokens)", Computers & Security 6 (1987), p. 385 - 395

[STO88]   STOLL C.: „Stalking The Wily Hacker", Communications of the ACM, May 1988, Vol. 31, No. 5, pp. 484

[STO90]   STOBBE C., STÖCKER E.: „Software - Sicherheit und Bewertung", Informationstechnik it 32 (1990), R. Oldenburg Verlag, pp. 51

[STR88]   STRAUSS C.: „Gesunde Computer - trotz Viren", Sysdata 12/88

[STR89a]   STRAUSS C.: „Computerviren - Schutzmassnahmen für den Anwender", OCG kommunikativ, Nr. 2/89, Mitteilungsblatt der Österreichischen Computergesellschaft, p. 12-16

[STR89b]   STRAUSS C.: „Technische und betriebsorganisatorische Maßnahmen zur Abwehr von Computerviren", EDV & Recht, Heft 4/89,Verlag Medien und Recht, Wien

[STR90]   STRAUSS C.: „Computerviren in Mehrplatz-Systemen", Sysdata 1/90, p. 19 - 22

[SUR89]   SURBÖCK E.: „Für Gentlemantäter: Computerkriminalität", Risk Kontroll im Sicherheits-Markt, 3/89,

[TOB58]   TOBIN J.: „Liquidity preference as behaviour towards risk", Review of Economic Studies, Vol. 25, p. 65 - 86, 1958

[TRE65]   TREYNOR J.L.: „How to rate management of investment funds", Harvard Business Review, Vol. 43, p. 63 - 75, 1965

[VHO66]   VAN HORNE J.: „Capital budgeting decisions involving combinations of risky investments", Management Science, Vol. 13, No. 2, Oktober 1966, p. 84 - 92

[WAH90]   WAHLGREN G.: „Survey of Computer Aided Risk Analysis Packages for Computer Security", Report 90-4, Kista, 1990

[WEB76]   „Webster's Third New International Dictionary of the English Language Unabridged", Philip Babcock Gove (Ed.), G. & C. Merriam Co., 1976

[WEC84]   WECK G.: „Datensicherheit - Methoden, Massnahmen und Auswirkungen des Schutzes von Informationen", Teubner Verlag, Stuttgart, 1984

[WEC89]   WECK G.: „Datensicherung - Konzepte und Bewertung", Datenschutz und Datensicherung 8/89

[WEI86]   WEISS F.G., TALLETT E.E.: „Corporate Portfolio Analysis", in: Gardner J.R., Rachlin R., Sweeny H.W.A. (Hrsg): „Handbook of strategic planning", John Wiley & Sons, New York, 1986

[WER87]   WERHAHN T.: „Organisatorische Gestaltung des Informationsschutzes in der

Unternehmung - Analytische und konzeptionelle Grundlagen zur Entwicklung eines Informationsschutz-Systems im Büro- und Verwaltungsbereich", Verlag Josef Eul, Köln 1987

[WON86]   WONG K.: „The Hackers and Computer Crime", Datenschutz und Datensicherung, 3/86, p. 192 - 196

[WOO87]   WOOD C.C., BANKS W.W., GUARRO S.B., GARCIA A.A., HAMPEL V.E., SARTORIO H.P.: „Computer Security - A Comprehensive Controls Checklist", John Wiley & Sons, New York, 1987

[WOO90]   WOOD C.C.: „Principles of Secure Information Systems Design", Computers & Security, 9 (1990), p. 13 - 24

[YU85]   YU P.-L.: „Multiple-Criteria Decision Making - Concept, Techniques, and Extensions", Plenum Press, New York, 1985

[ZEL82]   ZELENY M.: „Multiple Criteria Decision Making", McGraw Hill, New York, 1982

[ZIM84]   ZIMMERLI E., LIEBL K.: „Die Aufdeckung von Computerdelikten", in: „Computermissbrauch, Computersicherheit", Peter Hohl Verlag, Ingelheim 1984

[ZSI89]   Zentralstelle für Sicherheit in der Informationstechnik: „IT-Sicherheitskriterien-Kriterien zur Bewertung der Sicherheit von Systemen der Informationstechnik (IT)", Bundesanzeiger VerlagsgesmbH, Köln, 1989

[ZSI90]   Zentralstelle für Sicherheit in der Informationstechnik: „IT-Evaluationshandbuch-Handbuch für die Prüfung der Sicherheit von Systemen der Informationstechnik (IT)", Bundesanzeiger VerlagsgesmbH, Köln, 1990

Weitere verarbeitete Literatur

ABEL H.G.: „Anforderungen zur Gewährleistung der Informationssicherheit", Informationstechnik it 32, (1990) 1, R. Oldenbourg Verlag, pp. 10

ARDIS P.M., COMER M.J.: „Risk Management - Computers, fraud and insurance", McGraw-Hill, London, 1987

BAUKNECHT K., HANKER J., STRAUSS C. (Hrsg.): „Informatik in der Verantwortung der Unternehmensführung - Beiträge zu Management- und Sicherheitsaspekten", Institut für Informatik der Universität Zürich, Nr. 90.02, März 90

BAUKNECHT K., STRAUSS C.: „Beiträge zur Sicherheitsproblematik bei Informatiksystemen", Institut für Informatik der Universität Zürich, Nr. 90.04, April 90

BLEYMÜLLER J., GEHLERT G., GÜLICHER H.: „Statistik für Wirtschaftswissenschaftler", Verlag Franz Vahlen, München, 1983

BRANSTAD D.K.: „Considerations for Security in the OSI Architecture", in: IEEE Network Magazine, April 1987 - Vol. 1, No. 2, pp.34

BREALEY R.A., MYERS S.C.: „Principles of Corporate Finance", McGraw - Hill, 1988 - Third Edition

Bundesdatenschutzgesetz (Deutschland): Gesetz zum Schutz vor Missbrauch personenbezogener Daten bei der Datenverarbeitung (Bundesdatenschutzgesetz - BDSG) vom 27. Januar 1977 Bundesgesetzblatt Teil I Seite 201 (BGBl. I) geändert durch Gesetz vom 18. Februar 1986 Bundesgetzblatt Teil I Seite 265

COHEN F.: „A Secure Computer Network Design", Computers and Security, Vol. 4 (1985), p. 189-205

COHEN F.: „Protection and Administration of Information Networks with Partial Orderings", Computers and Security, Vol. 6 (1987), p.118-128

COHEN F.: „Design and Administration of Distributed and Hierachical Information Networks Under Patial Ordering", Computers and Security, Vol.6 (1987), p. 219-228

COHEN F.: „Design and Protection of an Information Network under a Partial Ordering: A Case Study", Computers and Security, Vol. 6 (1987), p. 332-338

COHEN F.: „A Cryptographic Checksum for Integrity Protection", Computers and Security, Vol. 6 (1987), p. 505-510

COHEN F.: „Two Secure File Servers", Computers and Security, Vol.7 (1988), No.3

COHEN F.: „Designing Provably Correct Information Networks with Digital Diodes", Computers and Security, Vol. 7 (1988)

Datenschutzgesetz (Österreich): Bundesgesetz vom 18. Oktober 1979 über den Schutz personenbezogener Daten (Datenschutzgesetz - DSG), BGBl. Nr. 565/1978 idF BGBl. Nr. 314/1981, 577/1982, 370/1986

FOURER R.: „Modeling Languages Versus Matrix Generators for Linear Programming", ACM Transactions on Mathematical Software, Vol. 9, No. 2, June 1983, pp. 143

FOURER R., GAY D.M., KERNIGHAN B.W.: „A modeling language for mathematical programming", Management Science, Vol. 36, No. 5, May 1990

GRILL E., KASCHEWSKI P., KÖNIG R.: „Strategische Unternehmensplanung - Computergestützte Informationsanalyse und Visualisierung durch Portfolios", Angewandte Informationstechnik VerlagsGmbH, Halbergmoos, 1989

HAX K.: „Bedeutung und Gliederung der Versicherung", in: Versicherungswirtschaftliches Studienwerk, 2. Auflage, Wiesbaden, 1970

HOFFER J.A., STRAUB D.W.: „The 9 to 5 Underground: Are You Policing Computer Crimes?", Sloan Management Review, Summer 1989, pp. 35

HÖRING K., BAHR K., STRUIF B., TIEDEMANN C.: „Interne Netzwerke für die Bürokommunikation - Technik und Anwendungen digitaler Nebenstellenanlagen und von Local Area Networks (LAN)", R. v. Decker's Verlag, G. Schenck GmbH, Heidelberg, 1983

JABUREK W.: „Message Handling Systeme für rechtlich relevante Nachrichten - eine Risikoabschätzung", Datenschutz und Datensicherung, 5/88, pp. 234, Vieweg Verlag

KARTEN W.: „Grundlagen der Risikopolitik - Überblick", Zeitschr. f. d. ges. Versicherungsw., Nr. 2-3, 1983

KOCHAN S.G., WOOD P.H.: „UNIX System Security", Hayden Books, Indianapolis, 1985

KOTLER P.: „Marketing Management: Analysis, Planning, Implementation and Control", Prentice-Hall, New Jersey, 1988

KRALLMANN H.: „EDV-Sicherheitsmanagement", Erich Schmidt Verlag, Berlin 1989

KÜNDIG A.: „Datensicherheit in vernetzten Systemen", io Management Zeitschrift 58 (1989) Nr. 9, pp. 70, sowie Nr. 10, pp. 74

LAUKAMM T., STEINTHAL N.: „Methoden der Strategieentwicklung und des Strategischen Managements - Von der Portfolio-Planung zum Führungssystem", in: Arthur D. Little Internat. (Hrsg.): „Management im Zeitalter der strategischen Führung", Gabler Verlag, Wiesbaden, 1985

PREISIG H.P.: „Synergiepotential nutzen", Protector 11/87

PREISIG H.P.: „Methoden des Risk Managements in der Informatik", Der Schweizer Treuhänder 5/90

PÜMPIN C.: „Management strategischer Erfolgspositionen - Das SEP-Konzept als Grundlage wirkungsvoller Unternehmungsführung", 2. Auflage, Haupt Verlag, Stuttgart, 1983

RAAB H.: „Datenschutz", Lehrbehelf für die Vorlesung im SS 88, Technische Universität Wien, 1988

RIHACZEK K.: „Bedrohungen der Informatiossicherheit - Gefahren und Lösungsansätze", Informationstechnik it 32, (1990) 1, R. Oldenbourg Verlag, pp. 14

SEGERSTAHL B., KRÖMER G.: „Issues and Trends in Risk Research", Proceedings of two meetings held at IIASA, „Technological Risk in Modern Society" March 18 - 20, and „Safe Technological Systems" May 11-12, 1988; Intenational Institute for Applied Systems Analysis, Laxenburg 1988

STRAUSS C.: „Computerviren - Grundlagen und Abwehrstrategien", Vortrag im Rahmen der Frühjahrstagung der Schweizerischen Informatikkonferenz, 21. April 1989, Hotel Metropole, Bern

STRAUSS C.: „Computerviren - Prophylaxe, Monitoring, Recovery", Vortrag im Rahmen eines Workshops der Stadt Winterthur, Rathaus, Winterthur am 7. November 1989

„The Complete Computer Virus Handbook", Price Waterhouse, Issue 1, Oktober 1988

VOLLMER T.: „Kritische Analyse und Weiterentwicklung ausgewählter Portfolio-Konzepte im Rahmen der strategischen Planung", Verlag Peter Lang GmbH, Frankfurt am Main 1983, Europäische Hochschulschriften, Reihe 5

VON ZUR MÜHLEN R.A.H.: „Computer-Kriminalität, Gefahren und Abwehrmassnahmen", Hermann Luchterhand Verlag, Neuwied und Berlin 1972

WEBER R.: „Controls in Electronic Funds Transfer Systems: A Survey and Synthesis", in: Computers & Security, 8 (1989), p. 123-137

WECK G.: „Datensicherheit", Teubner Verlag, Stuttgart, 1984

WOOD C.C.: „Informations Systems Security: Management Success Factors", Computers & Security, 6 (1987), p. 314-320

WOOD P.H., KOCHAN S.G.: „Unix™ System Security", Hayden Books, Pipeline Associates Inc., 1985

Zürich Versicherungen: „So beschreiben DV-Anwender ihre Sicherheit", Zeitschrift für Kommunikations- und EDV-Sicherheit, 88/3

Glossar

Abwehrtiefe: Anwendung verschiedener Sicherheitsmassnahmen auf dasselbe Schutzobjekt

Accounting: Verwaltung der Benutzerberechtigungen

Algorithmus: Allgemeines, eindeutiges Verfahren zur Lösung einer Klasse gleichartiger Probleme. Festlegung eines Rechenvorgangs durch eindeutige Regeln, die auch zyklischer Art sein können. Die Mathematik fixiert derartige Algorithmen als Voraussetzung für die Lösung von berechenbaren, entscheidbaren und aufzählbaren Problemen. Man unterscheidet endliche (begrenzte) Algorithmen und unendliche Algorithmen.

Anti-Virus-Programm: Software, die den Befall von Programmen durch Virusprogramme verhindert (Wächterprogramm) oder feststellt (Detektionsprogramm), bzw. das Virusprogramm vom Trägerprogramm entkoppelt (Killerprogramm)

Audit-trail: Eine Datei, die sicherheitsrelevante Aktionen in einem Rechnersystem dokumentiert. Diese Datei hält protokollarisch als Beweissicherung fest, welche Aktionen (schreiben, lesen, ausführen) auf welchen Daten tatsächlich durchgeführt oder durchzuführen versucht wurden. Dabei kann man entweder die Aktionen eines bestimmten Benutzers kontrollieren oder ausgehend von bestimmten Daten die von verschiedenen Benutzern ausgeführten Aktionen nachvollziehen.

Aktionsrisiko: Direkte Störpotentiale, welche die Erfüllung von bewusst gesetzten Unternehmenszielen beeinträchtigen. Aktionsrisiken sind Störungen zwischen Beschaffung und Versorgung einerseits, zwischen Vollzug und Absatz andererseits und sind meist bewusst.

A Programming Language (APL): Funktionale, interaktive Programmiersprache, Dialogsprache (1962)

Authentifikation: Beglaubigung; hier: Beweis der Echtheit und Richtigkeit der Identität eines Benutzers

Back-up: Alle Massnahmen, die erforderlich sind, um die Leistung einer Datenverarbeitungsanlage im Falle einer Störung zu ersetzen oder wiederherzustellen (z.B. Back-up-Rechenzentrum). Oft wird der Begriff jedoch für Daten-Back-ups verwendet und bezeichnet Sicherungskopien von Programmen oder Datenbeständen.

Basisband: Der Frequenzbereich eines Signals in seiner Ursprungslage (nicht moduliert). Bei Basisbandübertragung ist nur ein Informationskanal vorhanden, der von den verschiedenen Stationen anteilig genutzt werden kann.

Bedingungsrisiko: Gefährdung der Zielerfüllung durch Verletzung der meist unbewusst vorausgesetzten Randbedingungen (z.B. politische Stabilität, funktionierende Stromversorgung, Verfügbarkeit von Transportwegen, Beibehaltung einer Wirtschaftordnung etc.)

Benutzeraccount: eindeutige Kennung zur Bezeichnung eines Benutzers oder einer Gruppe von Benutzern

Binär-Variable: Variable, welche die Werte 0 und 1 annehmen kann

Brandzone, -abschnitt: Teil einer baulichen Anlage, der gegenüber derselben und/oder einer anderen baulichen Anlage durch Brandwände und entsprechende Decken umschlossen ist

Breitbandnetzwerk: Netzwerk, das nicht ausschliesslich im Basisband arbeitet. Breitbandübertragung ist durch mehrere Frequenzbänder für die Schaltung unabhängiger Kanäle gekennzeichnet.

C: Prozedurale Programmiersprache

Call-back-Modem: Datenübertragungseinrichtung, die eine gewünschte Verbindung zu einem Rechner herstellt, indem der Benutzer «zurückgerufen» wird. Der Zweck des «automatischen Rückrufs» ist die Kontrolle der Rechnerzugangspunkte (Verhinderung von Hacking). Der Nachteil der Methode ist ein gewisser Mangel an Flexibiltät, da der Rechner den Anschluss des Benutzers für den Rückruf kennen muss.

central processing unit (CPU): Zentraleinheit, Hauptkomponente eines Rechners, welche die gesamte Anlage überwacht, steuert und die jeweils benötigten Informationen vorrätig hält

Chiffrierung: siehe Verschlüsselung

«Closed Shop»-Betrieb: Bezeichnung für eine Massnahme in einem Rechenzentrum, die allen Personen mit Ausnahme der Operators das Betreten des Rechenzentrums untersagt

Computeranomalie: Computeranomalien sind Programmteile, die ein Trägerprogramm um Funktionen erweitern, wie sie vom rechtmässigen Benutzer oder vom rechtmässigen Eigentümer der Programme nicht erwartet werden. Computeranomalien können aber auch eigenständige Programme sein, die eine andere Funktion vermuten lassen, als sie tatsächlich ausführen. Zu den Computeranomalien zählen Computerviren, Logische Bomben, Trojanische Pferde und Wurmprogramme.

Computer security consultant: Berater für Sicherheitsfragen im IT-Bereich

Computervirus: Computerviren zählen zu den Computeranomalien und sind lauffähige Programmteile, die ihren eigenen Programmcode reproduzieren können. Sie bedürfen eines Träger- oder Wirtsprogramms, in das sie eine Kopie des eigenen Programmcodes einbringen können. Der Versuch des Benutzers, das Wirtsprogramm zu aktivieren, bietet die Voraussetzung für neuerliche Reproduktion des Virusprogramms («Infektion»).

Datenschutz: Gesamtheit der Standards der gesetzlichen und betrieblichen Regelungen zum Schutze der Rechte der Gemeinschaft als Ganzes sowie natürlicher und juristischer Personen vor Verletzungen der Vertraulichkeit, der Integrität und der Sicherheit des Informationshaushaltes

Datensicherheit: Ergebnis von Prozessen der Datensicherung. Die mit Datensicherheit verbundene Problemstellung bezieht sich auf Gefährdungen und Bedrohungen, denen Daten ausgesetzt sind. Datensicherheit ist daher die Voraussetzung für den Datenschutz.

Datensicherung: alle Massnahmen, Vorkehrungen und Einrichtungen, mit denen ein erforderlicher Grad an Sicherheit in IT-Systemen erreicht werden kann (Datenarchivierung, Datenduplizierung, Aufbewahrung, Plausibilitätskontrollen, Validierung, Prüfziffernverfahren, Prüfbits etc.)

Demovirus: Virus, das für Vorführzwecke programmiert wurde

Directory: Inhaltsverzeichnis; hier: Verzeichnis von Dateien auf Datenträgern

Disassemblierung: Rekonstruktion der Funktionalität eines Programms oder Teilen davon aus Maschinencode

Display: Ausgabe; Ausgabeformat von Zeichen; Informationen, die am Bildschirm ausgegeben werden

Driver: Programm, das den Ablauf anderer Programme koordiniert

effektives Portfolio: Portfolio, das ein konkretes Risiko verringert

effizientes Portfolio: Portfolio, dessen Gesamtkosten geringer sind, als der Nutzen, der durch die Realisierung dieses Portfolios erzielt wird

E-mail: electronic mail, elekronische Post

Emergency-Plan: Plan für den Notfall

Entity-Relationship-Modell (ER-Modell): Semantisches Datenmodell und Hilfsmittel zum Design von Datenbanken. Werkzeug zur Datenmodellierung und zur Beschreibung des Informationsmodells eines Zielsystems durch Entitäten und Relationen zwischen diesen

Ereigniskette: Abfolge von bedingten Ereignissen, die verschiedene Eintrittswahrscheinlichkeiten aufweisen

Ereignisbaum: graphisches Hilfsmittel zur Darstellung bedingter Ereignisse

Ethernet: Zugriffsverfahren für lokale Netzwerke basierend auf CSMA/CD (Carrier sensing multiple access with collision detection)

existenzgefährdendes Risiko: Der Schadenseintritt eines existenzgefährdenden Risikos kann das Bestehen des Unternehmens bedrohen.

Expertensystem (XPS): Programme, mit denen das Spezialwissen und die Schlussfolgerungsfähigkeit qualifizierter Fachleute auf begrenzten Fach- und Aufgabengebieten nachgebildet wird. Um ein Expertensystem zu bauen, muss das Wissen formalisiert, im Computer repräsentiert und gemäss einer Problemlösungsstrategie manipuliert werden.

file allocation table (FAT): Hauptverzeichnis eines Datenträgers (Festplatte, Diskette), das Informationen enthält, auf welchen physischen Adressen belegte, freie und nicht benützbare Sektoren zu finden sind. Der FAT ist mit einem Inhaltsverzeichnis in einem Buch vergleichbar.

file transfer: Übertragung von Dateien

Fortune 500: Rangordnung erfolgreicher Unternehmen

Frame: Art der Wissensrepräsentation, mit der Objekte und deren Eigenschaften dargestellt werden können. Frames enthalten eine Reihe von Slots, die ihrerseits Fakten, Default-Werte oder weitere Frames enthalten können, bzw. frei belegt werden können.

Hacker, Hacking, Hack: Unter «Hacking» im engeren Sinne werden unberechtigte Zugriffsversuche auf geschützte Datenbestände verstanden. Oft bedient sich ein Hacker Einrichtungen der öffentlichen Datenübertragung um Zugang zu den meist entfernten Rechnern und der von ihnen verwalteten Daten zu erlangen. Merkmal eines «Hacks» ist die Überwindung logischer Zugriffsbarrieren, wie z.B. eines Passwortmechanismus, durch Unbefugte. «Hacking» im weiteren Sinne meint jeden Versuch zur Überwindung einer logischen Barriere.

Halon: Mittel zur Brandbekämpfung in Computerräumen. Bei herkömmlichen Löschmitteln werden Computeranlagen unmittelbar zerstört oder mittelbar durch Korrision unbrauchbar.

Histogramm: graphische, flächenproportionale Darstellung von Häufigkeitsverteilungen in Form von Säulen (auch: Säulendiagramm).

Identifikation: Bestimmung der Identität eines Subjekts (Benutzer oder aufrufendes Programm) bzw. Objekts (aufgerufenes Programm)

Instanz: delegierende Person

Integrität: Eigenschaft von Daten, die gleichbedeutend mit deren Unverfälschtheit und Korrektheit ist.

Interface: Schnittstelle, Übergangstelle zwischen zwei Bereichen

Internet: Weltumspannender Netzwerkverbund, der ca. 60.000 Hostrechner aus den Forschungsbereichen von Unternehmungen, Hochschulen und Regierung miteinander verbindet und auf dem TCP/IP-Protokoll basiert

IT-Sicherheitskriterienkatalog: Beschreibungs- und Klassifikationsschema für die Bewertung vertrauenswürdiger IT-Systeme und IT-Einzelkomponenten, das von der Deutschen Bundesregierung an das ZSI (Zentralstelle für Sicherheit in der Informationstechnik, früher ZfCh - Zentralstelle für Chiffrierwesen) in Auftrag gegeben wurde

Kiviat-Diagramm: graphisches Hilfsmittel zur Darstellung mehrerer skalierter, nichtnegativer Grössen auf mehreren Achsen mit gemeinsamen Ursprung.

Kompatibilität: Austauschbarkeit, Vereinbarkeit verschiedener Systeme; hier: Übertragbarkeit einer Sicherheitsmassnahme in eine andere Risikoumgebung.

kompilieren: Umwandlung, Übersetzung eines Programmcodes in die Maschinensprache der jeweiligen Rechenanlage.

Korrelation: Mass für die Abhängigkeit zweier Grössen, unabhängig von den Einheiten dieser Grössen

Kovarianz: Mass für die Abhängigkeit zweier Grössen

Library: Programmbibliothek

Listing: Ausdruck des in einer Programmiersprache formulierten Programmcodes

Local Area Network (LAN): Datenkommunikationssystem, das die Kommunikation zwischen mehreren unabhängigen Geräten ermöglicht. Die Kommunikation ist üblicherweise auf ein geographisch begrenztes Gebiet (Bürogebäude, Betriebsgelände, Lagerhaus) beschränkt und erfolgt über Kommunikationskanäle mit mittleren oder hohen Datenraten mit niedriger Fehlerrate. Im Gegensatz dazu gibt es WANs (Wide Area Networks), die Einrichtungen in verschiedenen geographischen Gebieten miteinander verbinden oder als öffentliche Kommunikationsmittel benutzt werden.

Logdatei: siehe Audit-trail

Log-file: siehe Audit-trail

Logische Bombe: Eine logische Bombe ist ein Programm oder ein Programmstück, das durch einen sogenannten «Trigger»-Mechanismus charakterisiert ist. Dabei handelt es sich um die Formulierung einer Bedingung, bei deren Erfüllung eine bestimmte Aktion - meist eine Schadensfunktion - ausgeführt wird. Logische Bomben können eigenständige Programme sein, die dann entweder einen sehr attraktiven Namen haben um den Benutzer zum Programmaufruf zu motivieren, oder aber auch ein «harmlose» Bezeichnung tragen um den Benutzer glauben zu machen, ein vertrautes Applikationsprogramm zu starten.

logon/logoff: Prozedur, mit deren Hilfe der Benutzer eine Session eröffnet/schliesst

Maschinencode: Eine Abfolge von Zeichen (üblicherweise 0 und 1), die ein Computer direkt als Anweisung verstehen und ausführen kann.

Mittleres Risiko: Mittlere Risiken zwingen die Unternehmung zur Änderung ihrer Ziele und als Folge davon zur Änderung der Mittelverwendung.

Modem: Modulator/Demodulator; Technische Einrichtung zur Datenübertragung auf Fernsprechleitungen.

Multi-user-Betrieb: Betriebsform eines Rechners, bei der mehrere Benutzer dieselben Ressourcen (bes. Programme) nutzen

MVS: Betriebssystem auf IBM-Grossrechnern

«Need-to-know»-Prinzip: Prinzip, das eine explizite Festlegung verlangt, welcher Benutzer über welche Daten in welchem Modus (schreiben, lesen, ausführen) verfügen darf

«Need-to-withhold»-Prinzip: Prinzip, das eine explizite Festlegung verlangt, welcher Benutzer über welche Daten in welchem Modus (schreiben, lesen, ausführen) **nicht** verfügen darf

Object-Code: Maschinensprache

«Offenes System»: Zusammenschluss heterogener Computersysteme, die mit einem Minimum technischer Zusatzeinrichtungen miteinander kommunizieren können. Die Heterogentität der Systeme bezieht sich auf Hersteller, (Datei)verwaltung, Komplexitätsstufe und Alter

Operator: Personal, das einen mittleren oder Grossrechner bedient und überwacht

«Orange Book»: Standard des Department of Defense zur Evaluation von Rechnersystemen oder -teilen

Partition: physisches oder logisches Segment eines Speichers

Passwort: Zeichenfolge, mit deren Hilfe sich der Benutzer dem Computer gegenüber identifiziert. Der Rechner überprüft, ob der Benutzer berechtigt ist, bestimmte Aktionen auf dem Computersystem auszuführen.

Passwort-Dictionary: Liste von gebräuchlichen Passwörtern

Peripherie: Funktionseinheiten eines Computersystems, die nicht zur Zentraleinheit gehören, wie zum Beispiel Drucker, externe Massenspeicher, Terminals oder Einrichtungen zur Datenfernübertragung

Portfolio: Wertpapier- und Wechselbestand einer Bank, Produkt/Marktkombination einer Unternehmung; hier: Gesamtheit von Sicherheitsmassnahmen, welche auf die Risikosituation einer konkreten Anwendung abgestimmt ist

Possible Maximum Loss: höchstmögliches Schadensausmass, hier synonym verwendet mit dem entsprechenden Erwartungswert

Postfix: Notationsart; Anbringung eines Operators nach einem oder mehreren Operanden

postloss Massnahme: Sicherheitsmassnahme, welche die Verluste im Schadensfall begrenzt

Postprozessor: Prozessor, der nach der eigentlichen Problemlösung zusätzliche Aufgaben übernimmt, Gegensatz: Preprozessor

preloss Massnahme: prophylaktische Sicherheitsmassnahme zur Reduktion der Schadenswahrscheinlichkeit

Privilegien: Vorrechte, Sonderrechte; hier: Rechte eines Benutzers in einem Computersystem

Probable Maximum Loss: wahrscheinlichstes Schadensausmass, hier synonym verwendet mit dem entsprechenden Erwartungswert

RACF: Software zur Autorisation und Rechteverwaltung

Real time: Echtzeit

Rechnersplit: Unterteilung eines bestehenden Netzes in unabhängige Teilnetze

Remote job: Benutzung entfernter Rechnerkapazitäten; Abarbeitung eines Programms auf einem entfernten Rechner und Übernahme der Ergebnisse via Datenübertragung

Restrisiko: verbleibendes Risiko nach Implementation einer Sicherheitsmassnahme

Risiko: Negative Abweichung von einem erwarteten Zustand bezogen auf ein Objekt in einem Zielsystem durch ein Ereignis mit verschieden wahrscheinlichen Ausprägungen

Risk Management: Unter Risk Management im engeren Sinne ist eine praxisbezogene Art einer Gesamtrisikobewältigung zu verstehen, nämlich die Handhabung von Bedingungsrisiken durch Versicherungs-, Schadensverhütungs- und -begrenzungsmassnahmen unter betriebswirtschaftlichen Gesichtspunkten

Routine: Unterprogramm, Programmstück

Sensitivitätsanalyse: Untersuchung mathematischer Optimierungsmodelle zur Feststellung, in welchem Umfang Entscheidungsparameter geändert werden dürfen, ehe ein anderes Leistungsprogramm zum optimalen wird

Server: Netz-Station, die für die Behandlung von Netzanfragen (z.B. für Dateitransfer- oder Druckaufgaben) zuständig ist und mitunter unter einem speziellen, für diesen Zweck optimierten Betriebssystem arbeitet („Dedicated Server")

Session: Sitzung; Dialog zwischen Benutzer und Rechner vom Zeitpunkt der Anmeldung (Logon) bis zur Abmeldung (Logoff)

Shell: allgemein: Programme, welche die Interaktion Rechner-Benutzer steuern,; bezüglich Expertensysteme: Steuer- oder «Kern»-system; XPS-Werkzeug, das auf Problemlösungstypen spezialisiert ist

Sicherheit: Sicherheit ist das Ergebnis von Sicherungsprozessen, das als Kontinuum aufzufassen ist und graduelle Unterschiede aufweist. Gänzliche Sicherheit ist ein hypothetischer Idealzustand. Die Sicherheit eines definierten Systems wächst mit abnehmendem Bedrohungspotential.

Sicherheitsmassnahmen: Geräte, Instrumente, Mittel, Abläufe, Standards oder Techniken zur Verhinderung und Entdeckung von Schadensfällen, sowie zur Reduktion der in Zusammenhang mit einem Schadensereignis entstehenden Schäden

Sicherheitspolitik: System von gegenseitig und auf die allgemeine Unternehmenspolitik abgestimmten Grundsatzentscheidungen, die ein Sicherheitsniveau festlegen, das es zu erreichen gilt und die sicherheitspolitischen Zielsetzungen bis auf die operationale Ebene einer Unternehmenshierarchie hinunterträgt

simultanes Portfolio: Ein Portfolio hat simultanen Charakter in bezug auf ein Elementarereignis (oder eine Gruppe von Elementarereignissen), falls in diesen Fällen alle der im Portfolio vertretenen Massnahmen wirken

Smart Card: Mikro-Computerkarte, Chipkarte

Solver: Programm, welches das Optimierungsprogramm (linear, nicht-linear mit nur stetig differenzierbaren Funktionen, nicht-linear mit nicht-stetigen Ableitungen, gemischt- ganzzahlig etc.) steuert

Stand-alone-Rechner: isolierter Rechner; implementation eines Hard-/Softwaresystems ohne Berücksichtigung von Schnittstellen zu anderen Hard-/Softwaresysteme

substitutives Portfolio: Ein Portfolio hat substitutiven Charakter in bezug auf ein Elementarereignis (oder eine Gruppe von Elementarereignissen), falls die Wirkung des Portfolios mit der Wirkung einer der im Portfolio vertretenen Massnahme übereinstimmt.

Source-Code: Quellprogramm, Programm in der Form einer symbolischen Programmiersprache, das noch nicht ablauffähig ist, sondern erst in eine Maschinensprache übersetzt werden muss.

Superuser: siehe Systemverwalter

Systemadministrator, -manager, -verwalter: Gruppierung von Rechten, die einem Benutzer im System zugewiesen wird, i.a. mit aussergewöhnlichen Rechten versehen

Telekommunikation: Austausch von Informationen und Nachrichten mit Hilfe der Nachrichtentechnik

Terminal: Datenstation; Endstelle in einem System zur Datenübertragung, dass zum Senden und/oder zum Empfangen von Daten eingerichtet ist

Token: Zeichen oder Ausdrucksmittel in Form eines bestimmten Bitmusters, welches das Zugangsrecht zum physikalischen Übertragungsmedium steuert

tolerierbares Risiko: Schadensfälle, die in ihrer geschätzten Häufigkeit und/oder in ihrer Schadenshöhe für die Unternehmung akzeptabel sind

Trägerprogramm: siehe Wirtsprogramm

Trap door: «Falltür»; Programmstück, das bei bestimmten Eingabedaten oder Erfüllung einer bestimmten Bedingung die Umgehung von Sicherheitsregelungen in einem Computersystem erlaubt

Trojanisches Pferd: Ein «Trojanisches Pferd» ist eine Computeranomalie, bei der sich der Programmcode ebenso wie bei den Viren in einem anderen Programm verbirgt. Das Programm erfüllt vordergründig eine nützliche Aufgabe, jedoch führt es versteckt weitere Aktionen aus (z.B. Benutzung der Privilegien und Rechte des Benutzers, der dieses Programm aufruft, zur Umgehung von Sicherheitsanforderungen).

UNIX: eingetragenes Warenzeichen der AT&T Bell Laboratories; Betriebssystem

Varianz: Streuungsmass; mittlere quadratische Abweichung vom Mittewert

Verfügbarkeit: Wahrscheinlichkeit dafür, dass Daten, die auf einem IT-System gespeichert und verarbeitet werden, zu einem vorgebenen Zeitpunkt zugreifbar sind, oder dass das IT-System zu einem bestimmten Zeitpunkt in einem funktionsfähigen Zustand ist

Verschlüsselung: Um intern gespeicherte Daten und Daten auf Übertragungswegen vor unbefugter Einsichtnahme und Modifikation zu schützen, werden Zeichen ersetzt, vertauscht oder in einem Mischverfahren ersetzt **und** vertauscht

Virus-Detektionsprogramm: Software, die Programmbestände nach Computerviren durchforsten. Die Kontrolle der Dateien muss bei manchen Programmen explizit erfolgen, andere prüfen automatisch z.B. jede verwendete Diskette.

Virus-Killerprogramme: Software, die Computerviren von befallenen Programme entkoppelt oder Virusprogramme löscht

Virus-Wächterprogramm: Software, die bestimmte Adressen im Speicher eines Computers vor Schreibzugriffen schützen, die für eine Infektion durch Computerviren notwendig sind. Dabei wird meist mit dem Benutzer ein Dialog aufgebaut wird und der Schreibzugriff vom Benutzer explizit gewährt oder unterbunden werden kann.

VM-CMS: IBM-Betriebssystem

«What-If»-Analyse, «What-If»-Szenario: Eine Art Simulation, bei der getestet wird, welche Ergebnisse bei veränderten Ausgangsdaten erzielt werden

Window-Technik: Fenstertechnik; Softwaretechnik, die dem Benutzer erlaubt, den Bildschirm in mehrere Teilbereiche («Fenster») zu unterteilen, und darauf unterschiedliche Applikationen gleichzeitig zu benutzen, oder um unterschiedliche Informationen auszugeben

Wirtsprogramm: Programm, in das sich ein Virusprogramm kopiert hat

Wissensbasis: Teil eines Expertensystems, der das Wissen über die sogenannte «Domäne» (spezielles Anwednungsgebiet) des Expertensystems enthält

Workstation: Endgerät am Arbeitsplatz mit hoher Prozessorleistung und Graphikfähigkeit

Worst case: der schlechteste, ungünstigste Fall

Wurmprogramm: Ein Wurmprogramm ist ein eigenständiges, permanent ablaufendes Programm mit einem eigenen Namen. Ein Wurmprogramm braucht kein Trägerprogramm. Bei ihrer Vermehrung erzeugen Wurmprogramme eine Kopie ihrer selbst und starten diesen Prozess. Es entsteht wieder ein eigenständiges Programm. Wurmprogramme sind auf Ressourcenverbrauch ausgerichtet.

Abkürzungen und Akronyme

Abb.	Abbildung
ALE	Annual Loss Exposure
APL	A Programming Language
APSARD	Assemblée Plénière des Sociétés d'Assurances contre l'Incendie et les Risques Divers
BCG	Boston Consulting Group
bzw.	beziehungsweise
ca.	circa
CLUSIF	Club de la Sécurité Informatique Français
CMS	conversational monitor system
CompuDARE	Computer Disaster and Recovery Exercises
COSSAC	COmputer Systems Security Analyzer and Configurator
CPU	central processing unit
DOD	Department of Defense
DOS	disc operating system
DV	Datenverarbeitung
etc.	et cetera
E	Erwartungswert
EDV	Elektronische Datenverarbeitung
FAT	file allocation table
FTAM	file transfer and management
G	Gewinn
GAMS	General Algebraic Modeling System
GE	Geldeinheit
IBM	International Business Machines Corporation
IT	Informationstechnik
ITSEC	Information Technology Security Evaluation Criteria
JTM	job transfer and manipulation
Kap.	Kapitel
KEEPER	Knowledge Engeneering applied to the Evaluation of Potential Environmental Risks
LAN	Local Area Network
LRAM	The Livermore Risk Analysis Methodology
MAPLESS	Mixed Paradigm APL-based Expert System Shell
MARION	Méthodologie d'Analyse des Risques Informatiques et d'Optimation par Niveau
MIS	Management Information System
MVS	multitasking virtual system
NBS	National Bureau of Standards
NUZ	Netzwerk der Universität Zürich
p.	pagina, Seite

p.a.	per anno
PC	Personal Computer
pp.	folgende Seiten
R	Risiko
resp.	respektive
RACF	resource access control facility
ROI	Return on Investment
Tab.	Tabelle
TCB	Trusted Computing Base
U	Nutzen (utility)
u.a.m.	und anderes mehr
u.U.	unter Umständen
VM-CMS	virtual machine conversational monitor system
WS	Workstation
VES	Versatile Expert System
vgl.	vergleiche
XPS	Expertensystem
Z	Zielgrösse
z.B.	zum Beispiel
$\in$	Element
W	Menge der Ergebnisalternativen
R^+	Menge der positiven reellen Zahlen
$\forall$	für alle
μ	Mittelwert

Zehnder
Informatik-Projektentwicklung

Der Computer ist heute im beruflichen Alltag an vielen Einsatzorten ein selbstverständliches Arbeitsmittel. Er dient als Buchhaltungsmaschine im Büro, als Lagerverwalter im Betrieb, als Meßdatensammler im Labor, als Dienstrechner für Datenbanken und Datennetze. Jeder derartige Einsatz benötigt aber eine sorgfältige Vorbereitung – ein Informatikprojekt. Wer Informatikmittel nutzbringend einsetzen möchte, muß wissen, wie Informatikprojekte ablaufen, damit die richtigen Probleme zur richtigen Zeit mit einem Minimum an Aufwand angepackt werden können. Schlechte Beispiele kennt wohl mancher Praktiker zur Genüge.

Dieses Buch vermittelt im ersten Teil einen systematischen Einstieg in die Arbeit an Informatikprojekten und illustriert parallel dazu alle Arbeitsschritte in einem konkreten Musterprojekt. Im zweiten Teil werden viele wichtige Fragen interdisziplinär vertieft, wiederum erläutert mit Hinweisen auf praktische Anwendungen, bis zu Mißerfolgen und Projektabbrüchen. Angesprochen sind dadurch einerseits Studenten, welche von den technischen Grundlagen der Informatik einiges (oft sogar viel), von deren Einsatz in der Praxis aber noch wenig wissen. Andererseits soll das Buch den künftigen Anwendern neuer Computerlösungen, namentlich auch deren Managern dienen, die zwar ihre praktischen Probleme bestens, die Eigenheiten von Informatiklösungen aber meist nur oberflächlich kennen. Wesentlich an der Projektarbeit ist ja gerade der Kontakt zwischen Informatikern und Anwendern.

Von Professor Dr.
Carl August Zehnder,
Eidgenössische Technische
Hochschule Zürich

2. überarbeitete und
erweiterte Auflage. 1991.
II, 309 Seiten mit 102 Bildern,
einem vollständigen
praktischen Beispiel sowie
vielen Formular- und
Schemadarstellungen.
16,2 × 22,9 cm.
Kart. DM 42,–
ISBN 3-519-12479-3
Schweiz: Kart. sfr. 40,–
ISBN 3-7281-1761-7

(Leitfäden der angewandten
Informatik)

Gemeinschaftsausgabe
B. G. Teubner, Stuttgart –
Verlag der Fachvereine Zürich

Preisänderungen vorbehalten.

B. G. Teubner Stuttgart

Frühauf/Ludewig/Sandmayr

Software-Projektmanagement und -Qualitätssicherung

Software-Projekte gelten auch heute noch als besonders riskant. Eine Analyse zeigt, daß die – zweifellos gegebenen – technischen Probleme daran weniger Anteil haben als die Schwierigkeiten, solche Projekte zu planen, zu führen und unter Kontrolle zu behalten. Es scheint, daß man dabei noch immer eher „nach Gefühl" als nach klaren Regeln vorgeht. Die schlechten Ergebnisse legen aber eine Änderung nahe.

Die Autoren dieses Leitfadens verfolgen das Ziel, diejenigen, die sich vom intuitiven auf einen systematischen Ansatz der Software-Entwicklung umstellen wollen, mit dem notwendigen Grundwissen auszustatten. Dabei geht es nicht um die technischen Aspekte der einzelnen Phasen, sondern um die globalen, also das Projektmanagement und die Qualitätssicherung. In diesem Zusammenhang werden auch Fragen der Ausbildung, der Werkzeugauswahl und der Verantwortung der Software Engineers angesprochen.

Aus dem Inhalt: Einleitung und Grundlagen – Der Einstieg ins Projekt: Planung, Kostenschätzung, Organisation – Freigabewesen-Meilensteine – Projekt-Controlling – Qualitätssicherung – Konfigurationsverwaltung – Personalführung, Werkzeuge und Schulung – Der Projekt-Abschluß – Software-Management-Prinzipien – Literaturübersicht und -verzeichnis

Von Dipl.-Ing.
Karol Frühauf,
INFOGEM AG Baden/
Schweiz, Prof. Dr.
Jochen Ludewig,
Eidg. Technische Hochschule
Zürich, und
Dr. **Helmut Sandmayr,**
INFOGEM AG
Baden/Schweiz

2. durchgesehene Auflage,
1991. 131 Seiten.
16,2 × 22,9 cm.
Kart. DM 28,–
ISBN 3-519-12490-4

(Leitfäden der angewandten Informatik)

Preisänderungen vorbehalten.

B. G. Teubner Stuttgart